第三版编写人员

主　编　杨　宁（中国农业大学）

副主编　李　辉（东北农业大学）

　　　　　王志跃（扬州大学）

参　编　侯卓成（中国农业大学）

　　　　　康相涛（河南农业大学）

　　　　　宁中华（中国农业大学）

　　　　　王宝维（青岛农业大学）

　　　　　王继文（四川农业大学）

　　　　　徐桂云（中国农业大学）

　　　　　郑江霞（中国农业大学）

第一版编审人员

主　编 杨　宁（中国农业大学动物科技学院）

参　编 李　辉（东北农业大学动物科技学院）

王宝维（莱阳农学院动物科学学院）

宁中华（中国农业大学动物科技学院）

王志跃（扬州大学畜牧兽医学院）

王继文（四川农业大学动物科技学院）

王庆民（中国农业大学动物科技学院）

于淑梅（中国农业大学动物科技学院）

审　稿 单崇浩（中国农业大学）

"十二五"普通高等教育本科国家级规划教材
普通高等教育农业农村部"十三五"规划教材
中国农业教育在线数字课程配套教材
"大国三农"系列规划教材
北京高等教育精品教材

家禽生产学

第三版

杨 宁 主编

中国农业出版社

北京

内容简介

　　本教材总体可分为三大部分：第一部分由第一至五章组成，系统阐述家禽生产学的基础知识，包括绪论、家禽生物学、家禽品种和育种、人工孵化、家禽管理。第二部分由第六至十章组成，重点介绍家禽的生产管理要点，包括蛋鸡生产、肉鸡生产、鸭生产、鹅生产、鹌鹑和肉鸽生产。第三部分由第十一和十二章组成，主要涉及家禽生产管理的延伸内容，包括家禽场的经营管理和疫病综合防控。

　　本教材注重知识的系统性、结构的完整性和内容的实践性，适合作为全国高等院校动物科学专业本科教材，也可供相关科研和生产管理技术人员参考。

《家禽生产学》是本科教学用家禽生产学"规划教材",由中国农业出版社出版,在全国60多所高等院校广泛使用。先后入选21世纪课程教材、北京高等教育精品教材、"十二五"普通高等教育本科国家级规划教材、普通高等教育农业部"十二五"规划教材、普通高等教育农业农村部"十三五"规划教材和中国农业教育在线数字课程配套教材。

本教材自2002年已经出版了两个版本,为我国家禽科学教育和产业发展作出了重要贡献。新时代下,高等农业教育紧跟党和国家的需要,志在培养知农爱农新型人才,为推进农业农村现代化、实现乡村全面振兴持续贡献力量。在这个大背景下,我们对教材开展了进一步修订。

2020年世界鸡肉产量已突破1亿t,超过猪肉总产量成为世界第一大肉类来源,这一标志性事件意味着家禽生产在未来畜牧业中将占有更加重要的地位。本次修订结合国内外研究的最新进展,着重体现家禽业的新知识、新技术、新工艺、新方法。对一些章节进行了调整,特别是在家禽品种和育种一章扩充了家禽育种方法与程序内容,为打好种业"翻身仗"夯实理论基础;蛋鸡生产和肉鸡生产章分别增加了延长产蛋期和小白鸡等新知识点;原水禽生产一章拆分为鸭、鹅生产两章,实时反映我国水禽业的新成果和产业需求。鉴于第二版发行以来学科的发展,剔除了第二版中过时及不当的内容。新增了专业词汇索引,重点章节配套了网络学习资源,便于教师和学生查阅和使用。

由于编者水平有限,书中不足之处在所难免,恳请广大读者对本书提出批评和改进意见。

编 者

2022年1月

第一版前言

家禽生产学是动物科学及相关专业的传统核心课程。作为面向 21 世纪课程教材，本书的编写有 2 个特定的社会背景。第一，近年来我国高等教育体系改革不断深入发展，对教材提出了新的要求。教材编写不仅要反映学科的研究进展和学科建设的新成果，而且还要更好地适应素质教育和创新能力培养的要求。第二，我国已于 2001 年 12 月正式加入世界贸易组织（WTO），这一历史性的发展变化对我国的家禽生产将产生重大的影响，使我们更加重视产品的质量控制，以适应国际竞争的需要。

在这种形势之下，本书的编写宗旨确定为"立足生产，重视实践，体现现代"。本课程是在学生较为完整地学习了本专业各门基础课和专业基础课后开设的，因此是应用各科专业基础理论，阐述家禽生产实践的课程。在"立足生产"方面，尽可能做到理论联系生产实际，采用按生产系统编写的方法。除了育种、孵化等特殊生产环节以外，将生理、环境、营养与饲料、管理等融入各类家禽不同生长或生产阶段之中，使学生和其他读者能够系统、完整而且连贯地掌握家禽生产的全过程，达到学以致用的目的。疾病控制目前已成为养禽生产成功的关键。本书专设"家禽场的疫病综合防控"一章，帮助学生从更宏观的兽医生物安全体系入手，在了解主要禽病特点的基础上，学习家禽疫病的综合防控措施。

在"重视实践"方面，除了在各章相关内容中尽可能体现操作性外，增列"家禽生产学实验实习指导"作为本书的附录。通过 8 个实验或实习，学生和其他读者掌握家禽生产中主要技术环节的操作方法，提高学生的动手能力和专业基本技能。

现代家禽生产集现代科学技术之大成，已形成或正在逐步形成工业化的生产体系。"体现现代"就是要在本书中全面反映这些现代养禽科学技术体系和生产工艺，以帮助学生和其他读者适应新世纪生产发展的需要。加入 WTO 后，对家禽产品质量的要求更规范，本书为此增加了"产品质量控制"的内容，介绍了我国最新的无公害禽产品生产标准。

由于各个学校在家禽生产学的授课及实验学时数上存在较大差异，各校可根据具体情况选择重点讲授内容。尽管本书是作为高等学校教材而编写的，但在内容上也兼顾了生产管理和技术人员在科学性、实用性、新颖性和完整性方面的要求，可供家禽生产管理、技术人员和科研人员参考。

我们本着对学生和其他读者高度负责的精神来编写本书，但因水平和时间所限，不当之处在所难免，恳望同行专家和广大读者不吝指正。

编　者

2002 年 5 月

目录

01 第一章 绪 论

　　家禽是指经过人类长期驯化和培育而成、在家养条件下能正常生存繁衍，并能为人类提供肉、蛋等产品的鸟类，主要包括鸡（chicken）、鸭（duck）、鹅（goose）、火鸡（turkey）、鸽（pigeon）、鹌鹑（quail）、珍珠鸡（guinea fowl）、鸵鸟（ostrich）等。其中，鸡、鸭和鹌鹑分化出蛋用和肉用两种类型，其余的家禽主要为肉用。鸭和鹅合称为水禽（waterfowl）。

　　家禽具有繁殖力强、生长迅速、饲料转化率高、适应密集饲养等特点，能在较短的生产周期内以较低的成本生产出营养丰富的蛋、肉产品，作为人类优质的动物蛋白食品来源。家禽的这一重要经济价值在世界各地被广泛发掘利用，人们从遗传育种、营养、饲养、疾病防治、生产管理和产品加工等各个方面进行研究和生产实践，从而形成了现代家禽产业。

第一节 现代家禽生产

一、家禽生产的现代化

　　人类饲养家禽的历史悠久，在我国就有 5 000 年以上的养鸡历史。在一个很长的历史时期内，家禽业主要是农家副业，即以一家一户自繁自养、产品自给为主的生产方式，即所谓"后院养禽"。从 20 世纪 40 年代开始，各主要发达国家的养鸡业开始向现代生产体系过渡，带动了整个家禽生产的现代化，至今已形成高度工业化的蛋鸡业和肉鸡业，水禽业的发展也很迅速。我国的现代家禽生产从 20 世纪 70 年代开始起步，在短短的 40 多年间就取得了显著进展，基本满足了消费者对禽产品的需求。

　　现代家禽业可概括为：以现代科学理论来规范和改进家禽生产的各个技术环节，用现代经济管理方法科学地组织和管理家禽生产，实现家禽业内部的专业化和各个环节的社会化，形成以一个核心（品种）、两个保障（饲料、防疫）、三个配套服务（环境控制设施、饲养管理、产品加工与市场）构成的产业系统；开发利用家禽种质资源和饲料资源，建立合理的家禽业生产结构和生态系统；不断提高劳动生产效率、禽蛋和肉的产品率和商品率，使家禽生产实现高产、优质、低成本的目标，以满足社会对优质禽蛋和禽肉日益增长的需要。

二、现代家禽生产的特点

　　现代家禽生产是家禽的自然再生产过程和社会再生产过程在更高程度上的有机结合。在现代家禽生产中，广泛采用高产优质品种和基于不同阶段家禽营养需要的全价配合饲料，为现代家禽生产奠定了坚实的基础。适当的禽舍和环境控制设施，可为家禽创造适宜的饲养环境，使家禽生产不受季节和气候的影响，从而可以均衡供应市场。各种现代化饲养设备的使用，方便了饲养管理，并提高了劳动生产效率。对生产全流程的合理分工和布局，通过全进全出的模式，切实做好生物安全措施。产品加工生产线得到广泛应用，如肉鸡、肉鸭屠宰分割流水线，鸡蛋从收集到分级、清洗、消毒、包装的流水线，使家禽产品从初级农产品转变为具有一定品牌的优质商品。

一系列现代科学技术成果和管理措施的综合应用，使现代家禽生产表现出高的生产效率和生产水平。

（一）高的生产效率

在世界先进的饲养模式下，工人劳动强度较低，人均商品蛋鸡和肉鸡的饲养量均可达到10万～20万只，实现高密度大规模自动化生产，每单位蛋、肉所消耗工时越来越少。美国的蛋鸡生产厂商仅存200家左右，而单场饲养规模平均在百万只以上。由于供料、供水、环控、集蛋等环节的高度机械化和自动化，以及社会分工高度专业化，饲养人员的主要工作是操作机械和监视鸡群。但是长期以来，我国家禽生产中的规模效益并不十分显著。在我国机械化程度较高的养鸡场，每一位直接饲养人员可养蛋鸡5万只，或每批饲养肉仔鸡2万只。随着经济的发展和劳动力供应逐步紧缺，提高家禽生产效率、推广标准化规模养殖已提上议事日程。自2010年农业部（现农业农村部）启动畜禽标准化示范创建活动以来，我国蛋鸡标准化养殖已取得显著成效，规模化养殖的比重从2007年的47.8%提高到2020年的75%以上，肉鸡规模化养殖的比重更是达到了85%。

（二）高的生产水平

由于在现代家禽生产中以饲养高产优良品种为核心，以全价配合饲料和有效的防疫措施保障生产，通过科学的饲养管理可以达到很高的生产水平。在发达国家，每只入舍蛋鸡年产蛋可达到20 kg以上，料蛋比降到2.1以下；肉用仔鸡35日龄可达2 kg，每千克增重耗料比在1：1.6以下，育成率95%以上；大型肉鸭的生长速度更快，6周龄体重可以达到3.8 kg。由于总体技术水平的差距，我国目前能达到上述生产指标的饲养场还很少，但也在不断改进中。

高的生产水平并不受机械化制约。在以家庭农场手工操作为主的情况下，虽然劳动生产效率较低，但要保证优质饲料和良好的饲养环境、健康水平，同样可以发挥出家禽的生产潜力，获得高的生产水平，从而提高家禽生产的经济效益。因此，在我国现阶段应把工作的重心放到提高生产水平上来。

三、现代家禽业的支柱

（一）良种繁育体系

现代家禽生产需要高产、优质、高效、专门化、规格化的优良品种，而原始标准品种很难适应这一需要。因此，在现代家禽生产中，应利用家禽丰富的品种资源，在现代遗传育种理论指导下培育出各种优秀的商业杂交配套系。例如，同样是来航鸡，经过选育的配套系与原始标准品种相比，产蛋量提高30%以上，死亡率降低10%左右，而且体重轻、耗料少。优良品种通过合理、系统的繁育制种体系，按照曾祖代、祖代、父母代的层次，将优良品种扩散到广大的商品生产场，用于大规模的家禽生产，为现代家禽业奠定了重要的基础。

（二）饲料工业体系

饲料是生产禽产品的主要原料。高产家禽品种必须要在满足各种营养需要以后才能将其遗传潜力发挥出来。在完全舍饲的条件下，家禽所需要的营养物质必须全部由人工以饲料的形式供给。因此，对不同种类和不同生理状态下家禽的营养需要进行科学的研究，形成较为完善的家禽饲养标准，根据饲养标准制定饲料配方，经过饲料厂加工成全价配合饲料，供家禽饲养场使用。饲料工业体系是现代家禽业的根本物质保证。

（三）生物安全体系

生物安全体系是疫病防控的基础。现代家禽业的高度集约化生产模式为传染病的传播提供了有利条件。新城疫和马立克病的传播曾严重危害养鸡业，禽流感等新的禽病还不断出现，疫病至今仍然是世界家禽生产的主要风险。现代家禽生产中，要认真贯彻"防重于治"的方针。预防措施主要为：疾病净化，全进全出，隔离消毒，有效的疫苗和科学的免疫程序，培育抗病品系，辅以投药预防。一整套完善的生物安全体系构成现代家禽业的保障。

（四）畜牧工程设施

在研究掌握环境因素对家禽生产性能影响的基础上，设计建造适应不同生理阶段的禽舍，大体分为密闭型和开放型两种类型，采用工程措施控制温度、光照、通风、湿度等，使家禽生产不受季节影响而变成全年连续作业。良好的环境条件保证了家禽遗传潜力的发挥。大量养禽设备的使用可以提高劳动效率，增加饲养密度，如蛋鸡和种鸡生产采用笼养，在供料、供水、清粪、集蛋和环境控制等环节采用机械化甚至自动化。

（五）科学的经营管理

经营管理是一门科学。现代家禽生产已构成了一个复杂的生产系统，每个生产环节互相关联、制约，必须有一套先进的经营管理方法。家禽业在我国较早进入市场化，激烈的市场竞争要求企业管理者提高经营管理水平，尤其是在我国加入世界贸易组织以后，我国的家禽业面临全世界范围的竞争。经营管理水平直接影响企业的生死和家禽业的发展。

（六）产品加工销售体系

现代家禽生产的最终目的在于提供质优价廉的禽蛋、禽肉等产品，因此现代家禽业不能仅局限于生产过程本身，也要对产品加工销售体系的建立予以重视。通过产品的加工，可以丰富禽产品的种类，扩大消费者对禽产品的需求，这对家禽业的健康发展十分重要。质量控制体系的建立、知名品牌的形成和维护、营销队伍的建设不但是大型知名家禽企业自身发展的需要，也起到了维护消费者权益的作用。

第二节　我国的家禽业

一、我国现代家禽生产的发展历程

我国有5000多年的养禽历史，在我国的传统文化中将禽肉和禽蛋视为优质食品甚至是补品。但长期以来经营规模小而分散，生产方式落后，生产水平低下，使我国家禽生产发展缓慢。经过最近40多年的发展，我国的禽蛋产量已达到世界总量的40%左右，禽肉产量也位居世界第二，已成为世界家禽生产中举足轻重的大国。

（一）自然生存期（1975年以前）

1975年以前，我国家禽产品基本上是自给自足的分散小农生产模式。那个时期主要以农村家庭零星散养方式进行家禽生产，生产水平低，产量小，发展缓慢，禽产品难以满足消费者的需求。

（二）转型期（1975—1987年）

为了解决大中城市禽蛋和禽肉供应的短缺问题，20世纪70年代起一些大城市开始在郊区发展工厂化养鸡。1975年在北京成立了机械化养鸡指挥部，派人到国外参观考察，回来后自行设计建起了中国第一个现代化的种鸡场——北京市种禽公司和第一个现代化的蛋鸡场——红星20万只蛋鸡场。20世纪80年代前后，我国家禽生产进入了由农户散养向适度规模化、专业化过渡的阶段。全国各大中城市相继兴建国营及集体所有制的大中型机械化养鸡场，蛋鸡饲养规模一般都在数万只至几十万只。这些国营和集体养鸡场的建立，大大提高了我国养鸡业现代化生产水平，缩小了与国外先进水平的差距，是我国家禽行业发展的重要转折点。

这个阶段在国营大中型养鸡企业的带动下，科技应用普及，产量迅速增加，规模发展迅速，人们消费水平提高，我国家禽行业在一段时期内由"分散"走向了一定的"集中"。饲养品种由地方品种向世界专业化的优良品种转化。为了引进和推广良种，建立了许多专业化育种场和孵化场。这个阶段的具体特点为：一是随着新的养鸡技术的开发和机械化程度的普及，生产经营基本形成规模化、集约化格局；二是配套技术逐步建立，良种繁育、饲料营养、环境控制、产品加工、疫病防控、管理措施形成了系列体系建设。

（三）快速增长期（1988—2000 年）

1988 年，针对我国与国民生活息息相关的农副产品生产水平低下、产量少、市场供应不足、价格居高不下的状况，国务院批准农业部组织实施"菜篮子工程"，旨在"发展农副食品生产、保障城市供应"。在"菜篮子工程"政策、资金等因素的促进下，城市郊区家禽生产基地得以巩固和扩展，同时也吸引了许多农户开始涉足家禽业，我国的家禽业进入了飞速发展的阶段。

我国现代家禽生产是以城市郊区的机械化鸡场为发端的，这些大型养禽场对满足市场需求、普及养禽技术起到了重要的作用。在 20 世纪 90 年代中期以前，国家出于稳定市场的需求，对这些国营大型养禽场给予各种形式的补贴，如调拨平价饲料粮。与此同时，农村专业户受利润的吸引也投入到家禽生产中，形成竞争局面。在市场竞争中，国有大型养禽场因体制、生产成本等原因，普遍感到经营困难，反观农村养禽专业户中部分重视技术、懂得经营者，则如鱼得水，迅速发展壮大。在一些先行获利者的示范作用带动下，逐步发展出专业化养鸡养鸭村、乡和县。这些农村家禽集中生产地区的出现对我国家禽生产的合理布局和繁荣农村经济起到了重要的作用。在 20 世纪 90 年代中期，国家取消对国有养禽场的饲料补贴以后，地处城市郊区的大型国有养禽场因远离粮食产区，饲料价格高，劳动力成本和管理成本也高，加上防疫困难和环保压力，普遍举步维艰，逐步退出了商品生产，转而进入种禽、饲料等行业。

从世界范围来看，家禽生产向饲料粮（主要是玉米）产区和自然气候适宜地区转移是普遍趋势。我国目前形成的养禽密集区主要在山东、河北、江苏、河南、吉林、辽宁、四川等省。这些地区的优势主要有三方面：一是地处饲料粮产区，饲料价格低，有利于降低生产成本；二是靠近北京、上海、天津等大城市，地处京广、京沪等交通干线，有利于将产品迅速、集中地销往大城市和南方各省份，也有的靠近海港口岸，便于出口；三是气候条件比较适合家禽生产。广东、湖北等省虽然不具备这些有利条件，但由于对优质黄羽肉鸡和水禽的市场需求巨大，产品价格占据优势，也是我国家禽生产的重点地区。此外，靠近北京、上海等家禽科学技术及良种繁育发达的地区，也有利于这些产区获得先进的技术支持和优质的种源。由于我国的交通运输条件得到不断改善，流通渠道也充分地发展起来，形成了不少专业贩运禽产品的公司，把集中生产区的产品销往全国各地，形成了禽蛋和禽肉大流通、全国大市场的格局。经过这次影响深远的产业结构大调整后，农村养禽成为我国家禽生产的主体。但农村养禽普遍群体较小，每户数千只的较多。在这种小群体大规模的生产模式下，饲养条件较简陋，生产水平普遍也不高，环境污染和传染病威胁严重。

（四）稳定发展期（2000 年以来）

我国目前处在从养禽大国向养禽强国的发展过程中，基本稳定家禽饲养数量、优化产业结构、提升产品质量、增强产业竞争力成了这一时期的重点内容。一是种禽生产的转变，从过去单一的国营种禽场体制，逐步转变为多种所有制种禽企业并存，以龙头企业为主建设稳定的良种繁育体系；二是优化调整生产模式，促进规模化建设，加强疾病的防控，提高生产效率；三是以保证禽产品安全为核心，积极推进健康养殖技术的研发和应用，提高产品质量，增加企业效益；四是加强环境治理工作，政府严格审查养禽场的环境保护和粪污处理措施，促进结构优化。

政府开始大力推进标准化规模养殖场的创建，以科学技术的普及应用为切入点，改善广大农村中小养禽场的生产条件，提高其技术和管理水平，促进家禽生产水平的提高。同时，由于人们对优质健康的家禽产品需求日盛，一些规模化家禽企业在经历了残酷的市场竞争后，以树立品牌为目标，按照产业化发展模式进行规范运作，也逐步进入了健康发展的轨道，逐渐成长壮大起来，尤其是一些肉鸡、蛋鸡企业和种禽企业。这些大型企业对促进我国家禽业未来的发展将起到越来越重要的作用。

家禽种业是国家战略性、基础性核心产业，家禽种源安全事关国家安全。自 2008 年第一轮全国畜禽遗传改良计划启动以来，我国家禽种业取得长足发展，育种工作日臻规范，遗传改良和种质创新进展明显加快，多个原本为国外所垄断的领域也逐渐被打破。2009 年审定通过京红 1 号、京粉 1 号蛋鸡配套系及其高效推广扭转了国外品种占绝对主导的局面。2018 年审定通过中畜草原白羽肉鸭、中新白羽肉鸭配套系填补了我国瘦肉型白羽肉鸭原种的空白。2021 年中央一号文件明确指出"农业现代化，种子是基础。"同年习近平总书记主持召开中央全面深化改革委员会第二十次会议，审议通过了《种业振兴行动方案》，并强调必须把民族种业搞上去，把种源安全提升到关系国家安全的战略高度，集中力量破难题、补短板、强优势、控风险，实现种业科技自立自强、种源自主可控。2021 年审定通过的圣泽 901、广明 2 号、沃德 188 三个白羽肉鸡配套系实现了我国白羽肉鸡自主品种零的突破。总体来看，我国家禽种业自主创新能力稳步提升，良种供给能力显著增强，种源自给率不断提高，生产性能持续改进，为保障国家食物安全和产业安全、促进农民增收做出了重要贡献。

回顾我国现代家禽生产的发展历程，市场需求的刺激是生产发展的原动力，生产体系的不断调整顺应了发展的需要，而科学技术的进步及大范围普及是这一发展的强有力保障。

二、我国家禽业的成就

根据中国农业统计资料，1986 年我国家禽出栏量仅为 15.8 亿只，2000 年增长到 82.6 亿只，2019 年达到 146.4 亿只；年末存栏数 2000 年为 46.4 亿只，2019 年增长到 65.2 亿只。目前我国蛋鸡饲养数量（含后备鸡）约 12 亿只，快大型白羽肉鸡和优质黄羽肉鸡年出栏量均超过 40 亿只，作为我国特有鸡肉生产模式的小白鸡（肉杂鸡）年屠宰量也达到 15 亿只左右。此外，水禽养殖业也是我国的特色产业，水禽饲养量约占全球总出栏量的 80%，因此被誉为"世界水禽王国"。

我国是世界禽蛋生产和消费大国，禽蛋生产量长期处于世界首位。从 1980 年起，我国禽蛋总产量从年产 257 万 t 增长到 2020 年的 3 468 万 t，远高于世界同期的禽蛋产量发展速度（表 1-1）。1991 年我国禽蛋产量达到 922 万 t，人均 8.0 kg，首次超过了世界平均水平。

表 1-1 世界和中国禽蛋和禽肉生产量的发展（万 t）

年度	禽蛋年产量		禽肉年产量	
	中国	世界	中国	世界
1980	257	2 740	—	2 595
1985	535	3 250	160	3 118
1990	795	3 737	323	4 100
1995	1 677	4 688	935	5 529
2000	2 182	5 517	1 191	6 864
2005	2 438	6 122	1 344	8 132
2010	2 777	6 950	1 689	9 927
2015	3 046	7 810	1 920	11 631
2016	3 161	8 025	2 002	11 984
2017	3 096	8 472	1 982	12 372
2018	3 128	8 672	1 994	12 861
2019	3 309	9 038	2 239	13 165
2020	3 468	9 297	2 346	13 336

注：引自国家统计局和联合国粮食及农业组织（FAO）。

我国禽肉生产在 20 世纪 80 年代以后开始迅猛发展，年产禽肉从 1985 年的 160 万 t 增长到 2020 年的 2 346 万 t，增长了近 14 倍，而世界同期禽肉产量只增加了 4 倍。目前我国仅次于美国，是世界第二大禽肉生产国和消费国。

经过 30 多年的发展，家禽业已形成了年产值数千亿元的巨大产业。随着家禽产业规模的扩大、先进生产技术的研发集成和广泛应用，家禽生产的效率得到稳定提高，禽蛋和禽肉成为普通消费者的日常食物，其价格涨幅远远小于其他农产品。尤其是通过鸡蛋获取优质动物性蛋白质，每克蛋白质仅需不到 8 分钱，低于各种肉类和奶类（表 1-2）。鸡蛋作为最廉价的动物性蛋白质来源，对提高人民生活水平、改善膳食结构起到重要作用。

表 1-2　几种畜禽产品的蛋白质价格比较

	猪肉	牛肉	羊肉	鸡肉	鸡蛋
2010 年 9 月全国平均价格（元/kg）	17.47	30.14	32.54	12.97	8.29
2021 年 11 月全国平均价格（元/kg）	24.31	77.14	70.65	16.97	10.48
蛋白质含量（%）	13.2	19.9	19.0	19.3	13.3
2010 年蛋白质价格（元/g）	0.132	0.151	0.171	0.067	0.062
2021 年蛋白质价格（元/g）	0.184	0.388	0.372	0.088	0.079

注：价格来源于农业农村部提供的 2010 年 10 月和 2021 年 11 月全国农产品批发市场价格信息系统；蛋白质含量来源于《中国食物成分表》（2014 版）。

禽肉也是我国十分重要的禽产品，目前占我国肉类产量的 30% 左右，仅次于猪肉。而在国际上，鸡肉在 2020 年已超过猪肉，成为世界第一大肉类来源。快大型肉鸡作为饲料转化率最高的畜禽之一，在我国从无到有，已形成巨大的产业，在满足国内需求的同时，还出口到日本等国家。尽管目前由于饲料价格、生产性能等原因，其价格优势还未充分发挥出来，但未来仍具一定发展潜力。同时，随着我国肉鸡生产正在从数量型向质量型转变，优质黄羽肉鸡和小白鸡的生产和消费均在快速增长，是整个畜牧生产中少有的仍在快速增长的门类。优质黄羽肉鸡由我国优秀地方品种选育而成，具有肉质细嫩、味道鲜美的特点，深受广东、港澳地区食客的喜好。而小白鸡作为近几年快速发展起来的一种肉鸡生长类型，是快大型肉鸡和商品蛋鸡杂交产生的后代，其肉质优于白羽肉鸡，与快速型黄羽肉鸡近似。随着人民生活水平的提高，对产品品质更加注重，优质黄羽肉鸡和小白鸡越来越受欢迎，黄羽肉鸡和小白鸡的生产和消费已从局部地区向全国各地扩散。

三、现代家禽科学技术在我国的发展和普及

家禽生产是复杂的生产过程，涉及多学科知识的综合应用。我国家禽生产的迅速发展，始终是以科学技术的创新、引进和消化吸收为基础的，同时也得益于相关技术的产品化（如种鸡、饲养、疫苗、设备等）和饲养管理技术的示范、推广和普及。现代科学技术的进步大大降低了家禽生产的技术门槛，吸引了大批有一定文化基础和经营头脑的人进入这一行业，从而形成了目前家禽生产的规模和产业格局。

（一）良种繁育体系

在养鸡生产方面，以国外引进和国内培育商业配套系相结合的方式，推广新品种，基本建成了由曾祖代、祖代和父母代种鸡场和商品鸡场相结合的鸡良种繁育体系。蛋鸡和专业化肉鸡生产中的良种率已达到 95% 以上，其中国产蛋鸡祖代鸡种已超过 70%。水禽生产也在不断吸收养鸡生产的经验，建立各具特色的良种繁育体系。

（二）全价配合饲料

家禽营养研究全面深入，为全价配合饲料的生产奠定了基础。我国1985年颁布了《鸡的饲养标准》，近年来又在进行不断修订，使我国家禽饲料生产走上了标准化的道路。随着外国优良家禽品种的引进，也引入了各家育种公司推荐的饲养标准。这些企业标准高于国家标准，主要维生素的需要量可能为国家标准的2～3倍。这些标准的应用，为充分发挥优良品种的遗传潜力打下了物质基础。预混料的普及应用，简化了饲料配合的技术难度，使农户能利用自己的饲料资源加工出全价饲料，降低了生产成本。无鱼粉日粮、按可消化氨基酸利用率配制日粮、根据采食量调整营养浓度等技术已成熟并得到广泛应用。

（三）疾病防控

烈性传染病对我国家禽生产构成巨大威胁，近30年来各种主要禽传染病在我国均有流行。广大兽医科研和生产人员在与各种疾病斗争的过程中探索总结出许多宝贵的经验，在生物安全预防措防、免疫程序、疫苗生产等方面均取得了长足的进步。在场地选择、饲养工艺确定、饲养管理规程等方面已把防止疫病传播的措施放在首位。由于行政措施得力，如对种鸡场进行验收检查，促使各级种鸡场重视白痢检疫，很多育种场和祖代鸡场白痢阳性检出率近于零，从而大大降低了商品代雏鸡的白痢危害。过去危害严重的新城疫、马立克病、传染性支气管炎、鼻炎、法氏囊炎、产蛋下降综合征等病毒性疾病均得到了有效控制，但细菌性传染病的危害仍比较严重，而且一些新的烈性传染病也开始出现并造成严重危害。

（四）环境控制技术

以湿帘通风降温设备、纵向通风技术、热风炉和换热器等为标志的环境控制技术得到广泛认可并全面推广，有效地改善了禽舍内的温热环境和空气质量，从而提高了家禽的生产性能。另外，一些微生物制剂可降低粪便中氨气的产出，改善禽舍内空气质量，这一技术也已成熟。

（五）现代养禽设备

鸡笼、饲料加工机组、乳头式饮水器、料线、刮粪机、鸡粪传送带、断喙器、鸡舍环境控制仪等设备均已出现各种型号和规格的系列化产品，满足了现代家禽生产的各种需要，主要设备均有国产化产品，性能可靠，价格便宜。电气孵化器技术发展更快，巷道式孵化器、微电脑控制孵化器等先进设备使孵化操作智能化，基本取代了进口产品。人工机器孵化已成为家禽的主要繁殖方式。

（六）环境保护

随着人们环境保护意识的加强，家禽企业受到的环保压力越来越大，也促进了禽场环境保护技术的发展。以粪便为主的废弃物处理受到高度重视，通过干燥、发酵等方式处理鸡粪的技术已成熟并普遍推广。另外，通过在日粮中添加植酸酶以减少磷排放、添加微生物制剂减少氨气等技术也日益受到关注。

四、展　望

我国禽蛋总产量自1985年开始稳居世界首位，人均禽蛋占有量达到发达国家水平，城市禽蛋消费量人均达20 kg，已没有太大的发展余地。而占全国人口多数的农村人口受购买能力的限制，消费水平仍较低，不足以带动禽蛋禽肉消费的大幅度提高。因此，禽蛋生产很难再现20世纪80年代末、90年代初年增10％以上的发展势头，而仅可能保持与人口自然增长率和农村经济发展相适应的发展速度。满足这部分消费需求的增量，不能通过增加饲养数量，而应靠提高生产水平来实现。目前在我国一般生产条件下，每只蛋鸡年产蛋约17.5 kg，料蛋比2.3：1，死淘率超过10％，与发达国家相比，还有一定的改进潜力。依靠先进的技术和严格的管理，在稳定现有家禽饲养量的前提下，仍有可能实现年增加禽蛋生产量2％左右的目标。

此外，我国禽肉消费需求比较旺盛，生产还有较大发展空间，可望保持一定的增加速度。虽然 2020 年我国禽肉消费总量仅次于美国，排名世界第二，但我国禽肉人均消费量与其他消费大国仍有较大差异。根据经济合作发展组织（OECD）公布的数据，2020 年我国人均禽肉消费量仅为 14.2 kg，而美国人均消费量达到 50.9 kg；与我国居民饮食结构较为接近的韩国和日本，其人均禽肉消费量也分别达 18.7 kg 和 17.7 kg。此外，我国具有多元化的鸡肉生产类型，主要包括快大型白羽肉鸡、黄羽肉鸡、小白鸡和淘汰蛋鸡。小白鸡与白羽肉鸡和黄羽肉鸡呈现既互补又竞争的关系。但是肉鸡作为饲料转化率最高的畜禽之一，其优势还未充分发挥出来。这其中主要有三点原因：一是肉鸡生产基本依赖工厂化生产的全价配合饲料，成本较高，难以利用农副产品作为饲料原料来降低成本；二是生产水平还不高，无论是肉种鸡还是商品鸡，都未能充分发挥优良品种的遗传潜力；三是肉鸡生产需要配套较为完善的种鸡生产、屠宰加工、饲料加工等体系，投资巨大，成本折旧也就很高。因此，在禽肉生产发展过程中，首先要解决生产成本过高的问题，其次要高度重视培育适合我国国情的国产品种，以提高禽肉生产的综合竞争力。

我国已加入世界贸易组织，这为我国家禽产品进入国际市场创造了良好条件。但由于我国饲料价格高，造成禽蛋生产成本较高，加上禽蛋分级、包装和冷藏条件还没有和国际接轨，因此我国禽蛋在国际上的竞争力不强，大量出口的可能性不大。而我国在禽肉出口方面有一定的优势，年鸡肉出口总量可达 40 多万吨。我国劳动力便宜，因此在发展禽肉深加工方面优势突出，但要注意产品质量控制，尤其在药物残留和烈性传染病方面。

随着人民生活水平的提高，对禽蛋和禽肉质量的要求会不断提高。在生产环节，要重视无公害禽蛋和禽肉生产体系的建设，重点解决饲料中违禁药物使用和药物残留问题，改善鸡舍内环境卫生，减少生产过程的污染。在流通环节，则应加快周转，并建立合理的冷冻、冷藏保存和运输体系。针对中高档消费市场，要推广品牌优质蛋和禽肉产品，对鸡蛋进行清洗、分级、包装，并实行冷链运输和储藏，对禽肉则要进一步加强深加工，开发出多种多样的禽肉产品，以扩大消费，促进生产的发展。

利用禽产品开发功能食品也是未来发展的热点，可以提高产品附加值，增加对禽蛋和禽肉的需求。高碘蛋、高硒蛋、高锌蛋、低胆固醇蛋、富维生素蛋、富不饱和脂肪酸蛋的生产技术均已开发成功，仍需进一步的市场开拓以达到规模化生产的目标。

复习思考题

1. 学习家禽生产学的主要目的和意义何在？
2. 现代家禽生产的主要特点和内涵是什么？
3. 支撑现代家禽生产的主要技术体系有哪些？
4. 试述我国家禽生产的发展过程和成就。
5. 试论我国家禽生产在现阶段的形势和主要发展方向。

（杨　宁）

第二章　家禽生物学

家禽为鸟纲动物。从动物分类学角度划分，鸡属于鸡形目、雉科、鸡属，而鸭属于雁形目、鸭科、河鸭属，鹅属于雁形目、鸭科、雁属，鹌鹑属于鸡形目、雉科、鹌鹑属，鸽属于鸽形目、鸠鸽科、鸽属。比较现存的鸟类和爬行类动物的基因并结合分子生物学的研究，确定鸟类和鳄类动物拥有共同的祖先并且已有 2.45 亿年的历史。

第一节 家禽的外貌特征

一、家禽的一般特征

禽类具有适于飞翔的身体构造，但经过长期驯养，大多数家禽不再具有飞翔的能力，但仍保留着鸟纲动物的主要特征。家禽的一般特征主要为：全身被羽毛覆盖；头小、没有牙齿、眼大；视叶与小脑很发达；前肢演化为翼；胸肌与后肢肌肉非常发达；有嗉囊和肌胃；肺小而有气囊；横膈膜只剩痕迹；靠肋骨与胸骨的运动进行呼吸；骨骼大量愈合，骨骼中有气室；雌性仅左侧卵巢和输卵管发育，产卵而无乳腺；具有泄殖腔；雄性睾丸位于体腔内；没有膀胱等。

二、鸡的外貌

鸡的外貌部位名称见图 2-1。

（一）头部

头部的形态及发育程度能反映品种特性、性别特征、生产力高低和体质情况等。

1. 冠　为皮肤的衍生物，位于头顶，由富有血管的上皮构造。鸡冠的

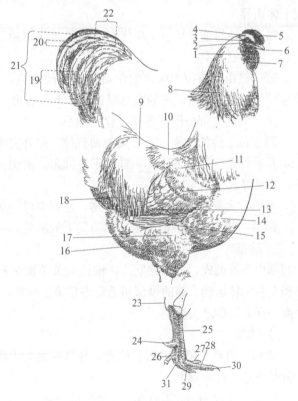

图 2-1　鸡的外貌部位

1. 耳叶　2. 耳　3. 眼　4. 头　5. 冠　6. 喙　7. 肉垂（肉髯）　8. 颈羽（梳羽）
9. 鞍（腰）　10. 背　11. 肩　12. 翼　13. 副翼羽　14. 胸　15. 主翼羽　16. 腹
17. 小腿　18. 鞍羽（蓑羽）　19. 小镰羽　20. 大镰羽　21. 主尾羽　22. 覆尾羽
23. 跗关节　24. 距　25. 跖骨　26. 第一趾（后趾）　27. 第二趾（内趾）
28. 第三趾（中趾）　29. 第四趾（外趾）　30. 爪　31. 脚

（引自邱祥聘等，养禽学，3 版，1994）

种类很多，是品种的重要特征（图2-2）。大多数品种的鸡冠为单冠。冠的发育受雄性激素控制，公鸡比母鸡发达。休产鸡鸡冠萎缩而无血色。

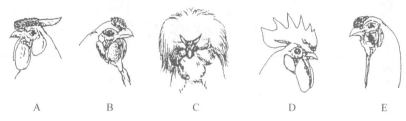

图2-2　鸡的主要冠型
A. 玫瑰冠　B. 豆冠　C. 羽毛冠　D. 单冠　E. 草莓冠

（1）单冠：由喙的基部至头顶的后部，为单片的皮肤衍生物。单冠的结构分冠基、冠尖和冠叶三部分，冠尖的数目因品种而异。

（2）豆冠：由三叶小的单冠组成，中间一叶较高，故又称三叶冠，有明显的冠齿。

（3）玫瑰冠：冠的表面有很多突起，前宽后尖，形成冠尾，冠尾无突起。

（4）草莓冠：与玫瑰冠相似，但无冠尾，冠体较小。

（5）杯状冠：冠体为杯状形，有很规则的冠齿固着在头顶上。杯状形前侧喙基上为一单冠，前部连接在杯状体上。

（6）羽毛冠：俗称凤头。在鸡头顶部肉冠的周围有羽毛束，在地方鸡的品种中常见。羽毛束的大小、形状随品种而异。羽毛冠品种的鸡，常常还具有胡或须，或同时具有胡须，也随品种或个体而异。

冠型是品种的重要标志。现代高性能商品代鸡种几乎都是单冠，肉种鸡父系中既有单冠又有豆冠，以单冠为主。

2. 喙　是由表皮衍生而来的角质化的坚硬构造，是采食与自卫器官，其颜色因品种而异，一般与胫部的颜色一致。鸡的喙为圆锥形，下喙短粗、上喙较长并稍微弯曲。

3. 脸　鸡的大部分脸皮赤裸，脸毛细小。

4. 眼　位于脸的中央。鸡眼圆大而有神，向外突出，眼睑单薄，虹彩的颜色因品种而异。

5. 耳叶　位于耳孔的下部，椭圆形或圆形，有皱纹，颜色视品种而异，最常见的为红、白两种，偶见绿色。

6. 肉垂　为颌下下垂的皮肤衍生物，左右组成一对，大小相称，一般红色。

7. 胡须　胡为脸颊两侧羽毛，须为颌下的羽毛，多为同时具有。

（二）颈部

颈部由颈椎组成，关节突发达，椎体的关节面呈鞍状并连接成乙状弯曲，颈部支撑头部做屈伸和左右偏转运动。鸡的颈部羽毛形态是第二性征，母鸡颈羽端部圆钝，公鸡颈羽端部尖细，像梳齿一样，特称之为梳羽。

（三）体躯

1. 胸部　内是心脏与肺所在位置，外是在龙骨上附着的胸肌。现代高产肉鸡品种均为宽胸型，胸肌发达，产肉量大。

2. 腹部　是容纳消化器官和生殖器官的位置。产蛋母鸡应有较大的腹部容积。龙骨末端到耻骨末端之间距离和两耻骨末端之间的距离越大，则腹部容积越大，一般情况下产蛋能力也较强。

3. 鞍部　家禽的翅膀基部以后的区域称为鞍部。母鸡鞍羽短而圆钝，公鸡鞍羽长而尖细，像蓑衣一样披在鞍部，特称蓑羽。尾部羽毛分主尾羽和覆尾羽两种。主尾羽公母鸡都一样，从中央一对起分两侧对称分布，共有7对。公鸡的覆尾羽发达，状如镰羽形，覆第一对主尾羽的大覆尾羽称为大镰羽，其余相对较小的称为小镰羽。蓑羽、镰羽和梳羽一样都是第二性征。

（四）四肢

1. 翼 鸟类前肢发育成翼，又称为翅。翼羽中央有一较短的羽毛称为轴羽。由轴羽向外侧数，有 10 根羽毛，称为主翼羽；向内侧数，一般有 11 根羽毛，称为副翼羽。每一根主翼羽上覆盖着一根短羽，称覆主翼羽，每一根副翼羽上，也覆盖一根短羽，称为覆副翼羽。

2. 后肢 鸡的后肢骨骼较长，其股骨包入体内，胫骨肌肉发达，外貌部位称为大腿。跗骨细长，其外貌部位习惯上被称为胫部，胫长实际是测量的跗骨长度。为使骨骼和外貌部位相对应，应统称为胫部。胫部鳞片为皮肤衍生物，年幼时鳞片柔软，成年后角质化，年龄越大，鳞片越硬，甚至向外侧突起。胫部因品种不同而有不同的色泽。

三、其他家禽的外貌

（一）鸭的外貌

鸭的外貌部位名称见图 2-3。

1. 头部 鸭头部较大，眼睛较小。喙长而扁平。上喙较大，下喙略小，喙缘两侧呈锯齿形，当喙合拢时，形成细隙，在水中觅食时，有排出泥水的作用。上喙尖端有一坚硬角质的豆状突起，色略暗，称为喙豆。喙的颜色为品种特征之一。

2. 颈部 母鸭颈较细，公鸭颈较粗。蛋鸭颈较细，肉鸭颈较粗。有色公鸭颈部和头部羽毛色深而有金属光泽。

3. 体躯 蛋鸭体型较小，体躯细长，胸部前挺提起，状似斜立或直立。肉鸭体躯肥大呈砖块形。兼用型鸭介于二者之间。公鸭近背中央的 2～4 根覆尾羽向上卷曲，称为雄性羽或性羽，据此可区分性别。

4. 四肢 主翼羽尖狭，较短小，覆翼羽较大。有色羽鸭种副翼羽上常有带翠绿色的羽斑，称为镜羽。脚除第一趾外，其余趾间有蹼，便于游水。

（二）鹅的外貌

鹅的外貌部位名称见图 2-4。

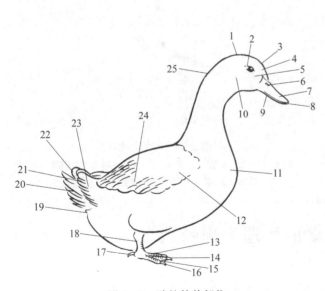

图 2-3 鸭的外貌部位

1. 头 2. 眼 3. 前额 4. 面部 5. 颊部 6. 鼻孔 7. 喙
8. 喙豆 9. 下颌 10. 耳 11. 胸部 12. 主翼羽 13. 内趾
14. 中趾 15. 蹼 16. 外趾 17. 后趾 18. 跗骨 19. 下尾羽
20. 尾羽 21. 上尾羽 22. 性羽 23. 尾羽 24. 副翼羽 25. 颈部

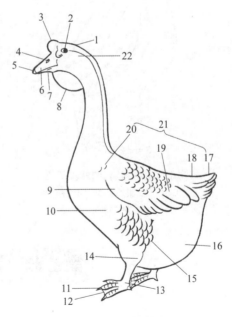

图 2-4 鹅的外貌部位

1. 头 2. 眼 3. 肉瘤 4. 鼻孔 5. 喙豆 6. 喙
7. 下颌 8. 肉垂 9. 翼 10. 胸部 11. 蹼 12. 趾
13. 跗骨 14. 跗关节 15. 腿 16. 腹部 17. 尾羽
18. 覆尾羽 19. 翼羽 20. 肩部 21. 背部 22. 耳

1. 头部 鹅的头部有两种类型。由鸿雁（*Anser cygnoides*）驯化而来的鹅种喙基部有肉瘤，俗称额包，颌下有垂皮，称为咽袋，性别之间有差异，公鹅较发达。由灰雁（*Anser anser*）驯化而来的鹅种则没有肉瘤和咽袋。

2. 颈部 由鸿雁驯化而来的鹅种颈部较长，微弯如弓。由灰雁驯化而来的鹅种颈直较粗短。公鹅颈较粗，母鹅颈较细。

3. 体躯 母鹅腹部皮肤有皱褶，形成肉袋，俗称蛋窝；公鹅无蛋窝；因而可分公母。由鸿雁驯化而来的鹅种前躯提起，后躯发达，腹部下垂。由灰雁驯化而来的鹅种体躯基本上与地面平行，后躯较小。

4. 四肢 前肢翼羽发达、较长，常折叠于背上。腿粗壮有力，后肢跖骨（胫部）短，但公母鹅相比，公鹅胫部较长、母鹅胫部较短。胫色有橘红色和黑色两种，因品种而异。

（三）鹌鹑的外貌

中国、朝鲜、日本、美国等国家饲养的鹌鹑以日本鹌鹑（*Coturnix coturnix japonica*）为主。其头与喙均较小，尾羽短，全身羽毛呈茶褐色，头部为黑褐色，中央有三条淡色直纹。背部为赤褐色，均匀分布黄色直纹和暗色横纹。腹部色泽较淡。成年公鹌鹑的脸、下颌、喉部呈红褐色，其上镶有小黑斑点。胸部淡白色。母鹌鹑较大。

鹌鹑的外貌部位名称见图2-5。

（四）鸽的外貌

鸽喙短而细弱；腿短，脚强健；翅中等发育，尾圆形或楔形；羽色以褐、灰、白色为主，羽毛细密柔软。肉用鸽的外貌体型重大、胸部宽深、肌肉丰满；信鸽的体型修长、细致紧凑；玩赏鸽羽毛颜色和羽斑美丽、有装饰等。

鸽的外貌部位名称见图2-6。

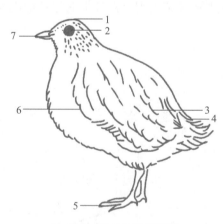 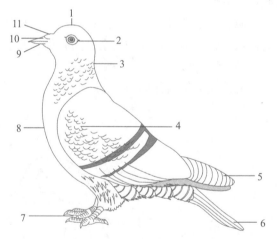

图2-5 鹌鹑的外貌部位
1. 头 2. 眼 3. 翅 4. 尾脂腺
5. 爪 6. 羽毛 7. 喙

图2-6 鸽的外貌部位
1. 头 2. 眼 3. 颈 4. 正羽 5. 翼（飞羽） 6. 尾羽（舵羽）
7. 爪 8. 胸 9. 喙 10. 鼻孔 11. 喙部疣饰

第二节 家禽的生理解剖特点

一、家禽的生理特点

（一）新陈代谢旺盛

家禽生长迅速、繁殖能力强，因此其基本生理特点是新陈代谢旺盛。表现在以下几点。

1. **体温高**　家禽的体温比家畜高，成年家禽的正常体温见表2-1。

表2-1　成年家禽的正常体温

种　类	体温（℃）
鸡	41.5
鸭	42.1
鹅	41.0
火鸡	41.2
鹌鹑	44.0
鸽	42.2

注：引自邱祥聘等，养禽学，3版，1994。

2. **心率高、血液循环快**　家禽心率一般在160～470次/min。鸡平均心率为300次/min以上。而家畜中马仅为32～42次/min，牛、羊、猪为60～80次/min。

同类家禽中一般体型小的比体型大的心率高，幼禽的心率比成年高，以后随年龄的增长而有所下降。鸡的心率还有性别差异，母鸡和阉鸡的心率较公鸡高。

心率除了因品种、性别、年龄的不同而有差别外，同时还受环境的影响，比如，环境温度增高、惊扰、噪声等都将使鸡的心率增高。

3. **呼吸频率高**　禽类呼吸频率随品种和性别的不同，在22～110次/min之间变化。同一品种中，雌性较雄性高。此外，还随环境温度、湿度以及环境安静程度的不同而有很大差异。

禽类对氧气不足很敏感，单位体重的耗氧量为其他家畜的2倍。

（二）体温调节机能不完善

家禽与其他恒温动物一样，依靠产热、隔热和散热来调节体温。除直接利用消化道吸收的葡萄糖产热外，还利用体内储备的糖原、体脂肪或在一定条件下利用蛋白质通过代谢过程产生热量，供机体生命活动包括调节体温需要。隔热主要靠皮下脂肪和覆盖贴身的绒羽和紧密的表层羽片，可以维持比外界环境温度高得多的体温。散热也类似于其他动物，依靠传导、对流、辐射和蒸发。但由于家禽皮肤没有汗腺，又有羽毛紧密覆盖而构成非常有效的保温层，因而当环境气温上升到26.6℃时，辐射、传导、对流的散热方式受到限制，而必须靠呼吸排出水蒸气来散发热量以调节体温。随着气温的升高，呼吸散热则更为明显。一般说来，鸡在5～30℃的范围内，体温调节机能健全，体温基本上能保持不变。若环境温度低于7.8℃，或高于30℃，鸡的体温调节机能就会出现问题，尤其对高温的反应比低温反应更明显。当鸡的体温升高到42～42.5℃时，则出现张嘴喘气、翅膀下垂、咽喉颤动。这种情况若不能及时纠正，就会影响生长发育和生产。通常当鸡的体温升高到45℃时，就会昏厥死亡。

（三）繁殖潜力大

家禽卵巢上用肉眼可见到很多卵泡，在显微镜下则可见到上万个卵泡。雌性家禽虽然仅左侧卵巢与输卵管发育和机能正常，但繁殖能力很强，高产蛋鸡或蛋鸭年产蛋可以达到320个以上，作为种蛋经过孵化按40%健康母雏计，则每只蛋鸡或蛋鸭一年可以获得100多只母雏。

雄性家禽的繁殖能力也很突出。一只精力旺盛的公鸡一天可以交配40次以上，平均每天交配10次左右。自然交配条件下，一只公鸡可以配10～15只母鸡，并获得高受精率。家禽的精子不像哺乳动物的精子一样易衰老死亡。公鸡的精子在母鸡输卵管内可以存活5～16 d，个别可以存活30 d以上。水禽和鹌鹑的精子在母禽体内存活时间较短：鸭6～8 d；鹅8～10 d；鹌鹑5～7 d。

禽类要飞翔需减轻体重，因而繁殖表现为卵生，胚胎在体外发育。可以用人工孵化法来进行大量繁殖。种蛋排出体外后，由于温度下降胚胎发育停止，在适宜温度（15～18℃）下储存10 d，长者到

20 d，仍可孵出雏禽。人工孵化充分利用了家禽繁殖潜力大的长处，对规模化生产提供了保障。

家禽产蛋是卵巢、输卵管活动的过程，是和禽体的营养状况和外界环境条件密切相关的。外界环境条件中，以光照、温度和饲料对繁殖的影响最大。在自然条件下，光照和温度等对性腺的作用常随季节变化而变化，所以产蛋也随之而有季节性，春、秋是产蛋旺季。随着现代化科学技术的发展，在现代家禽业中，这一季节繁殖特性正在被人们所控制和改造，从而实现全年性的均衡产蛋。

二、家禽的解剖学特点

（一）骨骼与肌肉

家禽的骨骼致密、坚实并且重量很轻，这样既可以支持身体，又可以减轻体重，以利于飞翔。家禽的骨骼大致分为长骨、短骨、扁平骨（图 2-7）。骨重占体重的5.5%～7.5%。长骨有骨髓腔，骨髓有造血机能。大部分椎骨、盘骨、胸骨、肋骨和肱骨有气囊憩室，通过骨表面的气孔与气囊相通。

家禽的骨骼在产蛋期的钙代谢中起着重要作用。蛋壳形成过程中所需要的钙有 60%～75%由饲料供给，其余的来源于骨骼，执行这一机能的骨称为髓质骨。鸡长骨的皮质骨与哺乳动物一样，而髓质骨是在产蛋期存在于母鸡的一种易变的骨质。其由类似海绵状骨质的相互交接的骨针构成，骨针含有成骨细胞和破骨细胞。在产蛋期，髓质骨的形成和破坏过程交替进行。在蛋壳钙化过程中，大量的髓质骨被吸收，使骨针变短、窄。一天当中不形成蛋壳时钙就储存在髓质骨中，在形成蛋壳时就要动用髓质骨中的钙，髓质骨相当于钙质的仓库。母鸡在缺钙时可以动用骨中 38%的矿物质，如果从皮质骨中吸取更多的钙，就容易发生瘫痪。

前肢（翅膀）是由于"指骨"的消失和掌骨的融合退化而形成的，前肢肌肉不发达。后肢骨骼相对较长，股骨包入体内而且有强大的肌肉固着在上面，这样使后肢变得强壮有力。

锁骨、肩胛骨与乌喙骨结合在一起构成肩带。脊柱中颈椎和尾椎以及第七胸椎与腰、荐椎融合的固定现象，为飞翔提供了坚实有力的结构基础。

骨骼中有许多骨骼是中空的，如颅骨、肋骨、锁骨、胸骨、腰椎、荐椎都与呼吸系统相通。如气管处于关闭状态，鸟类还可通过肱骨的气孔而呼吸。

7 对肋骨中，第 1、2 对，有时第 7 对肋骨

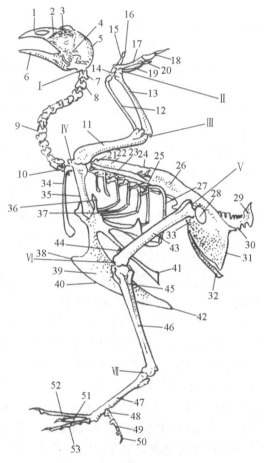

图 2-7　鸡的骨骼部位及关节名称

1. 颌前骨　2. 鼻骨　3. 泪骨　4. 方骨　5. 枕骨　6. 下颌骨
7. 寰椎　8. 枢椎　9. 颈椎　10. 最后颈椎　11. 臂骨　12. 桡骨
13. 尺骨　14. 腕骨　15. 第 2 掌骨　16. 第 2 指骨
17. 第 3 掌骨　18. 第 3 指骨　19. 第 4 掌骨　20. 第 4 指骨
21. 第 1 胸椎　22. 第 2～5 胸椎　23. 肩胛骨　24. 第 6 胸椎
25. 钩突　26. 髂骨　27. 椎肋　28. 坐骨孔　29. 尾综骨
30. 尾椎　31. 坐骨　32. 耻骨　33. 闭孔　34. 锁骨
35. 乌喙骨　36. 胸骨乌喙突　37. 胸肋　38. 吻突
39. 胸骨（龙骨）　40. 胸骨嵴　41. 后内侧突
42. 剑突　43. 股骨　44. 髌骨　45. 腓骨　46. 胫骨
47. 大跖骨　48. 第 1 跖骨　49. 第 1 趾骨　50. 爪
51. 第 2 趾骨　52. 第 3 趾骨　53. 第 4 趾骨
Ⅰ. 枕寰关节　Ⅱ. 腕关节　Ⅲ. 肘关节
Ⅳ. 肩关节　Ⅴ. 髋关节　Ⅵ. 膝关节　Ⅶ. 踝关节

的腹端不与胸骨相连。其余各对肋骨均由两段构成，即与脊椎相连的上段称椎肋，与胸骨相连的下段称胸肋。椎肋与胸肋以一定的角度结合，并有钩状突伸向后方，对胸腔的扩大起着重要的作用。

禽类肌肉的肌纤维较细，共有两种，一种称红肌纤维，一种称白肌纤维。腿部的肌肉以红肌纤维为主，而胸肌颜色淡白，主要由白肌纤维构成。红肌收缩持续的时间长，幅度较小，不容易疲劳；白肌收缩快而有力，但较容易疲劳。

为适应飞翔，家禽的胸肌特别发达。此部分肌肉为全身躯干肌肉量的 1/2 以上，是整个体重的 1/12，为可食肌肉的主要部分。

（二）消化系统

家禽的消化系统参见图 2-8。

1. 口腔 家禽没有唇也没有牙齿，只有角质化的坚硬喙（俗称嘴，陆禽为圆锥形，水禽为扁平形）。禽类唾液腺的主要功能是湿润食物，便于吞咽。以水生食物为食的水鸟唾液腺很少甚至缺乏，而以干燥食物为食的鸟类唾液腺则相对发达。某些鸟类，如雨燕的唾液腺可分泌淀粉酶，但多数家禽则无法分泌淀粉酶。舌较硬，肌组织较少，舌黏膜的味觉乳头不发达，分布于舌根附近。

2. 食道与嗉囊 食道是一条长管，从咽开始沿颈部进入胸腔，它起先位于气管背侧，然后偏置于气管的右侧。食道较为宽阔，由于黏膜有很多皱褶，较大的食物通过时，易于扩张。食道在胸部入口处之前膨大形成嗉囊（陆禽呈球形，水禽成纺锤形），具有储存和软化食物的功能。嗉囊内容物常呈酸性。

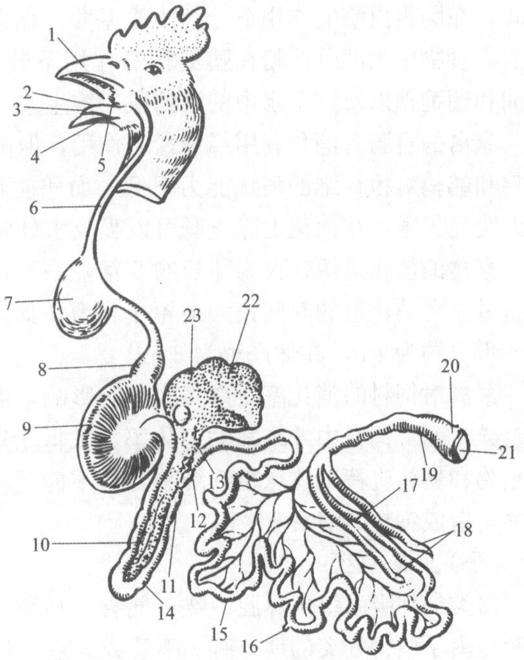

3. 胃 禽类的胃分为腺胃和肌胃。腺胃呈纺锤形，主要分泌胃液，胃液含蛋白酶和盐酸，用于消化蛋白质。食物通过腺胃的时间很短。肌胃又称砂囊，呈椭圆形或圆形，

图 2-8 家禽的消化系统

1. 上喙 2. 口腔 3. 舌 4. 下喙 5. 咽 6. 食管 7. 嗉囊 8. 腺胃 9. 肌胃 10. 胰腺 11. 胰管 12. 肝肠管 13. 胆总管 14. 十二指肠 15. 空肠 16. 卵黄柄（美克耳氏憩室）17. 回肠 18. 盲肠 19. 直肠 20. 泄殖腔 21. 肛门 22. 胆囊 23. 肝

肌肉很发达，大部分由平滑肌构成，内有黄色的角质膜（即中药鸡内金），是碳水化合物和蛋白质的复合物，其组织构造特殊，使此膜非常坚韧。由于发达肌肉的强力收缩，可以磨碎食物，类似牙齿的作用。鸡在采食一定的砂砾后，肌胃的这种作用更会加强，有利于消化。

4. 肠 禽类的肠道包括小肠和大肠两个部分。其中小肠段又由十二指肠、空肠、回肠组成，大肠包括一对盲肠和一段短的直肠。十二指肠与肌胃相连，具有"U"形弯曲的特征，将胰腺夹在中间。小肠的第二段相当于空肠和回肠，但并无分界。空肠与回肠的长度大致相等。盲肠位于小肠和大肠的交界处，为分支两条平行肠道，其盲端是向心的，盲肠入口有盲肠括约肌。盲肠之后为直肠，约 10 cm，无消化作用，但吸收水分。

5. 泄殖腔 泄殖腔为禽类所特有，直肠末端与尿、生殖道共同开口于泄殖腔。它被两个环行褶分为粪道、泄殖道和肛道。粪道直接同直肠相连，输尿管和生殖道开口于泄殖道，肛道是最后一段，以肛门开口于体外。在肛道背侧还有一个开口，通一梨状盲囊，称为腔上囊，也称法氏囊。腔上囊黏膜形成许多皱褶，内有发达的淋巴组织，对抗体形成有重要作用，法氏囊炎是威胁养鸡业的一种疾病。性成熟开始，腔上囊逐渐萎缩退化。

6. 肝与胰腺 鸡的肝较大，重约 50 g，位于心脏腹侧后方，与腺胃和脾相邻，分左右两叶，右叶大于左叶。肝一般为暗褐色，但在刚出雏的小鸡，因吸收卵黄色素的关系而呈黄色，大约 2 周龄后即转为暗褐色。右叶肝有一胆囊，以储存胆汁。胆汁通过开口于十二指肠的胆管流入十二指肠内。左叶肝分泌的胆汁不流入胆囊而直接通过胆管流入十二指肠内。胰腺位于十二指肠的"U"形弯曲内，由十二指肠所包围，为一长形淡红色的腺体，有 2～3 条胰管与胆管一起开口于十二指肠。

小肠内有胰液和胆汁流入。胰液由胰腺分泌，含有蛋白酶、脂肪酶和淀粉酶，可以消化蛋白质、脂肪和淀粉。胆汁由胆囊和胆管流入小肠中，它能乳化脂肪以利于消化。十二指肠可分泌肠液，肠液中含有蛋白酶和淀粉酶，食物中的蛋白质在胃蛋白酶和胰蛋白酶的作用下分解为多肽，在肠蛋白酶的作用下分解为氨基酸。脂肪在胆汁的乳化下，由胰脂肪酶分解成脂肪酸和甘油。食物中大部分淀粉在胰淀粉酶作用下分解成葡萄糖、果糖类的单糖。氨基酸、脂肪酸、甘油和葡萄糖以及溶于水中的矿物质、维生素，都被肠黏膜吸收到血液和淋巴中。

家禽的盲肠有消化利用纤维素的作用，但由于从小肠来的食物仅有 6%～10% 进入盲肠，所以鸡和鹌鹑对粗纤维的消化能力很低，而鹅能够消化利用纤维素。家禽的大肠很短，结肠和直肠无明显界限，在消化上除直肠可以吸收水分外，无明显的作用。

家禽的消化道短，仅为体长的 6 倍左右，而羊为 27 倍，猪为 14 倍。由于消化道短，故饲料通过家禽消化道的时间大大地短于家畜。如以粉料饲喂家禽，饲料通过消化道的时间在雏鸡和产蛋鸡约为 4 h，在休产鸡为 8 h。

家禽对饲料的消化率受许多因素的影响，但一般来讲家禽对谷类饲料的消化率与家畜无明显差异，而对饲料中纤维素的消化率大大低于家畜。所以用于饲养家禽（除鹅外）的饲料，尤其是鸡和鹌鹑应特别注意粗纤维的含量不能过高，否则会因不易消化的粗纤维而降低饲料的消化率，造成饲料的浪费。

（三）呼吸系统

禽类的呼吸系统由鼻腔、喉、气管、肺和特殊的气囊组成。禽类喉头没有声带，发出的啼叫音是由于气管分支的地方有一鸣管或鼓室（鸡称鸣管，鸭、鹅则称鼓室），气流经此处产生共鸣而发出不同声音。

家禽的胸腔被肋骨分成两段，且具有一定角度，所以易于扩张。家禽的肺缺乏弹性，并紧贴脊柱与肋骨。支气管进入肺后纵贯整个肺部的称初级支气管。初级支气管在肺内逐渐变细，其末端与腹气囊直接相连，沿途先后分出四群粗细不一的次级支气管。次级支气管除了与颈部和胸部的气囊直接或间接连通外，还分出许多分支，称三级支气管。三级支气管不仅自身相互吻合，同时也沟通次级支气管。故禽类不形成哺乳动物的支气管树，而成为气体循环相通的管道。三级支气管连同周围的肺房和呼吸毛细管共同形成家禽肺的单位结构，称肺小叶。

气囊是装空气的膜质囊，一端与支气管相连，另一端与四肢骨骼及其他骨骼相通。家禽屠宰后气囊间的界限已不明显，不过当打开胸、腹腔时，可在内脏器官上见到一种透明的薄膜，这就是气囊。气囊共有 9 个，即 1 个锁骨间气囊、2 个颈气囊、2 个前胸气囊、2 个后胸气囊和 2 个腹气囊（图 2-9）。气囊有下列作用。

1. 储存气体 气囊能储存很多气体，比肺容纳的气体

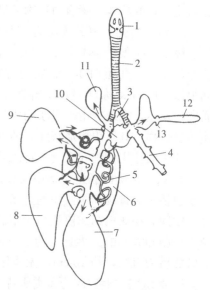

图 2-9 鸡的呼吸器官模式图
1. 喉 2、3. 鸣管 4. 初级支气管
5. 次级支气管 6. 肺 7. 腹气囊
8. 后胸气囊 9. 前胸气囊 10. 锁骨间气囊
11. 颈气囊 12. 臂骨骨腔 13. 肋膜孔

要多5～7倍。

2. 增加空气的利用率 气囊是膜质的，壁薄且具有弹性，故随呼吸动作易于扩大和缩小，好像风箱一样。这样就可以使空气在吸气和呼气时两次通过肺，增加了空气的利用率。

3. 调节体温 由于禽类的气囊容积大，故蒸发水分的表面积也大，从而可散发体热。

4. 增加浮力 气囊充满空气，相对来说就减轻了体重，这样也就有利于水禽在水面上的漂浮。

(四) 循环系统

循环系统包括血液循环器官、淋巴器官和造血器官。

1. 血液循环器官 包括心脏和血管。禽类的心脏较大，相当于体重的0.4%～0.8%，而大动物和人体仅为体重的0.15%～0.17%。

家禽的血液由血浆和血细胞组成。血浆是一种微黄的液体，里面溶解了各种矿物质、蛋白质和其他一些营养物质；血细胞包括红细胞、白细胞（嗜碱性粒细胞、嗜酸性粒细胞、中性粒细胞、单核细胞以及淋巴细胞）和血小板。

禽类的红细胞为卵圆形，体积大于哺乳动物的红细胞，鸡的血液中每立方毫米有250万～350万个红细胞，公鸡的血细胞数较母鸡多。与哺乳动物相比，鸟类的红细胞和血小板均含有细胞核。且家禽的血液黏稠度明显高于哺乳动物，这是由血液中的红细胞（RBCs）和血红蛋白引起的。禽类的红细胞较大且有核，当其穿过毛细血管时不会发生形变。1周龄的鸡，其血液的重量约为体重的8.7%。这一比值随着鸡的生长逐渐下降。血液重量和体重的比值还受到环境温度、饮水量的影响。

2. 淋巴器官

（1）淋巴结：家禽的淋巴结不发达。鸡没有真正的淋巴结，只有一些微小的淋巴小结存在于淋巴管壁上，集合淋巴小结存在于消化道壁上。

（2）脾：禽类的脾较小，形状与家畜的脾不同，为卵圆形或圆形，呈红棕色。脾位于腺胃和肌胃交界的右侧，悬挂于腹膜褶上。禽类脾具有造血和血液过滤功能，也是淋巴细胞迁移和接受抗原刺激后产生免疫应答和免疫效应分子的重要场所。

（3）腔上囊（法氏囊）：位于泄殖腔背侧，为一梨状盲囊，与抗病能力有密切关系。幼禽特别发达，随性成熟而萎缩，最后消失。

(五) 泌尿系统

泌尿系统由肾和输尿管组成。肾分前、中、后三叶，嵌于脊柱和髂骨形成的陷窝内。家禽的肾没有肾盂，输尿管末端也没有膀胱，直接开口于泄殖腔。尿液在肾内生成后，经输尿管直接排入泄殖腔，其中水分被泄殖腔重新吸收，留下灰白糨糊状的尿酸和部分尿液与粪便一起排出体外。因此人们通常只看见家禽排粪，而不见其排尿。

肾是排泄体内的废物，维持体内一定的水分、盐类、酸碱度的重要器官。

(六) 生殖系统

1. 公禽的生殖器官 由睾丸、附睾、输精管和交媾器（鸭、鹅称阴茎）所组成。家禽具有双侧睾丸，位于腹腔的背部，贴近肾的前端。睾丸由精细管、精管网和输出管组成，输出管集合为输精管。禽类输精管是精子的重要储藏场所。每侧睾丸都连着一个附睾和一条通向交配器官的输精管。每个输精管的末端形成一个小乳头（已退化的雄禽的交配器官），作为一种插入器官，位于泄殖腔腹中线，据此可用来进行雏禽的性别鉴定（图2-10）。

鹅、鸭的阴茎较发达，阴茎表面有一螺旋状的排精沟。当阴茎勃起时，排精沟由于边缘闭合而成管，精液就流经此管而射出。

公禽对于光照的反应与母禽相同。日照时间延长会引起垂体前叶分泌促性腺激素，促进睾丸生长并分泌雄性激素，生成精液，公禽需要的光照应该适当，以发挥其最佳繁殖力。

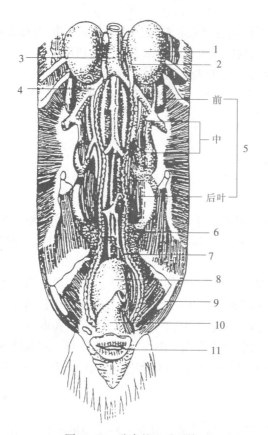

图 2-10　公禽的生殖系统

1. 睾丸　2. 附睾　3. 后腔静脉
4. 髂总静脉　5. 肾　6. 输精管
7. 输尿管　8. 法氏囊　9. 耻骨
10. 直肠　11. 泄殖腔开口

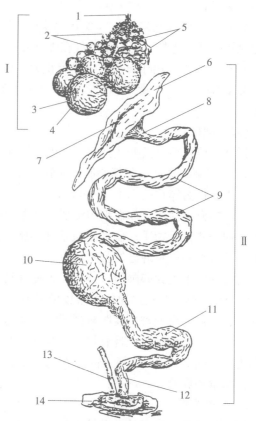

图 2-11　母禽的生殖系统

1. 卵巢基　2. 发育中的卵泡　3. 成熟的卵泡
4. 卵泡带　5. 排卵后的卵泡膜　6. 漏斗部的伞部
7. 漏斗部的腹腔口　8. 漏斗部的颈部
9. 膨大部（蛋白分泌部）　10. 峡部（内有形成过程的蛋）
11. 子宫部　12. 阴道部　13. 退化的右侧输卵管
14. 泄殖腔　Ⅰ. 卵巢　Ⅱ. 输卵管

2. 母禽的生殖器官　由卵巢和输卵管组成（图 2-11）。右侧的卵巢和输卵管在孵化中期以后退化，仅左侧发育完善，具有生殖功能。

（1）卵巢：位于腹腔左侧，在左肾前叶前方的腹面，左肺的后方，以卵巢系膜韧带悬挂在腰部背侧壁上。此外，卵巢还以腹膜褶与输卵管相连接。卵巢不但是形成卵子的器官，而且还累积卵黄营养物质，以满足胚胎体外发育时的营养需要。因此禽类的卵细胞要比其他家畜的卵细胞大得多。

（2）输卵管：分为五个部分，即漏斗部、膨大部、峡部、子宫部和阴道部，是形成禽蛋的器官。阴道部开口于泄殖腔。

①漏斗部：或称喇叭部，形似喇叭，为输卵管的入口，周围薄而不整齐，产蛋期间长度从 3～11 cm 不等。卵巢排出卵黄后，很快被喇叭部接纳，卵黄膜在此形成。如母禽经过交配，精子即在此部分与卵子结合而受精。

②膨大部：为输卵管最长的部分，长 30～50 cm，壁较厚，黏膜形成皱褶，前端与喇叭部界限不明显，有黏膜纵褶部分称作膨大部，后端以明显窄环与峡部区分。膨大部密生腺管，包括管状腺和单细胞腺两种。前者分泌稀蛋白，后者分泌浓蛋白。

③峡部：或称管腰部，为输卵管较窄较短的一段，长约 10 cm。内部纵褶不明显，前端与膨大部界限分明，后端为纵褶的尽头。蛋的内外蛋壳膜在这一部分形成。

④ 子宫部：呈袋形，管壁厚，肌肉发达，长 10～12 cm。黏膜形成纵横的深褶，后端止于紧缩部分的阴道部。子宫部分泌子宫液，形成蛋壳和壳上胶护膜。有色蛋壳的色素也在子宫部分泌。

⑤ 阴道部：长 6～10 cm，为输卵管的最后一部分，开口于泄殖腔背壁的左侧。阴道肌膜发达，由于黏膜内无腺体，形成的皱褶较其他部分均细。阴道对蛋的形成不起作用，蛋到达阴道部，只等候产出。蛋产出时，阴道自泄殖腔翻出，因此蛋并不经过泄殖腔。交配时，阴道也同样翻出接受公禽射出的精液。

鸡输卵管的构成及其主要功能见表 2－2。

表 2－2　鸡输卵管的构成及其主要功能

部位	大致的长度（cm）	鸡蛋在形成过程中停留的时间（h）	功能
漏斗部	3～11	0.5	承接从成熟卵泡中释放出的卵黄，也是精卵结合的受精部位
膨大部	30～50	3	蛋白形成的地方
峡部	10	1	蛋壳膜形成的地方
子宫部	10～12	20	蛋壳形成以及色素沉积的场所
阴道部	6～10	0.15	蛋通过并排出体外的地方
从排卵到蛋产出约需 25 h			

（七）感觉器官

家禽同家畜一样都有眼、耳、口、鼻等器官，但是家禽的视觉、听觉、味觉、嗅觉能力却与家畜不同。家禽的视觉较发达，眼较大，位于头部两侧，视野较广，视觉敏锐，能迅速识别目标，但对颜色的区别能力较差，鸡只对红、黄、绿等光敏感。家禽的听觉发达，能迅速辨别声音。嗅觉能力差，味觉不发达。

（八）内分泌器官

1. 垂体　位于脑的底部，包括前叶和后叶两部分。

垂体前叶由腺组织构成，称腺垂体。此叶至少分泌 5 种激素：Ⅰ 型细胞分泌促卵泡激素（FSH），在母禽刺激卵巢内卵泡的生长，分泌雌激素；在公禽则刺激睾丸的细管生长及精子的产生。Ⅱ 型细胞分泌促甲状腺激素，可以调节甲状腺的功能。Ⅲ 型细胞分泌促黄体素，对母禽可引起排卵，而在公禽刺激睾丸产生雄激素。Ⅳ 型细胞分泌催乳素，参与就巢，可能通过抑制促性腺激素而起作用。Ⅴ 型细胞分泌生长激素。

垂体后叶由神经组织构成，称神经垂体，分泌加压素与催产素两种激素。加压素具有升高血压和减少尿分泌的作用；催产素刺激输卵管平滑肌收缩，促进排卵。

2. 甲状腺　为成对的暗红色卵圆形结构，位于颈的基部。分泌甲状腺激素，其机能为刺激一般代谢；调节整个机体，特别是生殖器官的生长，适度增加甲状腺激素的供应，可促进生长和提高产蛋量；甲状腺激素增多引起换羽，这可能是由于刺激了新羽毛生长而引起换羽。

3. 甲状旁腺　为两对小的黄色腺体，紧接甲状腺后端。分泌甲状旁腺素，产蛋时调节血钙水平，使大量的钙由髓质骨转移到蛋壳。

4. 胸腺　家禽有一对胸腺，呈长索状，沿颈静脉分布于颈部后半部的皮下。雏鸡发达，具有淋巴器官的作用，与抗体形成有关。

5. 肾上腺　为一对扁平的卵圆形结构，呈乳白色、黄色或橙色，位于肾前叶的内侧缘附近。肾上腺皮质分泌皮质激素，主要功能是调节机体代谢和维持生命。髓质分泌肾上腺素，具有增强心血管系统活动、抑制内脏平滑肌以及促进糖代谢等机能。

6. 胰腺 为一长形淡红色的腺体，调节脂类和糖在体内的平衡。

（九）神经系统

从解剖学角度来看鸟类的神经系统可分为两类：中枢神经系统（CNS）和外周神经系统（PNS）。中枢神经系统包括脑神经和脊神经。外周神经系统包括除了中枢神经系统之外的神经系统并由神经组成，有的神经源于脑部，有的源于脊髓。从功能上外周神经系统可分为躯体神经系统和自主神经系统。躯体神经系统能够根据外界的刺激做出相应的反应。自主神经系统则主要维持机体的体内平衡和内环境，同时它也是调节胃肠道功能的神经系统。自主神经可以进一步分为交感神经和副交感神经。交感和副交感神经系统共同调节机体的日常活动和功能。当交感神经系统受到刺激，外周组织如骨骼肌就需要大量的血液供给，为了满足这种需求，胃肠道的血流量迅速减少以供给骨骼肌足够的血流量。同时，心跳频率和呼吸频率相应增加以供给机体充足的氧气。

（十）皮肤和羽毛

1. 皮肤 家禽的皮肤由表皮与真皮组成，都较薄，没有汗腺和皮脂腺，皮肤表面干燥，仅在尾部有一对尾脂腺。水禽尾脂腺特别发达。禽类经常用喙将尾脂腺分泌物涂抹在羽毛上，使羽毛光润、防水。禽类的皮肤颜色主要有黄、白、黑三种，是品种特征之一，如来航鸡的皮肤是黄色的，澳洲黑鸡的皮肤是白色的，而乌骨鸡的皮肤是黑色的。家禽的喙、爪、距和鳞是皮肤的角质化结构。

2. 羽毛 家禽的羽毛与家畜的被毛明显不同，是鸟纲动物特有的表皮构造，除了喙与脚面外覆盖全身表面，是保持体温的绝缘体，对于飞翔极重要。羽毛呈现不同颜色，而且还形成一定图案。羽毛的图案取决于黑色素的分布，也取决于黑色素与其他色素特别是与类胡萝卜素的平衡。羽毛颜色和图案是由遗传决定的，是品种的标志。家禽地方品种遗传构成复杂，毛色也复杂。鸡的现代商业品种经过高度选育，毛色单纯，以白色为主，辅以褐色，并可利用毛色进行初生雏的自别雌雄。

禽羽按其结构分下列三种（图 2-12）。

（1）正羽：有羽轴和羽片。羽轴埋入皮肤部分称羽根，构成羽片部分称羽干。羽片是羽小枝之间通过羽纤枝相互钩连而成。

（2）绒羽：包括新生雏的初生羽及成禽的绒羽。有羽轴，但羽小枝间没有羽纤枝相互钩连，故不形成羽片。其保温作用较好。

（3）毛羽（线羽）：没有羽轴、羽片之分，具有一条细而长的羽干，在游离端处有一撮羽枝或羽小枝，形状像头发一样，细软。

家禽的羽毛从出雏到成年，要经过三次更换。雏禽出雏时全身被绒羽覆盖。出壳后不久绒羽即开始脱换，由正羽代替绒羽。此时的正羽称幼羽。脱换顺序为翅→尾→胸腹→头部。通常在 6 周龄左右换齐。6 周龄到 13 周龄二次更换，称青年羽。由 13 周龄到开产前再更换一次，称成年羽。性成熟时羽毛丰满有光泽。更换为成年羽后，从第二年开始，每年秋冬都要更换一次。换羽时，由于需要大量营养，母禽即停止产蛋。从开始产蛋到第二年换羽停止产蛋为止，称为一个生物学产蛋年。生物学产蛋年的时间长短并不是一定的，而是随品种、个体的不同而不同。开产早、换羽迟的鸡，其生物学产蛋年就长，有可能远远超过 365 d。相反，开产迟、换羽早的鸡，则它的生物学产蛋年就短，有的还

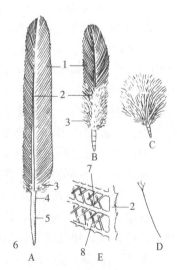

图 2-12 鸡羽毛的种类及构造
A. 正羽（翼羽） B. 正羽（胸羽）
C. 绒羽 D. 毛羽
E. 正羽（部分扩大图）
1. 羽片 2. 羽轴茎 3. 后羽
4. 上脐 5. 羽轴根 6. 下脐
7. 下行性羽小枝 8. 上行性羽小枝

不到 300 d。因此,如果一个品种的生物学产蛋年时间长,一般说它是高产鸡,反之就是低产鸡。由于禽类羽毛重量占活体空腹重的 4%～9%,因此禽类羽毛的年度更换会给禽类造成一种很大的生理消耗,故换羽时应注意营养。

第三节 蛋的形成机理

一、蛋的构造

鸟蛋是动物界最大的单细胞,包含一个胚胎发育所需的全部营养。不同鸟蛋的结构较为相似,图 2 - 13 为鸡蛋的构造。鸡蛋的形成可以分成两大部分:首先,肝通过血液循环在卵巢沉积形成卵黄,排卵时成熟卵泡破裂,卵黄进入输卵管;输卵管不同部位依次分泌形成卵黄膜、蛋白、蛋壳膜和蛋壳。

二、卵黄的形成

卵黄自形成开始到从卵巢中排出需要 10 d 的时间。其生长速度很快,排卵前 6 d 直径可从 6 mm 增至 35 mm。

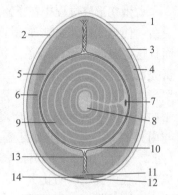

彩图:鸡蛋的构造

图 2 - 13 鸡蛋的构造
1. 胶护膜 2. 蛋壳 3. 蛋壳膜
4. 外稀蛋白 5. 内稀蛋白
6. 浓蛋白 7. 胚盘/胚珠 8. 白色蛋黄
9. 蛋黄 10. 卵黄膜 11. 内壳膜
12. 外壳膜 13. 系带 14. 气室

母鸡卵巢上常有 5～6 个较大的、发育成熟的黄色卵泡和许多颜色发白、发育未成熟的小卵黄。由于卵巢皮质的卵泡突出于卵巢表面,卵巢呈结节状,用肉眼可观察到 2 500 个卵泡,用显微镜观察,大约有 12 000 个卵泡,也有人统计可达数百万个,但其中仅有少数达到成熟排卵。母禽临近性成熟时,卵巢活动剧烈,卵细胞由于营养物质的增加,形成大小不同的卵泡,状似一串葡萄。每一个卵泡含有生殖细胞,最初生殖细胞在中央,随着卵黄的累积,生殖细胞渐渐升到卵黄的表面,恰好在卵黄膜的下面。未受精的蛋,生殖细胞在蛋形成过程中一般不再分裂,剖视卵黄表面有一白点,称为胚珠。受精后的蛋,生殖细胞在输卵管中经过分裂,形成中央透明、周围暗的盘形原肠胚,称胚盘。卵泡与卵巢相连处称卵泡柄,卵泡上有许多血管,自卵巢上通过柄运来营养物质供卵子成长发育。卵泡上与柄相对中央有 2 条肉眼看不见血管的淡色缝痕,卵子成熟后,即由此破裂排出。如果排卵时血管破裂,卵黄上黏附少量血液,就会在卵上形成一个血斑。

三、蛋白的形成

膨大部是输卵管中最长的部位,在此处合成分泌清蛋白或称蛋白。当卵黄沿着漏斗部旋转向前时,输卵管壁上的分泌蛋白的腺体经由刷状结构紧贴卵黄释放和涂布蛋白。卵黄的扭转和水的介入使蛋白分为四层,由内向外分别为:系带层、内稀蛋白、浓蛋白和外稀蛋白。系带层包裹卵黄,厚约 40 μm,系带层的两端呈螺旋的细丝与壳膜相连,将卵黄固定在中间位置。浓蛋白中的卵黏蛋白含量较高,因此呈现较大黏性,其蛋白质含量是稀蛋白的 4 倍。伴随着蛋的旋转,浓蛋白内水分减少,将稀蛋白分成内/外两层,外稀蛋白在峡部吸收水分和矿物质进一步变稀。

四、蛋壳膜的形成

蛋壳膜在峡部形成,由许多纤维交错而成。壳膜分为两层:内壳膜和外壳膜。在刚开始形成时，壳膜十分松软，在子宫部随着水、盐的渗入而最终成形。外壳膜厚约为 $50~\mu m$，内壳膜厚约 $20~\mu m$。两层壳膜通常紧密地黏合在一起，只是在壳的钝端，当鸡蛋刚被产出时由于冷却收缩使内外壳膜分离形成气室。一开始气室非常小，但是随着蛋的冷却和水分的蒸发会逐渐增大。因此，气室直径常作为衡量禽蛋新鲜度的指标。

五、蛋壳的形成

禽蛋在形成过程中在子宫部停留的时间最长，这里会有更多的水和矿物质穿过蛋壳膜进入蛋白，使鸡蛋膨胀并形成蛋白的第四层。而且这也是蛋壳形成和色素沉积的地方。蛋壳的主要成分是碳酸钙，分为内外两层：内层为较薄的乳头状突起，外层为致密的栅栏层，其间有6 000～8 000个气孔与内外相通。蛋壳外面覆盖一层胶护膜（图2-14）。刚产下的鸡蛋表层胶护膜可以封堵住气孔，以防止水分丢失和细菌的渗入。随着保存时间的延长或孵化，表层胶护膜逐渐脱落，空气可以进入蛋内，水气和孵化时胚胎呼吸产生的二氧化碳排出蛋外。

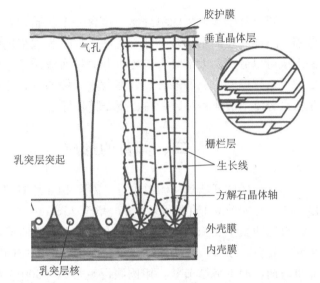

图2-14　蛋壳的构造

蛋壳形成过程中，子宫部需要充足的钙离子，以保证供应蛋壳形成时所需的碳酸钙。蛋壳形成中 CO_3^{2-} 主要来源于血液循环和壳腺部细胞代谢产生的 CO_2。

六、异常蛋形成的原因

由于产蛋机制的问题会出现一些非正常蛋，包括双黄蛋、无黄蛋、软壳蛋、蛋包蛋、沙皮蛋、异物蛋和异形蛋等。

1. 双黄蛋　正常的蛋只有一个卵黄，双黄蛋是指一个壳内有两个卵黄。这是因为初产或盛产季节，两个卵黄同时成熟排出；或者一个成熟排出，另一个尚未完全成熟，但因母鸡受惊时飞跃，物理压力迫使卵泡缝痕破裂而与前一个卵黄几乎同时排出并被漏斗部同时纳入，经过膨大部、峡部、子宫部和正常蛋一样最后从阴道部排出体外。

2. 无黄蛋　无黄蛋多出现在刚开产的时期。在盛产期，膨大部分泌机能旺盛，输卵管蠕动，出现一块较浓的蛋白经扭转后，包上继续分泌的蛋白、蛋壳膜等产出体外，形成特小的无黄蛋。偶尔外源组织会进入输卵管像卵黄一样刺激蛋白的分泌。

3. 软壳蛋　通常是由于钙和维生素D缺乏或患有某些疾病导致母鸡子宫部分泌蛋壳的机能失常，还可能由于母鸡输卵管内寄生蛋蛭，或疫苗接种后的应激反应导致。另外，受惊吓的母鸡也容易产软壳蛋。

4. 蛋包蛋　家禽盛产季节可能产下特大的蛋，打开之后发现其内还有一正常蛋，称蛋包蛋。形成这种蛋的原因是由于蛋移行到子宫部形成蛋壳后，由于受到惊吓或某些反常的现象，输卵管发生逆蠕动，将形成的蛋推移到输卵管上部。之后又与下一个正常卵黄一起向下移行，又包上蛋白、蛋壳膜和蛋壳从而形成蛋包蛋。蛋包蛋可能是两个完整的蛋，也可能内部蛋仅包裹蛋白、蛋壳膜和蛋壳后形成。

5. 沙皮蛋 指蛋壳的触感像砂纸一样粗糙不平。一方面，沙皮蛋是蛋壳矿化期输卵管表面异物脱落，被钙覆盖后形成的，与母鸡的周龄、饲料营养不均衡和遗传缺陷等有关。另一方面，沙皮蛋也可能是传染性支气管炎造成的，传染性支气管炎导致输卵管黏膜脱落，这些组织黏附于蛋壳表面从而形成砂样颗粒，这种情况下，可能同时出现水样蛋白现象。

复习思考题 ◆

1. 家禽的基本特征有哪些？
2. 以鸡为代表，熟悉家禽的外貌特征。
3. 家禽的主要体尺指标有哪些？如何测量？
4. 家禽的主要生理特点是什么？对家禽管理和生产有何意义？
5. 与哺乳动物相比，家禽的骨骼和肌肉有何特点？
6. 结合家禽消化系统的解剖结构，思考家禽营养需要的特点。
7. 结合家禽生殖系统的解剖结构，试述蛋的形成过程。
8. 何为气囊？它对家禽有何重要生理意义？
9. 试述家禽羽毛的类型和更换规律。
10. 结合家禽的解剖特点，试述家禽抗病能力差的主要原因。
11. 试述家禽生殖器官的构成及其特点。
12. 常见畸形蛋分为几种？其形成原因是什么？

（郑江霞）

03 第三章 家禽品种和育种

育种决定畜禽生产性能的最大潜力，在养禽生产中占有主要地位。长期、持续的积累可以使畜禽生产性能得到持久而高效的改进。20世纪初，随着人们对家禽生产价值的认识逐步提高，商业化养禽生产兴起，由此带动了家禽育种工作的本质变化。育种目标由注重体型外貌转向经济性状，即产蛋性能和产肉性能。这一变化的产生，促使家禽育种工作从经验阶段转变进入现代育种阶段。动物育种的理论基础是遗传学。遗传学理论的产生和发展，为家禽育种的转型提供了重要的技术保证。经过半个多世纪的努力，家禽遗传育种工作已取得了辉煌的成就，尤其是杂交繁育体系的建立和推广，培育出许多生产性能卓越的优良家禽商业配套系，为现代养禽生产奠定了坚实的基础。

第一节 家禽品种和杂交繁育体系

一、家禽品种

家禽品种是人类在一定的自然生态和社会经济条件下，利用某些特定群体，通过选择和杂交等手段选育出来的、具有一定生物学和经济学特点的家禽类群，其主要性状比较一致，在产量和品质方面符合人类的一定要求，具有一定的经济价值。根据家禽形成的历史背景和用途，品种一般分为地方品种、标准品种和商业品种，其中商业品种也称商业配套系。

作为家禽品种，应具有以下特性。

（1）经济价值：人类培育品种的首要目的是满足人类的需要，从而使家禽品种具备了一定的经济价值，这也是品种最主要的特性。

（2）血统来源相同：同一个品种内的个体，必须有着共同的血统来源，从而具有基本一致的遗传基础。

（3）性状一致：同一个品种内的家禽个体必须在许多重要经济性状上表现一致，另外还应在外貌形态、生理结构、生长发育、生活习性等方面尽量一致。

（4）主要性状能够稳定遗传：在正常的繁育过程中，构成品种主要特征特性的性状能够稳定地遗传给后代。

（5）足够的数量：作为一个品种，必须有足够的数量，以满足生产或保种的需要。

（6）合理的结构：这是由现代家禽繁育的技术方法所决定的，主要指一个家禽品种内应具有若干个各具特点的类群，这些类群通常指由于选育目标或方法不同而形成的品系（strain）。

（一）标准品种

标准品种是按育种组织制定的标准经过鉴定并得到承认的品种，也称纯种。家禽的主要标准品种来源于欧美国家，这些标准品种对现代养禽业商业品种的培育起了很大的作用。

1. 标准品种的形成 标准品种是人类生活和生产活动的产物，也是人类长期发展过程中的生活资料和生产资料。人类从自己的需求出发，对野生鸟类进行驯化和培育，产生了各种各样的家禽品种。在20世纪前，家禽育种尚处于经验育种阶段，主要是由养禽爱好者作为业余爱好而进行的。他们对家禽的体型、外貌等进行选择，而对生产性状考虑得较少。尽管这些爱好者们还不具备系统的遗传学知识，但是由于他们所考虑的性状基本上属于质量性状，容易加以固定而形成稳定的特征，所以他们的工作还是卓有成效的。经过他们的努力，创造了许多各具特色的标准品种。

在国际上，由美洲家禽协会（由美国和加拿大组成）编写的《美洲家禽标准品种志》和英国大不列颠家禽协会的《大不列颠家禽标准品种志》收录了世界各地主要的标准品种，被国际家禽界广泛认可。《美洲家禽标准品种志》编入了被承认的标准品种，其中鸡有104个品种、384个品变种，鸭有14个品种、31个品变种，鹅有11个品种、15个品变种，火鸡有1个品种、8个品变种，总计130个品种、438个品变种。

这些丰富的家禽品种资源作为珍贵的基因库，为家禽现代育种提供了可靠的物质基础。

2. 鸡的主要标准品种

（1）白来航鸡（White Leghorns）：白色单冠来航的简称，为来航鸡的一个品变种，属轻型白壳蛋鸡。原产于意大利，现分布于世界各地。是世界上最优秀的蛋用型品种，也是目前全世界商业蛋鸡生产中使用的主要鸡种。白来航鸡体型小而清秀，全身紧贴白色羽毛，单冠，冠大鲜红，公鸡冠直立，母鸡冠倒向一侧。喙、胫部、皮肤均为黄色，耳叶白色。白来航鸡性成熟早，产蛋量高，蛋壳白色，饲料消耗少。成年公鸡体重2.5kg，成年母鸡体重1.75kg左右。性情活泼好动，易受惊吓，无就巢性，抗应激能力较差。

彩图：白来航鸡
（郑江霞 提供）

（2）洛岛红鸡（Rhode Island Reds）：育成于美国洛德岛州，有单冠和玫瑰冠两个品变种。洛岛红鸡由红色马来斗鸡、褐色来航鸡和鹧鸪色九斤鸡与当地土种鸡杂交而成。1904年正式被承认为标准品种。羽毛为深红色，尾羽近黑色。体躯略近长方形，头中等大，单冠。喙褐黄色，胫部黄色，冠、耳叶、肉垂及脸部均呈鲜红色，皮肤黄色。背部宽平，体躯各部的肌肉发育良好，体质强健，适应性强。体型中等，产蛋量高，蛋重较大，蛋壳褐色。目前广泛用于褐壳蛋鸡生产，用作杂交父系。利用其特有的伴性金色羽基因，通过特定的杂交形式可以实现后代雏鸡羽色自别雌雄。

彩图：洛岛红鸡
（郑江霞 提供）

（3）白洛克鸡（White Plymouth Rocks）：与横斑洛克同属洛克品种。单冠。冠、肉垂与耳叶均红色，喙、胫部和皮肤黄色，全身羽毛白色。产蛋量中等，蛋重较大，蛋壳褐色。近年来肉鸡业蓬勃发展，白洛克鸡经改良后早期生长快，胸、腿肌肉发达，作肉用仔鸡配套母系与白科尼什公鸡杂交，其后代生长迅速，胸宽体圆、屠体美观，肉质优良，饲料报酬高，成为著名的肉鸡母系。

彩图：白洛克鸡
（郑江霞 提供）

（4）白科尼什鸡（White Cornish）：原产于英格兰，为著名的肉鸡品种。体躯坚实，肩、胸很宽，体重大，胸、腿肌肉发达，胫部粗壮。豆冠。喙、胫部和皮肤为黄色，羽毛紧密。肉用性能好，但产蛋量少，蛋壳浅褐色。为了改善快大型肉鸡的屠体质量，保证屠体鲜白，近年来引进白来航显性白羽基因对白科尼什鸡进行改良，经选育使白科尼什鸡成为肉鸡显性白羽父系，为不完全豆冠。显性白羽父系与有色羽母鸡杂交，后代均为白色或近似白色。目前主要是用它与母系白洛克品系配套生产肉用仔鸡。

彩图：白科尼什鸡
（郑江霞 提供）

（5）新汉夏鸡（New Hampshires）：育成于美国新汉夏州。是为提高产蛋量、早熟性和蛋重等经济性状，对洛岛红鸡改良选育而成的。1935年正式被承认为标准品种。体型与洛岛红鸡相似，但背部较短，羽毛颜色略浅。只有单冠。体大，适应性强。在现代蛋鸡商业杂交配套系中起着一定作用。

（6）横斑洛克鸡（Barred Plymouth Rocks）：也称为芦花鸡，属于兼用型。育成于美国，在选育过程中，曾引进我国九斤黄鸡血液。体大浑圆，生长快，产蛋多，肉质好，易育肥。全身羽毛呈黑白相间的横斑，此特征受一伴性显性基因控制，可以在纯繁和杂交时实现雏鸡自别雌雄。羽毛末端为黑边，斑纹清晰一致。单冠。耳叶红色，喙、胫部和皮肤均为黄色。

（7）狼山鸡（Langshan）：原产于我国江苏省南通市如东县和通州区石港一带。19 世纪输入英、美等国家，1883 年在美国被承认为标准品种。有黑色和白色两个品变种。体型外貌的最大特点是颈部挺立，尾羽高耸，背呈"U"形。胸部发达，体高腿长，外貌威武雄壮，头大小适中，眼为黑褐色。单冠直立，中等大小。冠、肉垂、耳叶和脸均为红色，皮肤白色，喙和胫部为黑色，胫部外侧有羽毛。狼山鸡的优点为适应性强，抗病力强，胸部肌肉发达，肉质好。

彩图：狼山鸡
（郑江霞 提供）

（8）丝羽乌骨鸡（Silkies）：原产于我国江西、广东和福建等省，分布几遍全国和世界各地。作药用和玩赏用。主治妇科病的"乌鸡白凤丸"，即用该鸡全鸡配药制成。丝羽乌骨鸡身体轻小，行动迟缓。头小、颈短、眼乌，身体羽毛白色，羽片缺羽小钩，呈丝状，与一般家鸡的正羽不同。外貌特征总结为"十全"，即紫冠（冠体如桑椹状）、缨头（羽毛冠）、绿耳、胡子、五爪、毛脚、丝毛、乌皮、乌骨、乌肉。此外，眼、胫部、趾、内脏及脂肪亦为乌黑色。成年公鸡体重为 1.35 kg，母鸡 1.20 kg。年产蛋量约 100 个，蛋重 40～42 g，蛋壳淡褐色。就巢性强。

彩图：丝羽乌骨鸡
（郑江霞 提供）

3. 鸭的主要标准品种

（1）北京鸭（Pekin duck）：是世界上最著名的肉鸭品种，几乎所有的白羽肉鸭都来自北京鸭。公鸭成年体重 4 kg，母鸭可达 3.5 kg。

（2）康贝尔鸭（Campbell duck）：原产于荷兰，为高产蛋鸭，肉质好。母鸭暗褐色，体重 2 kg 以上，年产 250～300 个蛋，平均蛋重 77 g。抗病性强，适应性广。

彩图：北京鸭
（郑江霞 提供）

（3）番鸭（Muscovy）：又名香鹑雁、麝香鸭、红嘴雁，与一般家鸭同属不同种。番鸭原产于中、南美洲热带地区。10 周龄公母平均体重达 3 kg 左右。母鸭平均开产日龄为 170 d，开产后第一个产蛋周期最长，连产蛋数为 35～40 枚。

（4）奥品顿鸭（Orpington duck）：原产于英国肯特郡，由跑鸭、鲁昂鸭、卡尤加鸭和艾尔斯伯里鸭杂交培育而成。其体型大小与北京鸭相似，属于中等体型鸭，体重达到 3.2～3.6 kg，年平均产蛋 220 个。

（5）跑鸭（Run duck）：也被称为走鸭，产于印度，属蛋用品种。其特征是体躯与地面几乎垂直。羽色有白色、黄白色和杂色。成年公鸭体重 1.8～2.0 kg，成年母鸭体重 1.5～1.8 kg。年产蛋 160～180 个，产蛋量高的达到 200 个以上，蛋重 70～80 g，蛋壳白色。

4. 鹅的标准品种

（1）中国鹅（Chinese goose）：中国鹅由亚洲鸿雁驯化而来，有灰羽和白羽两种类型。体型小，采食范围广，易放牧，有极高的经济价值。除美洲的比尔格里鹅外，中国鹅的开产日龄最早，且产蛋量最高，年产蛋 40～100 个。成年公鹅体重 5.5 kg 左右，成年母鹅体重 4.5 kg 左右。

彩图：中国白鹅
（郑江霞 提供）

（2）非洲鹅（African goose）：属于大型鹅种。原产于亚洲，经非洲引种到北美等地。非洲鹅有灰羽和白羽两种，其中以灰羽数量最多，白羽相对较少。

（3）爱藤鹅（Embden goose）：原产于德意志联邦共和国西部的爱藤城。19 世纪曾引入英国和荷兰白鹅的血统，经过选育和杂交改良，体型变大。成年公鹅体重 9～15 kg，成年母鹅体重 8～10 kg，肥育性能好，肉质佳。羽绒洁白丰厚，羽绒产量高。

（4）图卢兹鹅（Toulouse goose）：原产于法国西南部图卢兹镇，是欧洲灰雁的后裔，集产肉、肥肝、观赏于一身。美国畜种保护委员会将图卢兹鹅分为三种类型：商品型、标准产肉型、观赏型。

彩图：图卢兹鹅
（郑江霞 提供）

5. 鹌鹑的标准品种

鹌鹑（Japanese Quail）：原产于中国，主要分布于中国、日本、朝鲜、印度和东南亚一带。

鹌鹑体型较小，羽毛多呈栗褐色，夹杂黄黑色相间的条纹。成年公鹑体重 110 g，成年母鹑体重 130 g。35～40 日龄开产，年产蛋量在 250 个以上，蛋重 10.5 g，蛋壳上有深褐色斑块，有光泽；或呈青紫色细斑点或块斑，壳表为粉状而无光泽。

6. 鸽的标准品种

（1）鸾鸽（Runt pigeon）：是世界上最古老的品种之一，原产于意大利和西班牙。鸾鸽是肉鸽良种中体型、体重最大的品种。羽毛有白色、斑白色、黑色、灰色等，身体硕长，胸宽深，肌肉丰满，颈长而粗壮。毛羽宽长，末端圆钝，不上翘。性情温顺不善飞，不爱活动，适于笼养。成年公鸽体重 1 400～1 500 g，成年母鸽体重 1 200 g。年产乳鸽 6～8 对，4 周龄的乳鸽体重可达 750～900 g。

（2）卡奴鸽（White Carneau）：又称卡诺鸽，原产于比利时和法国，为肉用和观赏兼用鸽。卡奴鸽外观魁梧，毛色有白、黑、黄、红等。体形特征为头大，颈粗，胸圆而阔，短翼，短尾，矮脚，尾下垂但不着地。性情温顺，容易饲养，为较佳的肉鸽品种。卡奴鸽属中型鸽种，成年公鸽体重 700～800 g，成年母鸽体重 600～700 g。繁殖力强，年产乳鸽 8～10 对，高产者达 12 对以上。

（3）蒙丹鸽（Mundana）：又称蒙腾鸽，原产于法国和意大利。因不善飞翔，喜地上行走，行动缓慢，不愿栖息，故又称地鸽。蒙丹鸽和世界各地的原有鸽种杂交，形成了很多品系，按产地分为法国蒙丹鸽、瑞士蒙丹鸽、意大利蒙丹鸽、印度蒙丹鸽、美国毛冠蒙丹鸽等。毛色多样，有纯黑、纯白、黄色等，以白色最受市场欢迎。成年公鸽体重 750～850 g，成年母鸽体重 700～800 g，1 月龄乳鸽体重达 750 g。年产乳鸽 6～8 对。

（二）地方品种

我国是世界上最早驯化家禽的国家之一。我国地方家禽品种资源丰富，已发现并得到国家畜禽遗传资源委员会认定的鸡地方品种有 115 个，鸭地方品种有 37 个，鹅地方品种有 30 个，被列入国家级畜禽遗传资源保护名录的有 49 个。这些地方品种一般没有明确的育种目标，没有经过长期系统的选育和有计划的杂交，生产性能较低，体型外貌不大一致，但具有肉蛋品质好、生活力强、适应性好等优点。我国许多地方鸡品种具有肉嫩、味美、皮薄、骨细、蛋品质好等特点，因而在优质肉鸡和土蛋鸡育种和生产中得到很好的开发利用，成为我国肉鸡和蛋鸡生产中的重要特色。我国水禽品种资源在全世界首屈一指，有北京鸭、绍兴鸭、金定鸭、高邮鸭、狮头鹅、皖西白鹅、溆浦鹅、四川白鹅、豁眼鹅等优秀品种，其中北京鸭已成为全世界快大型肉鸭生产的主要品种，豁眼鹅是世界上产蛋性能最好的鹅品种。这些优良的家禽地方品种资源，为我国家禽业的可持续稳定发展奠定了坚实的基础。

文本：国家畜禽遗传资源品种名录（2021 年版）——传统家禽

现列举我国主要地方家禽品种如下。

（1）东乡绿壳蛋鸡：产于江西省东乡区，属肉蛋兼用型鸡种。羽毛黑色，喙、冠、皮、肉、骨、趾均为乌黑色。母鸡单冠，头清秀。公鸡单冠，呈暗紫色，肉垂深而薄，体呈菱形。成年公鸡体重约 1.6 kg，成年母鸡体重约 1.3 kg。成年公鸡半净膛率达到 78.4%，成年母鸡半净膛率达到 81.8%。成年公鸡全净膛率达到 64.5%，成年母鸡全净膛率达到 71.2%。开产日龄 152 d，500 日龄产蛋 160～170 个，蛋重 50 g，蛋壳呈浅绿色。

（2）清远麻鸡：主产于广东清远市清城区、清新区，属肉用型鸡种。体型特征可概括为"一楔""二细""三麻身"。"一楔"指母鸡体如楔形，前躯紧凑，后躯圆大；"二细"指头细、脚细；"三麻身"指母鸡背羽主要有麻黄、麻棕、麻褐三种颜色。公鸡头部、背部的羽毛金黄色，胸羽、腹羽、尾羽及主翼羽黑色，肩羽、鞍羽枣红色。母鸡头部和颈前 1/3 的羽毛呈深黄色，背部羽毛分为黄、棕、褐三色，有黑色斑点，形成麻黄、麻棕、麻褐三种。单冠直立，喙、胫呈黄色，虹彩橙黄色。成年公鸡体重约 2.1 kg，成年母鸡体重约 1.7 kg。开产日龄 150～210 d，年产蛋 78 个，蛋重 47 g，蛋壳呈浅褐色。

(3) 北京油鸡：原产于北京市郊区，历史悠久。具有冠羽、跖羽，有些个体有趾羽。不少个体颌下或颊部有胡须。因此人们常将这三羽（凤头、毛腿、胡子嘴）称为北京油鸡的外貌特征。体躯中等大小，羽色分赤褐色和黄色两类。初生雏绒羽土黄色或淡黄色，冠羽、跖羽、胡须明显可以看出。成年鸡羽毛厚密蓬松，公鸡羽毛鲜艳光亮，头部高昂，尾羽多呈黑色；母鸡的头尾微翘，胫部略短，体态敦实。尾羽与主副翼羽常夹有黑色或半黄半黑羽色。生长缓慢，性成熟晚，母鸡 7 月龄开产，年产蛋 110 个。成年公鸡体重 2.0～2.5 kg，成年母鸡体重 1.5～2.0 kg。屠体肉质丰满，肉味鲜美。

(4) 仙居鸡：原产于浙江省中部靠东海的台州市，重点产区是仙居县，分布很广。体型较小，结实紧凑，体态匀称秀丽，动作灵敏活泼，易受惊吓，属神经质型。头部较小，单冠，颈细长，背平直，两翼紧贴，尾部翘起，骨骼纤细；其外形和体态颇似来航鸡。羽毛紧密，羽色有白羽、黄羽、黑羽、花羽及栗羽之分。胫部多为黄色，也有肉色及青色等。成年公鸡体重 1.25～1.5 kg，成年母鸡体重 0.75～1.25 kg，产蛋量目前变异度较大。

(5) 惠阳胡须鸡：主要产于广东博罗、惠阳、惠东等县区。惠阳胡须鸡属肉用型，其特点可概括为黄毛、黄嘴、黄脚、胡须、短身、矮脚、易肥、软骨、白皮及玉肉（又称玻璃肉）10 项。主尾羽颜色有黄、棕红和黑色，以黑者居多。主翼羽大多为黄色，有些主翼羽内侧呈黑色。腹羽及胡须颜色均比背羽色稍淡。头中等大，单冠直立，肉垂较小或仅有残迹，胸深、胸肌饱满。背短，后躯发达，呈楔形，尤以矮脚者为甚。惠阳胡须鸡肥育性能良好，沉积脂肪能力强。成年公鸡活重 1.5～2.0 kg、母鸡 1.25～1.50 kg。年产蛋 70～90 个，蛋重 47 g，蛋壳有浅褐色和深褐色两种。就巢性强。

(6) 北京鸭：属肉用型品种。主产于北京市郊区，现分布于全国各地和世界各国。体型硕大丰满，体躯长方形，前部昂起，与地面约成 30°角，背宽平，胸丰满，胸骨长而直。头大颈粗。喙中等大小，呈橘黄色或橘红色。眼大而明亮，虹彩灰蓝色。全身羽毛丰满，羽毛纯白而带有奶油光泽。翅较小。尾短而上翘。公鸭有 4 根卷起的性羽，母鸭腹部丰满，胫粗短，蹼宽厚。胫、蹼橘黄色或橘红色。初生雏鸭绒羽金黄色，称为鸭黄，随日龄增加颜色逐渐变浅，至28 日龄前后变成白色，至 60 日龄羽毛长齐，喙、胫、蹼橘红色。成年公鸭体重 3.5～4.0 kg，成年母鸭体重 3.0～3.5 kg。开产日龄 160～170 d，年产蛋 200～240 个，蛋重 85～92 g，蛋壳白色。

(7) 绍兴鸭：属高产蛋用型品种，因原产地位于浙江旧绍兴府所辖地区而得名。根据毛色可分为红毛绿翼梢鸭、带圈白翼梢鸭和全白羽鸭 3 个类型。红毛绿翼梢鸭成年公鸭体重可达1.3 kg，成年母鸭体重 1.26 kg；带圈白翼梢鸭成年公鸭体重 1.43 kg，成年母鸭体重 1.27 kg。母鸭平均开产日龄 110 d。红毛绿翼梢母鸭年均产蛋 280 个，300 日龄平均蛋重 70 g；带圈白翼梢母鸭年均产蛋 270 个，300 日龄平均蛋重 67 g。

(8) 连城白鸭：属蛋肉药兼用型品种，因主产于福建省西部的连城县而得名。连城白鸭是中国麻鸭中独具特色的小型白色变种。体躯细长，结构紧凑结实，小巧玲珑。头秀长，喙宽、呈黑色，颈细长，胸浅窄。公母鸭外表极为相似，全身羽毛洁白而紧密，成年公鸭尾端有 3～5 根卷曲的性羽。胫长、有力，胫、蹼褐黑色，趾乌黑色。成年公鸭平均体重为 1.44 kg，成年母鸭体重 1.32 kg。母鸭平均开产日龄 118 d，年均产蛋 260 个，高者达 280 个。

(9) 四川白鹅：属中型绒肉兼用鹅种，主产于四川省温江、乐山等地。全身羽毛洁白、紧凑，喙、肉瘤、胫、蹼呈橘红色，虹彩蓝灰色。公鹅体型较大，头颈稍粗，额部有一呈半圆形的肉瘤；母鹅头清秀，颈细长，肉瘤不明显。成年公鹅体重 5 kg，成年母鹅体重 4 kg。母鹅平均开产日龄 200 d，年产蛋 60～80 个，平均蛋重 142 g。

(10) 豁眼鹅：为白色中国鹅的小型品变种之一，羽绒洁白，以优良的产蛋性能著称于世。豁眼鹅广泛分布于山东莱阳、辽宁昌图、吉林通化以及黑龙江延寿等地。豁眼鹅体型轻小紧凑，头中等大小，额前长有表面光滑的肉瘤，眼呈三角形，上眼睑有一疤状缺口，为该品种独有的特征。豁眼鹅成年母鹅体重 3.61 kg，在半放牧饲养条件下，年产蛋 100 个左右，一般第二、三年产蛋达到高峰。

（三）商业品种

家禽商业品种又称配套系，由育种公司选育并命名，如农大 3 号蛋鸡、京红 1 号蛋鸡、海兰褐蛋鸡、爱拔益加肉鸡、罗斯肉鸡、科宝 500 肉鸡、樱桃谷肉鸭 SM3 等。现代商业品种的特点是品种专门化、生产性能高。现代养鸡和养鸭商业生产中，绝大多数采用三系或四系配套的杂交配套系。

现代商业品种主要来源于少数几个标准品种，如白来航鸡、洛岛红鸡、白洛克鸡、北京鸭等。配套系与标准品种是两个不同的概念。标准品种是经验育种阶段的产物，强调品种特征；而配套系则是现代育种的结晶，是对标准品种的继承和发展。标准品种的名称对商品生产来讲已不重要，因此家禽生产者更多了解的是家禽配套系的商业名称。

1. 配套系的特征

（1）突出的生产性能：现代商业育种具有明确的育种目标，即全面提高生产性能。为实现这一目标，在巨额资本投入的支持下，广泛采用了现代遗传育种理论和先进的技术手段，使纯系育种群的育种值不断提高，并通过杂交充分利用杂种优势，使商品代和种禽的生产性能得到持续不断的遗传改良。目前，商品杂交蛋鸡的产蛋量、肉用仔鸡的生长速度等主要生产性能均远远超过任何标准品种的水平。如最好的白壳蛋鸡年产蛋量已超过 310 个，而其母源——单冠白来航品种标准为 220 个左右。通过商业育种培育出的配套系对外貌特征不强求一致。由于在培育某些纯系的过程中采用合成系的方法，所以一些纯系在冠型上有时并不一致，有时羽毛上还出现杂色花斑等。只要不影响生产性能的提高，出现这些外貌的变异在现代鸡商业品种是允许的。

（2）特有的商品命名：由于育种的商业化，配套系已脱离了原来标准品种的名称，而改以育种公司的专有商标来命名。如海兰 W36（Hyline W36，美国海兰公司）和罗曼精选白来航（LSL，德国罗曼公司）实际上均属于单冠白来航鸡品变种。有的育种公司倒闭或被兼并后，原有纯系和配套系被其他公司收购，商业品种名称自然也随之改变，但实质是相同的。

2. 现代家禽商业品种的类型

（1）蛋鸡：现代蛋鸡一般分为白壳蛋鸡、褐壳蛋鸡、粉壳蛋鸡和绿壳蛋鸡 4 种类型。

现代白壳蛋鸡全部来源于单冠白来航品变种，通过培育不同的纯系来生产两系、三系或四系杂交的商品蛋鸡。一般利用伴性快慢羽基因在商品代实现雏鸡自别雌雄。

褐壳蛋鸡要复杂一些，特别重视利用伴性羽色基因来实现雏鸡自别雌雄。最主要的配套模式是以标准品种洛岛红鸡为父系、以洛岛白鸡或白洛克鸡等带伴性银色基因的品种为母系。利用横斑基因作自别雌雄时，则以洛岛红鸡或其他非横斑羽型品种（如澳洲黑鸡）为父系、以横斑洛克鸡为母系作配套，生产商品代褐壳蛋鸡。

粉壳（或浅褐壳）蛋鸡是利用轻型白来航鸡与中型褐壳蛋鸡杂交产生的鸡种，因此用作现代白壳蛋鸡和褐壳蛋鸡的标准品种一般都可用于浅褐壳蛋鸡配套杂交。目前主要采用的是以洛岛红鸡为父系，与白来航鸡型母系杂交，并利用伴性快慢羽基因自别雌雄。

（2）肉鸡：现代肉鸡一般分白羽肉鸡、黄羽肉鸡和小型白羽肉鸡 3 种类型。

① 快大型白羽肉鸡：是目前世界上肉鸡生产的主要类型。其父系都源于科什尼品种，部分引入了少量其他品种的血缘。母系最主要来源于白洛克鸡，在早期还结合了横斑洛克鸡和新汉夏鸡等品种的血缘。根据生产目的，目前开发出适合西装鸡生产的常规系肉鸡和适合于分割的高产肉系肉鸡。

② 黄羽肉鸡：主要集中在我国南方。从针对出口港澳而展开的黄羽优质鸡育种和生产开

始，发展到现在，不仅毗邻港澳的两广以优质鸡生产为黄羽肉鸡业的主体，江苏、上海、浙江、福建、湖南、北京等省市优质鸡生产的规模化也逐渐扩大。目前我国的优质鸡可分为三类：特优质型、优质型和普通优质型。这三种类型优质鸡的配套组合所采用的种质资源均有所不同。生产特优质型所用的种质资源主要是各地历史上形成的优良地方品种，这方面较为成功的例子包括广东的清远麻鸡和海南的文昌鸡。优质型是以中小型的石岐杂鸡选育而成的纯系（如粤黄102系、矮脚黄系等）作母系，以选育提纯后的地方品种作父系进行杂交配套。普通优质型最为普及，以中型石岐杂鸡为素材培育而成的纯系为父本，以引进的快大型肉鸡（隐性白羽）为母本，一般经三系杂交配套而成，其商品代一般含有75％的地方品种血统和25％的快大型肉鸡血统，生长速度快，同时也保留了地方品种的主要外貌特征。

③ 小型白羽肉鸡（小白鸡）：由快大型白羽肉鸡与蛋鸡、黄羽肉鸡杂交而成，具有肉鸡生长速度较快、雏鸡成本低的优势，适合整鸡加工和消费。源于民间的一种便捷制种模式，俗称817肉鸡。按配套系模式培育的国家审定品种有WOD168等。

目前各种杂交商业配套系的生产性能指标见表3-1和表3-2。需要指出的是，这些指标只代表各个组合的遗传潜力，在生产中能实现多大的潜力，要看生产过程中对各个配套系在营养、环境条件和卫生防疫等各方面需求的满足程度。

表3-1　现代蛋鸡的生产性能遗传潜力

产品类型	产蛋期（周）	50%产蛋日龄（d）	产蛋期成活率（%）	入舍鸡产蛋数（个）	总蛋重（kg）	平均蛋重（g）	平均日耗料[g/(只·d)]	育成期末体重（g）	产蛋期末体重（g）
白来航鸡	22～72	158	91.60	255	13.91	54.56	157.26	753	1 650
罗曼蛋鸡	19～72	145～150	95～96	300～309	18.9～20.1	63～65	110～115	1 400～1 500	1 859～1 951
京粉6号蛋鸡	19～80	138～142	97	380	21.2	55.8	106.3	1 340	1 810

表3-2　快大型白羽肉鸡的生产性能潜力

产品类型		平衡型（爱拔益加）	宽胸型（罗斯708肉鸡）
种鸡	25周龄体重标准（g）	母：2 970 公：3 825	母：3 085 公：3 825
	64周龄饲养日产蛋数（个）	189.6	185.2
	64周龄生产雏鸡数（只）	154.6	152.2
商品肉鸡	6周龄体重（g）	母：2 684 公：3 118	母：2 796 公：3 195
	饲料转化率	母：1.643 公：1.614	母：1.588 公：1.530
	胸肉率（%）	母：26.30 公：25.25	母：28.74 公：27.40
	腿肌率（%）	母：13.46 公：13.46	母：13.62 公：13.51

（3）肉鸭：肉鸭包括大型白羽肉鸭、麻鸭和番鸭几种不同类型。大型白羽肉鸭是目前世界上肉鸭生产的主要类型。

① 大型白羽肉鸭：目前肉鸭生产以大体型白羽肉鸭为主，基本都是在北京鸭的基础上进行专门化品系选育，然后进行杂交配套组合生产的。大型白羽肉鸭又分为烤制型、分割型2个主

要类型。烤制型肉鸭主要用于烤鸭生产，比如南口 1 号北京鸭。分割型肉鸭类似于大型白羽肉鸡，主要用于各种屠体分割出售，比如樱桃谷鸭、Z 型北京鸭、枫叶鸭等。

② 麻鸭：主要以地方品种为主，商业化品种培育工作需要加强。目前市场上用于麻鸭生产的地方品种主要有临武鸭、四川麻鸭、固始鸭、山麻鸭等。有些地区开展地方品种与部分高产蛋鸭杂交配套生产。

③ 番鸭：以半番鸭生产为主，有白羽番鸭配套系、黑羽番鸭配套系。主要养殖、消费以我国南方为主。半番鸭生产配套模式的父本以番鸭为主、母本以高繁殖力肉鸭为主。番鸭在提供鸭肉的同时，也用于鸭肥肝生产。目前我国有自主培育的温氏白羽番鸭 1 号、引进的克里莫番鸭配套系。

（4）蛋鸭：育种素材主要来源于我国优良地方品种，如绍兴鸭、金定鸭等。蛋鸭配套系育种目前主要是绿壳蛋类型，采用三系配套（如神丹 2 号、国绍 I 号），父系采用高产绿壳纯系，母系是高产非绿壳系，进行杂交配套组合生产。

（5）鹅：鹅养殖范围很广，分布在全国各地。鹅的主要产品为肉、蛋、肥肝、羽绒等。我国鹅资源丰富，地方品种各具特色，如四川白鹅产蛋性能好，生长速度也属中等水平；豁眼鹅和籽鹅属高产地方品种；狮头鹅和朗德鹅体型大，肝用性能优异；皖西白鹅羽绒洁白、绒朵大而品质最优。

① 白鹅：羽毛主要是白色，我国大部分地方品种都是白色羽毛。目前我国自主培育的鹅配套系有江南白鹅、天府肉鹅两个。大部分养鹅生产以各地方品种为基础，以进行纯种生产或者简单杂交配套为主。

② 灰鹅：羽毛以灰色为主，国内狮头鹅、马岗鹅、乌鬃鹅以及引入的商业品种朗德鹅、匈牙利灰鹅等是目前灰鹅生产的主要品种。

（6）蛋鹌鹑：神丹 1 号鹌鹑，是 2012 年通过国家畜禽遗传资源委员会审定通过的鹌鹑品种，是我国首个鹌鹑新品种配套系。父母代：公鹑体型短小精悍，第二性征明显；母鹑体态丰腴，胸毛斑点整齐，毛色靓丽。商品代体型适中，均匀度好，成年体重 170～180 g，具有产蛋率高、产蛋高峰期长、蛋品质好等优秀性能。商品代鹌鹑蛋重 11～11.5 g/枚，均匀整齐，蛋壳质量及花纹颜色适合深加工。42～45 日龄达到 50％产蛋率，50 周龄入舍鹌鹑产 260～270 枚蛋。

（7）肉鸽：

① 王鸽：又称美国王鸽，是世界著名的肉用鸽品种之一，1890 年在美国新泽西州育成。是目前饲养数量最大、分布最广的品种。

王鸽体形短胖，胸圆背宽，尾短而翘，平头光脚，羽毛紧密，体态美观。成年公鸽体重 800～1 100 g，成年母鸽体重 700～800 g。年产乳鸽 6～8 对，4 周龄乳鸽体重 600～800 g。王鸽有白色、银色、红色、黄色、蓝色等多种羽色的品系，国内以白王鸽和银王鸽为主。白王鸽全身羽毛洁白，喙肉红色，眼大有神，眼球深红色，脚枣红色；银王鸽全身羽毛银灰色，翅羽有 2 条黑色条带，腹部尾部浅灰红色，眼环黄色，脚红色。

② 贺姆鸽：是世界著名的种鸽，有多个品系。肉用品系中以 1920 年美国育成的大型贺姆鸽最出名，羽色有白、灰、黑、棕色等。肉用型体型虽较小，但其肉质好、耗料少。贺姆鸽羽毛紧密，躯体结实，无脚毛，体形较短而宽，喙呈圆锥状，以耐粗饲、善孵育而优于其他良种。成年公鸽体重 680～765 g，成年母鸽体重 600～700 g，4 周龄乳鸽体重 600 g，年产乳鸽 7～8 对。

③ 石岐鸽：产于广东省中山市石岐一带。是我国育成的大型肉用鸽品种，以中国鸽为母本，与贺姆鸽、卡奴鸽、王鸽等杂交而成。石岐鸽体长、翼长、尾长，形如芭蕉的蕉蕾。头平、鼻长、眼细、喙尖。成年公鸽体重 750～800 g，成年母鸽体重 650～750 g，年产 7～8 对乳鸽。石岐鸽适应性强，耐粗饲，容易饲养，性情温顺，皮色好，骨软、肉嫩、味美，但蛋壳较薄。

④ 天翔 1 号肉鸽：天翔一号肉鸽由深王快大系、新白卡高产品系、肉用型白王鸽配套杂交

而形成，集快大与高产为一体，经过 4 个世代选育而成，年产乳鸽 21.1 对，25 日龄乳鸽体重可达 600～700 g，羽毛纯白、紧凑，体型中上。成鸽体重：公 756 g，母 650 g。

二、家禽杂交繁育体系

家禽杂交繁育体系是将纯系选育、配合力测定以及种禽扩繁等环节有机结合起来形成的一套体系。在杂交繁育体系中，将育种工作和杂交扩繁任务划分给相对独立而又密切配合的育种场和各级种禽场来完成，使各个部门的工作专门化。家禽杂交繁育体系的建立决定了现代养禽生产的基本结构。

（一）杂交的优越性

1. 充分利用杂种优势 根据杂种优势理论，一些遗传力低、非加性遗传效应显著的性状可产生较大的杂种优势。鸡的繁殖性状（产蛋量、受精率等）和生活力指标都属于这类性状，通过一定的杂交配套组合，这些重要的经济性状（产蛋量、孵化率、受精率）可获得较强的杂种优势，使杂交后代的生产性能和生产效率得到提高。比如，产蛋量杂种后代一般均可比亲本提高 10% 以上，生活力（如成活率）的杂种优势也较大，但变异范围很大（9%～24%）。三元及四元杂交所产生的杂种优势有比二元杂交减小的趋势。

杂种优势也表现出较大的变异性。究其原因，主要是杂种优势的大小受到杂交亲本的基因纯合度和亲本间基因频率差异的影响，即使是同一性状，在不同的亲本组合间也可能表现出较大的杂种优势差异，这就引出了配合力的问题。一个纯系与不同纯系杂交时，在主要性状上表现出不同的杂种优势，因此应通过配合力测定，发掘出一般配合力和特殊配合力均很好的纯系组合来进行配套杂交。

2. 加快纯系的遗传进展 不管是在蛋用型家禽育种还是在肉用型家禽育种中，都要同时选择提高多个性状。这些性状之间有可能存在负的遗传相关，如产蛋数与蛋重之间、产蛋量与增重速度之间都存在这种关系。要在一个纯系内对这些遗传对抗性状同时进行遗传改良是非常困难的。如果将这些负相关的重要选育性状分散到不同纯系中作为主要选育目标，并稳定（约束）对应的性状，即可能加快纯系的遗传进展，形成各具特色的纯系。最后通过杂交，将不同纯系的优点综合到杂交商品后代中，使商品鸡的生产性能得到迅速、全面的提高。

此外，杂交还可以将一些伴性基因以特定方式组合起来，实现雏鸡自别雌雄等目的。

3. 有利于控制种源 由于纯繁的家禽能真实遗传，所以可以将其商品代作为种禽繁殖，继续出售商品代。而杂种后代不能真实遗传，其后代会因基因分离和重组而丧失大部分杂种优势，使生产性能下降。所以当杂交家禽取代纯种成为主要的商品家禽之后，种禽和商品代家禽的划分就有了严格的界限。商品生产者必须定期从种禽场购买种蛋或雏禽来更新群体，否则其生产群的性能会退化和分化，造成经济损失。因此，培育杂交家禽也是商业育种公司控制种源的一个重要措施。

正是因为杂交家禽具有以上这些优势，自 20 世纪 40 年代开始出现杂交鸡以来，便迅速取代了纯繁鸡，成为商品鸡生产的主流。到 20 世纪 70 年代以后，大规模工厂化养鸡的推广，更加巩固了家禽杂交繁育体系在生产中的地位。商品肉鸭、蛋鸭等水禽的生产也逐步实现了商品代的杂交化。

为了在父母代利用杂种优势、提高繁殖性能，杂交配套方式以最早的二元杂交逐步发展到三元和四元杂交配套。由此在现代家禽生产中形成了结构复杂、层次分明的杂交繁育体系。

（二）杂交繁育体系的结构

家禽完善的杂交繁育体系形似一个金字塔，根据功能分为选育和扩繁两大部分。

1. 选育阶段 处于金字塔的顶部。主要完成育种群的选育工作，其工作成效决定整个系统的遗传进展和经济效益。在这里同时进行多个纯系的选育，选育措施都在这一阶段进行。经过配合力测定，选出生产性能最好的杂交组合，纯系配套进入扩繁阶段推广应用。

2. 扩繁阶段　经过配合力测定确定了配套组合模式，纯系以固定的位置参加配套组合的杂交制种工作，形成曾祖代（GGP）、祖代（GP）、父母代（PS）、商品代（CS）。在纯系内获得的遗传进展和品系之间的杂种优势依次传递下来，最终体现在商品代，使商品代家禽的生产性能得以提高。

扩繁阶段的首要任务是传递纯系的遗传进展，并将不同纯系的特长组合在一起，产生杂种优势，同时还要在数量上满足市场对商品代的需求。因此，各代次生产的合理组织和协调对于保证育种群遗传进展的顺利传递是很重要的。在育种群与商品代群之间夹入了多级的扩繁结构，使育种群中取得的遗传进展必须通过几级扩繁才能体现在商品代家禽中，延缓了育种成果在生产群中的实现，这是不利的一面。但正因为有高效的扩繁体系，才能使育种群的优秀基因传递到几万倍的商品群中，并充分利用了杂种优势，从整体上考虑还是有利的。

在扩繁阶段，必须按固定的配套方式向下垂直进行单向传递，即祖代群只能生产父母代群，而父母代只能提供商品代。商品代是整个繁育体系的终点，不能再作种用。

（三）杂交繁育体系的形式

根据参与杂交配套的纯系数目，杂交繁育体系分为两系杂交、三系杂交、四系杂交甚至五系杂交等，其中以三系杂交和四系杂交最为普遍。

1. 两系杂交　这是最简单的、比较原始的杂交配套模式。从纯系育种群到商品代的距离短，因而遗传进展传递快。不足之处是不能在父母代利用杂种优势来提高繁殖性能，扩繁层次简单，从育种群到商品代的扩容数量少，从育种公司的经济利润上讲是不利的。因此大型育种公司基本已不提供两系杂交的配套组合。

2. 三系杂交　这种形式从本质上讲是最普遍的（图3-1）。三系配套时父母代母本是二元杂种，其繁殖性能可获得一定杂种优势，再与父系杂交仍可在商品代产生杂种优势，因此从提高商品代生产性能上讲是有利的。在供种数量上，母本经祖代和父母代二级扩繁，供种量可大幅度增加，而父系虽然只有一级扩繁，但由于公鸡需要量少，所以完全可满足需要。因此，三系杂交是相对较好的一种配套形式，既能大规模扩繁、较大程度利用杂种优势，又能达到节约纯系选育和饲养量的目的。

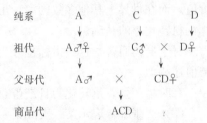

图3-1　三系杂交配套示意图

3. 四系杂交　商品鸡生产中的四系杂交配套是仿照玉米自交系双杂交的模式建立的（图3-2）。尽管四系杂交配套系的生产性能不一定优于两系杂交和三系杂交配套系，但从育种公司的商业角度来看更有利于控制种源。

此外，个别情况下还有五系杂交配套。这种配套形式不管在遗传进展的传递速度还是杂种优势的利用都没有什么好处，因而在生产中没有多少实用价值。

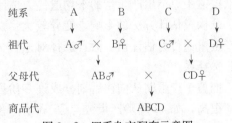

图3-2　四系杂交配套示意图

第二节　家禽主要性状及其遗传特点

一、产蛋性状

产蛋性状主要包括产蛋量、蛋重和蛋品质。

（一）产蛋量

产蛋量是家禽最重要的生产性能和繁殖性能指标。

1. 表示方法　产蛋量可用不同的数量指标来表示，主要有产蛋数（egg number）、产蛋总重（egg mass）和产蛋率（laying rate）。

（1）产蛋数：

① 个体产蛋数：指每只家禽在一个产蛋周期或规定的时间范围内的总产蛋个数，这项指标在家禽育种工作中对产蛋数的选择最有重要意义。测定这一性状的方法一般用自闭产蛋箱（肉鸡、水禽和早期的蛋鸡育种）和单笼（蛋鸡和部分肉鸡、鹌鹑等），以个体为单位测定。

② 群体产蛋数：以鸡为例，在扩繁场生产中，一般用群体内每只鸡的平均产蛋数代表群体产蛋数。表示方法有两种，即饲养日（H. D.）产蛋数和入舍鸡（H. H.）产蛋数，计算公式分别为：

饲养日（H. D.）产蛋数＝统计期内全群累计产蛋个数/统计期内每日平均饲养量（只数）

入舍鸡（H. H.）产蛋数＝统计期内全群累计产蛋个数/入舍鸡（鸭、鹅等）数

在这两个指标中，饲养日产蛋数不受鸡群存活及淘汰状况的影响，反映实际存栏鸡只的平均产蛋能力。而入舍鸡产蛋数则综合体现了鸡群的产蛋能力及存活率高低，更加客观和准确地在群体水平上反映出鸡群的实际生产水平及生存能力。

在表示产蛋数时，必须指明统计的时间范围。如40周龄（或280日龄）产蛋数，表示从开产至40周龄的产蛋个数。

（2）产蛋总重：也称总蛋重，是一只家禽或某个群体在一定时间范围内产蛋的总重量。我国主要以重量单位作为商品蛋计价的基础，产蛋总重代表产品生产量，因而这一指标具有重要价值。而在世界上其他多数国家，虽然商品蛋在分级的基础上按数量销售，但产蛋总重仍是计算饲料转化率的基础。

对于群体而言，这一指标也分为饲养日产蛋总重和入舍鸡产蛋总重两种表示方法，其含义与前述相似。

有时将产蛋总重转化为日产蛋总重（daily egg mass）来表示，其含义与前者相似。

（3）产蛋率：表示某一天或某一阶段的产蛋强度，是指统计期内平均每日产蛋的百分率。也分为饲养日产蛋率和入舍鸡产蛋率，但常用饲养日产蛋率。

2. 产蛋量的遗传特点　产蛋量的遗传力估计值较小，因此受环境影响的因素较大。从大量文献报道中总结出产蛋量的平均遗传力估计值处于0.14～0.24之间。遗传力的估计值受群体大小、结构及估计方法的影响，变异较大。总的趋势是，入舍鸡产蛋量的遗传力估计值低于饲养日产蛋量遗传力估计值。而且选择对遗传力有影响，在选择系中得到的产蛋量估计值多数都小于非选择系。

把整个产蛋期从前往后划分成许多阶段，经验证表明：绝大多数阶段产蛋量之间的遗传相关都很高，如40周龄产蛋数与72周龄产蛋数间的遗传相关达到0.7左右。因此，为了缩短世代间隔，在蛋鸡育种中常利用40周龄产蛋数作为个体产蛋性能指标进行选种。而一些无重叠的记录期产蛋量之间也有很强的遗传相关，但变异较大，如40周龄与41～55周龄产蛋数之间的遗传相关为0.20～0.68，41～55周龄与56～72周龄产蛋数之间的遗传相关为0.93～0.98。这表明产蛋性能存在较强的连续性，在某阶段表现优异的个体，在另一阶段也表现较好。产蛋量不同阶段记录之间的强相关正是对产蛋量进行早期选择的理论依据。

（二）蛋重

蛋重不但决定产蛋总重的大小，同时也与种蛋合格率、孵化率、产蛋数等有关，因而在家禽育种中受到重视。

在饲养期内，蛋重是不断变化的。蛋重主要受产蛋母禽年龄的影响，同时也与产蛋母禽的

体重、开产日龄、营养水平、环境条件、疾病等因素有关。蛋重随母禽年龄变化的一般规律为：刚开产时蛋重较小，随着年龄的增加，蛋重迅速增加，经过约 60 d 的近似直线增长过程后，蛋重增长率下降，增量逐渐减少，在母禽约 300 日龄以后蛋重转为平缓增加，逐渐接近蛋重极限。

蛋重的遗传力估计值较高，一般在 0.5 左右。动态地考察蛋重变化过程的遗传规律可以发现：在鸡群刚开产时，蛋重受到开产日龄、体重、光照等因素的强烈影响，蛋重的遗传力相对较低，只有 0.3 左右；当鸡群在 30 周龄左右达到产蛋高峰期时，蛋重的遗传力估计值最高，可达 0.6 左右；以后各个阶段蛋重的遗传力有逐渐下降的趋势，在接近产蛋期末（65～72 周龄）时蛋重的遗传力估计值已降到 0.2～0.3，表明到产蛋中后期，环境因素对蛋重的影响逐渐加强。

产蛋期内某一阶段蛋重与其他各时期蛋重都有较强的正相关，对个体母禽而言，其蛋重相对大小在群体内是比较稳定的。相近时期的蛋重相关程度一般很高（0.8～0.9），而间隔较远时期的蛋重相关程度降低（0.5～0.6）。经过实验表明，个体 36 周龄蛋重和其全期（19～72 周龄）平均蛋重最接近，因此，在蛋鸡育种中，一般采用 36 周龄蛋重进行选择，使整个产蛋期内的蛋重均有相应改良。

蛋重与其他重要性状之间的相关程度较高。蛋重与产蛋量的遗传相关为 -0.4 左右，所以要在同一群体中对蛋重和产蛋量同时选择提高是很困难的。因此应采取合理的育种方案来保持这两个遗传对抗性状之间的平衡。蛋重和体重之间相关程度也很高，遗传相关可达 0.5 左右。但需注意体重过大不利于减少维持消耗、提高饲料转化率。此外，在育种工作中，对于蛋重与孵化率、蛋品质等性状间的遗传关系也要考虑，保证家禽主要生产性能的全面发展。

（三）蛋品质

蛋品质是影响商品蛋生产效益的重要因素，近年来越来越受到重视。影响蛋品质的因素很多，遗传因素是主要因素之一。

1. 蛋壳强度　在现代养禽生产中，为了减少蛋在产出后收集及运输过程中造成的破损，要求蛋壳强度高。蛋壳强度的遗传力一般在 0.3～0.4，所以只要在选育计划中施以足够的选择后，就可以使蛋壳强度得到迅速提高。

蛋壳强度不但与蛋壳厚度的绝对值密切相关，同时也与蛋壳厚度的均匀一致性有关。直接选择蛋壳强度的后果之一是蛋壳厚度的提高，有可能带来产蛋量和孵化率的不利变化。因此在保证足够蛋壳厚度的前提下改善蛋壳厚度的均匀一致性，既使蛋壳强度得到提高，又降低蛋壳过厚造成的对孵化的不利影响。

蛋壳强度受气候、营养水平、疾病的影响较大，在选择时要考虑到遗传与环境的互作效应对选择效率的影响。

2. 蛋白品质　蛋白品质是鸡蛋的重要特征，消费者常用蛋白浓稠度来衡量蛋的新鲜程度。蛋白高度特指浓蛋白高度，是确定蛋白品质的主要指标。蛋白高度的平均遗传力估计值为 0.38，但因品种、群体结构、产蛋年龄及气候等不同而有较大变异。由于蛋白高度和蛋的大小有直接关系，为了更加准确地分析蛋白品质，用蛋重对蛋白高度进行矫正，得到衡量蛋白品质的相对值——哈氏单位，用来比较不同大小鸡蛋的蛋白品质。蛋白品质可以经过选择有效地得到改善。

3. 血斑和肉斑　蛋中的血斑和肉斑影响蛋品质。据研究，白壳蛋的血斑率一般要比褐壳蛋高，而其肉斑率要比褐壳蛋低。血斑率和肉斑率都有一定的遗传基础，遗传力估计值在 0.25 左右，可以通过选择有效地改善。但要完全去除蛋中的血斑和肉斑是几乎不可能的。

4. 蛋壳颜色　鸡蛋蛋壳的基础颜色主要分白色和褐色两种，但也有少量地方品种产青色或绿色蛋。白色和褐色属于多因子遗传，因此白壳蛋鸡和褐壳蛋鸡间的杂种鸡产浅褐壳蛋。绿壳蛋主要受一个显性基因 O 控制，目前已确定这一基因位于 1 号染色体上。

褐壳蛋鸡蛋壳颜色遗传力较高，一般在 0.3 左右。因此可以通过选择加深蛋壳颜色，减少蛋壳颜色的变异，以满足消费者对较深蛋壳颜色的要求。

二、肉用性状

（一）体重与增重

体重是家禽的重要特征之一。对肉用家禽而言，早期体重始终是育种最主要的目标。而对蛋用家禽和种禽，体重是衡量生长发育程度及群体均匀度的重要指标。增重则是与体重密切相关的一个重要性状，表示某一年龄段内体重的增量。

1. 生长曲线 增重是一个连续的过程，在正常情况下体重表现为"S"形曲线增长。一般用生长曲线来描述体重随年龄的增加而发生的规律性变化。在生长过程的早期，增重主要受体内生长动力的作用，表现为一个指数增长过程，增重速度逐渐加快；当体重达到某一阶段后，增重速度达到最大值，体现在生长曲线上是一个拐点；其后增重速度逐渐下降，体重变化转变为以成熟体重为极限的渐近增加过程。常用 Gompertz 方程和 Logistic 方程作为生长曲线的数学模型。肉用家禽经长期选择，早期生长速度很快，用 Gompertz 方程拟合生长曲线的精度更高。

2. 体重与增重的遗传力 体重和增重都是高遗传力性状。Chambers（1990）综合了近 100 项研究后总结得到的体重遗传力平均估计值为：父系半同胞估计值为 0.41，母系半同胞估计值为 0.70，全同胞估计值为 0.54，增重的遗传力平均估计值相应为 0.50、0.70 和 0.64。体重的实现遗传力估计值按多世代总选择反应计算时为 0.31，按每代选择反应计算时则为 0.43。

3. 体重与增重间的相关 在早期增重阶段，不同周龄体重间有很强的正相关。在多数情况下，相邻周龄体重之间甚至间隔 2 周体重之间的遗传相关均可达到 0.9 左右。而间隔 2 周以上时，体重间的遗传相关通常低于 0.9，且间隔时间越长，相关程度越弱，但相对来说仍可达到较高水平。

体重与增重之间也存在很强的正相关。某一周龄体重与该周龄之前的增重间的相关可达 0.9 左右，因为体重是以前各阶段增重的累积结果。另一方面，某周龄体重与以后增重间的相关则相对较弱，一般在 0.6 左右，因而用某点体重预测以后增重的准确性相对较差。

4. 体重与其他性状的关系

① 与胸部丰满度和骨骼的相关：体重与龙骨长、跖骨长、躯干长、腿长、龙骨宽、胸宽和体深的遗传相关分别为 0.84、0.70、0.84、0.66、0.39、0.80 和 0.82，表明体重与这些体型性状之间均有较强的相关。通过对体重和体型的共同选择，可使两方面性状都得到有利协调的改良。

体重与胸深的相关程度较高，在 0.80 以上，与胸角度的遗传相关在 0.4 左右，但与胸宽的遗传相关较低。因此，只选择体重对胸宽的影响不大，必须配合选择提高胸宽，才能更有效地提高胸肉率。

② 与饲料转化率的相关：体重和增重与耗料量有比较高的相关性，其估计值一般可达 0.5～0.9。而体重和增重与饲料转化率的相关为 -0.2～-0.8，且周龄越小，相关程度越低。

根据选择反应估计实现遗传相关，增重与饲料转化率的相关约为 -0.5。有人据此估计直接选择饲料转化率所获得的选择反应要比从选择增重获得的间接反应高一倍。根据实验结果分析，选择体重在提高体重的同时也增加了耗料量，而选择饲料转化率在增加体重的同时基本上不影响耗料量。

③ 与繁殖性能的相关：体重和增重与公鸡和母鸡的繁殖性能均为负相关。研究表明，体重或增重与精液密度、精子活性、代谢率均为负相关。在母鸡，与排卵数有正相关，但体重与正常蛋产量之间的遗传相关，无论是理论估计值还是根据选择反应计算出的实现遗传相关均为负值。出现排卵数增加但正常产蛋量降低现象的原因主要是畸形蛋和内产蛋增加、发育卵泡的进行性退化。

④ 与腹脂的相关：腹脂过量不但使饲料转化率降低，也影响到屠体品质。腹脂量和腹脂率均随体重增加而增加。腹脂量与体重的遗传相关较高，一般为 0.5 左右，而腹脂率与体重的遗传相关略低，仅有 0.3 左右。所以，选择提高体重将增加腹脂量、提高腹脂率。早期体重与腹脂间的遗传相关大于较大周龄体重与腹脂间的遗传相关，而活重与腹脂的相关大于屠体重与腹脂的相关。值得注意的是，4～7 周龄增重与腹脂率的遗传相关估计值为 −0.24～−0.30，表明选择增重有可能使腹脂率降低。

（二）屠体性能

1. 屠宰率 屠宰率是肉鸡生产中的重要性状，在肉鸡育种中越来越被重视。屠宰率的遗传力估计值在 0.3 左右。

随着分割肉鸡的普及，对屠体各分割部位比例的遗传力也不断深入研究。各分割块（胸、腿、翅、颈背等）占屠体百分率的遗传力估计值一般在 0.3～0.7。肌肉、皮、腹脂和骨各部分所占屠体百分率的遗传力为 0.4～0.6。总之，这些性状的遗传变异较大，但由于准确测定这些性状比较困难，测定样本较小，影响了这些性状的直接遗传改良。目前已有一些公司以活体性状间接测定为主、屠宰后直接测定为辅进行选择，使屠宰率和主要部位（胸、腿）比例提高，形成了高产肉率的肉鸡新类型。

2. 屠体化学成分 屠体化学成分的遗传力估计值较高。有研究表明，屠体含水量的遗传力为 0.38，蛋白质含量的遗传力为 0.47，脂肪含量的遗传力为 0.48、灰分含量的遗传力为 0.21，这些成分间的遗传相关也非常高。

屠体化学成分与饲料转化率的相关程度较高，而与采食量的相关程度很低。屠体中水分、蛋白质、脂肪、灰分含量与增重的遗传相关分别为 0.32、0.53、−0.39 和 0.14；与采食量的相关分别为 −0.18、−0.06、0.10、−0.17；与饲料转化率的相关分别为 −0.63、−0.80、−0.65 和 0.40。有研究证明，通过对极低密度脂蛋白、腹脂率或饲料转化率进行选择，可以改变屠体的化学成分。

3. 屠体缺陷 肉鸡屠体的主要缺陷有龙骨弯曲、胸部囊肿和绿肌病（DMS）。这些缺陷对屠体价值的影响很大，如发生率高会造成较大经济损失。这些缺陷与饲养管理因素和遗传因素都有关。随着肉鸡早期生长速度的不断提高，这些缺陷的发生率有随之提高的趋势，但通过适当的管理措施，有可能阻止这一发展趋势。有育种公司通过育种措施彻底去除肉鸡的龙骨突起，从而基本上克服了胸部囊肿。

4. 腹脂率 腹脂过量是当今肉鸡和肉鸭生产中面临的重要问题之一。腹脂率的遗传力很高，一般为 0.54～0.8，因此直接选择可以迅速获得显著的遗传改良。有研究报道，通过 7 代选择后，腹脂率产生了 4 倍差异。

据估计，腹脂量和腹脂率与体重有 0.3～0.5 的遗传相关。腹脂量和腹脂率与耗料量之间为正相关，遗传相关为 0.40 和 0.25 左右，而与饲料转化率的遗传相关分别为 −0.62 和 −0.69。

（三）体型与骨骼发育

体型和骨骼发育在衡量肉鸡和肉鸭产肉性能和体格结实度方面有重要意义。理想的肉鸡、肉鸭要求胸部宽大，肌肉丰满，体躯宽深，腿部粗壮结实。从外观上看，圆胸已成为肉鸡区别于蛋鸡的重要特征之一。

在评定胸部发育状况时，最常用的活体测定指标是胸角度和胸宽。胸角度是用专用胸角器测定的客观数值。利用胸部测定数据，估计出胸角度和胸宽的遗传力为 0.3～0.4。胸宽与胸角度的遗传相关很高，常常可达 0.8 以上。胸宽和胸角度与体重的遗传相关分别为 0.21（−0.08～0.82）和 0.42（0.21～0.68）。因而对体重的选择可以使肌肉发育有所改进。

体型和骨骼指标还有龙骨长、躯干长、腿长、胫长、胫围、体深等。这些指标的遗传力较高，可达 0.4～0.6。而它们与体重的遗传相关高达 0.6 以上，相互之间的遗传相关也可达到

0.6。这些骨骼指标与胸宽的遗传相关较低，一般在 0.3 以下，有时甚至是负值，表明胸肌发育状况与骨骼的发育是相对独立的。龙骨长与产蛋量的遗传相关很小（<0.3），有时为负值。

三、生理性状

（一）饲料转化率

饲料转化率是指利用饲料转化为产蛋总重或家禽体重的效率。在蛋用时特称为料蛋比，为某一阶段内饲料消耗量与产蛋总重之比；在肉用时特称为耗料增重比，为某一阶段内饲料消耗量与增重之比。由于饲料成本占养禽生产总成本的 60%～70%，因此饲料转化率与养禽生产的经济效益密切相关。

1. 蛋用家禽的饲料转化率 料蛋比本身的遗传力为中等，平均在 0.3 左右，范围为 0.16～0.52，因此直接选择即可获得一定的选择反应。由于料蛋比本身是由产蛋总重与耗料量两个性状确定的，而产蛋总重始终是蛋鸡育种的首要选育性状，因此在长期育种实践中，料蛋比一直是作为产蛋总重的相关性状而获得间接选择反应，使料蛋比得到一定的遗传改进。

近年来的研究表明，完全依赖间接选择并不能使饲料转化率得到最佳的遗传改进。第一，产蛋量正向生理极限靠近，其改进速度正在逐步下降，因而料蛋比的相关反应也会越来越小；第二，在料蛋比中包含着另一性状耗料量——维持需要，这一性状本身存在一定的遗传变异，从这一角度出发也可使料蛋比得到改进。利用一些主效基因，如伴性矮小型 dw 基因，可以在对产蛋量影响不大的前提下大幅度降低体重，减少采食量，从而提高饲料转化率。

2. 肉用家禽的饲料转化率 肉鸡饲料转化率的遗传力较高，理论估计值均在 0.4 左右，但实现遗传力平均只有 0.25。饲料转化率与增重的遗传相关为 -0.50，与耗料量的相关为 0.22。因此，在肉鸡育种实践中主要是利用选择提高早期增重速度来间接改进饲料转化率。肉鸡饲料转化率的改进，主要与下列因素有关：①减少采食过程中的饲料浪费。②加大采食量、促进快速增长。在满足日维持需要的前提下有更多的营养成分可用作生长，转化为体重，即维持需要所占的比例下降。这实际上是选择增重速度使饲料转化率获得相关反应的主要原因。③提高营养成分的消化率及代谢率，使更多的饲料成分被消化吸收，用于维持和生长需要。④维持需要减少，与之有关的是活动量、羽毛覆盖及体组成等的变化。⑤增重中能量降低，即脂肪沉积减少。由于肌肉组织中含水量高达 70%，脂肪组织含水量只有 10%，而以干物质为基础进行比较，蛋白和脂肪沉积时的能量消耗基本相等。因此从理论上讲，沉积脂肪消耗的能量相当于沉积等量肌肉的 3 倍。试验结果也证实了这一点，选择改良饲料转化率可以减少脂肪沉积，而选择减少脂肪沉积也可改进饲料转化率。

近年的研究表明，以剩余采食量（RFI）作为提高饲料转化效率的选育指标，在育种效率上要明显优于饲料转化率（FCR）。

（二）生活力

生存与健康是高效生产的基础，死亡率高一直困扰着我国养鸡产业。提高生活力不但要使鸡生存，而且应使之保持良好的健康状态。成活率受环境因素（广义，指除遗传成分以外的所有因素，包括免疫接种）的影响非常大，其遗传力估计值基本在 0.10 以下。因此，单纯对成活率进行选择很难收到确实的效果。因此要研究如何提高遗传抗病力。

选择抗病力的方法有：①观察育种群的死亡率及病因，通过遗传分析找出死亡率低的家系，实施家系选择。由于死亡多由环境因素造成，在正常条件下遗传抗病力不能充分表现，因此这种选择方法效果并不理想。②将育种群个体的同胞或后裔暴露在疾病感染环境中，使个体的抗病力充分表现出来，进行同胞选择或后裔测定。这种方法选择效果较好，但费用很高，而且需要专门的鸡场和隔离设施，以防疾病传播。在马立克病疫苗研制成功以前，育种公司常用此法来提高对马立克病的抗病力。③利用与抗病力有关的标记基因或性状对抗病力进行间接辅助选择。其费用比前一种方法低，效果也比较好，是目前常采用的方法。研究最多的是主要组织相容性复合体（MHC）与抗病力的关系。大量资料显示，B21 单倍型具有很强的抗马立克病（MD）的能力，B2 与一般抗病力高有关，而 B3、B5、B13、B19 等单倍型则易感马立克病，B5/B5 个体还易感淋巴白血病。因此，在育种群中淘汰易感类型的个体，提高抗性类型的比例，则可在一定程度上改善了鸡的遗传抗病力。

目前，对家禽生活力的提高趋向于采取综合措施。由于兽医防疫研究的进展，已针对主要的烈性传染病研制出疫苗及相应的免疫程序，使主要传染性疾病得到有效的控制。淋巴白血病、鸡白痢、支原体病已在育种群中彻底或基本彻底地净化。因此，在目前的育种计划中，很少再有专门针对特定疾病的抗病力育种，而转向对一般抗病力的选育，使鸡增加对多种疾病的普遍抵抗力。主要措施有提高某些（如 B2）MHC 类型的比例，并增强对多种疫苗的免疫应答能力，使家禽在免疫接种后迅速地达到较高的抗体水平，增强抵抗疾病感染的免疫力。

（三）受精率和孵化率

受精率和孵化率是决定种鸡繁殖效率的主要因素。这两个性状从本质上讲主要受外界环境条件的影响，但遗传因素也起一定作用。

1. 受精率　受精率受公鸡的精液品质、性行为、精液处置方法和存放时间、授精方法和技巧、母鸡生殖道内环境等因素的影响，因此受精率不能单纯被视作公鸡的性状，而是一个综合的性状。其遗传力很低，小于 0.10。一般可通过家系选择改善受精率。据研究，精液量、精子密度的遗传力较低，而精子活力的遗传力要高一倍，有可能通过选择迅速提高。

2. 孵化率　孵化率受孵化条件和种蛋质量的强烈影响。据估计，入孵蛋孵化率和受精蛋孵化率的平均遗传力为 0.09 和 0.14，所以要想通过选择在遗传上改进孵化率很困难。

受精率和孵化率受群体遗传结构的影响较大，近交衰退十分严重，这与有害基因的暴露、染色体畸变等有关。因此在闭锁群继代选育时，随着群内遗传纯合性的增加、近交程度的上升，纯系受精率和孵化率有下降的可能。在育种实践中一般通过淘汰表现差的家系，来保持受精率和孵化率的稳定。

四、伴性性状

所谓伴性性状是指由性染色体上的性连锁基因所决定的性状。由于 W 染色体很小，只定位了为数极少的基因，所以在大多数情况下性连锁基因特指 Z 染色体上的基因。鸡的 Z 染色体较大，包含较多的基因，研究也比较深入。通过细胞遗传学和分子遗传学的研究，已有约 20 个基因和很多遗传标记位点被精确地定位于 Z 染色体上。

性连锁基因均可表现出伴性遗传，在育种中利用这一特点来进行初生雏的自别雌雄。

（一）金银羽色

金银羽色基因位点是较早被发现的性连锁基因。金色基因为隐性，用小写 s 表示，银色基因为显性，用大写 S 表示。在此位点上还有一个等位基因，即白化基因，但很少见。洛岛红鸡、新汉夏鸡等品种为金色基因纯合子，而白洛克鸡、苏赛斯鸡、白温多德鸡等则为银色基因纯合子。用前一类鸡作父本、后一类作母本杂交，后代雏鸡可根据绒毛颜色鉴别雌雄。大多数现代褐壳蛋鸡配套系都采用这对基因在商品代实现雏鸡的自别雌雄。

金银羽色除受主基因（S 和 s）影响以外，也受许多修饰基因的影响。商品代母鸡金银羽色位点上的基因型与其父系鸡相同，但二者的成年羽色有较大差异，前者较浅，有一定花斑，后者更深、更均匀，可以很容易将两种鸡区别开。在少数商品代公鸡（杂合型）中，修饰基因也影响到雏鸡的绒毛颜色，使商品代雏鸡的绒毛颜色出现多种类型，容易造成鉴别误差。可以通过一定的育种措施，剔除容易出错的类型，提高鉴别准确率。

（二）快慢羽速

初生雏鸡一般只有主、副翼羽及其覆翼羽生长出来，其余部位均为绒毛。翼羽的生长速度有较大差异，这种差异主要由一个位点上的等位基因决定。主翼羽生长速度快、初生时明显长于覆主翼羽者称为快羽，相应的快羽基因为隐性，用小写 k 表示；而在初生时主翼羽长度等于或短于覆主翼羽者为慢羽，相应的基因为显性，用大写 K 表示。K 和 k 是羽速基因位点上的主要等位基因，此后又发现了延缓羽毛生长基因 K^n（带这种基因的个体羽生长速度极慢）和另一个等位基因 K^s。这四个基因的显隐性关系为 $K^n > K^s > K > k$。

用快羽公鸡与慢羽母鸡杂交产生的雏鸡可根据羽速自别雌雄，快羽为母雏，慢羽为公雏。羽速基因是白来航型白壳蛋鸡及肉鸡中目前唯一可以用来作雌雄自别的性连锁基因。在褐壳蛋鸡中，可用羽速基因实现父母代的雌雄自别。

（三）横斑芦花

横斑芦花由伴性显性基因 B 控制，B 基因能比较规则地冲淡羽毛的色素沉积，使羽毛呈黑白相间的芦花状斑纹。B 基因具有剂量效应，所以公鸡受影响较大。纯繁时根据雏鸡头顶绒毛白斑大小，可鉴别公母雏，横斑芦花母鸡与其他羽色（除显性白羽以外）的公鸡杂交也可实现雏鸡的雌雄自别。

（四）伴性矮小型

1. 矮小型基因　鸡的体型（体重）在一些单基因的作用下可以变得矮小，这类基因称为矮小型基因，类型有常染色体上的 adw 和性染色体 Z 上的 dw 和 dw^B。其中研究得最多的是性连锁矮小型基因 dw。dw 基因为隐性，与之对应的是显性普通体型基因 DW。研究发现，伴性矮小型基因 dw 为生长激素受体基因缺陷型。

2. dw 基因对生产性能的影响　dw 基因对鸡的生长和体型发育影响极其显著，而这种影响是随着生长发育过程逐步表现出来的。初生时，矮小型鸡和正常型鸡在体重和骨骼长度方面没有明显差异，因此 dw 基因不能被用来实现初生雏的自别雌雄。到成年后，矮小型母鸡体重减少约 30%，公鸡体重减少得更多。在骨骼方面，主要是长骨受影响而缩短，其跖骨长度比正常型短 25% 左右，因而表现出典型的矮小型体征。鸡的腹脂含量也受 dw 基因的影响。在生长过程中矮小型鸡的脂肪含量要显著高于正常鸡，但在成年后比正常型要低。由于体重及体组成上的变化，dw 基因可使耗料量减少 20% 左右。

dw 基因对产蛋性能的影响较大。在不同的遗传背景下，dw 基因的效应表现出较大差异。轻型蛋鸡（来航鸡）所受的影响最大，产蛋量减少可达 14%，所以饲料转化率的改进效果不显著。中型褐壳蛋鸡受到的影响较轻（−7%），因而在饲料转化率上能获得较大优势（+13%）。在肉用鸡种中引进矮小基因，在多数情况下产蛋量有所增加（+3%），加上因体重降低而得到饲料消耗量减少，饲料转化率有十分显著的改进（+37%）。此外，dw 基因可大幅度降低畸形蛋和软壳蛋的发生率，减少破蛋率。

矮小型鸡的另一个优势是体型变小后，不但可以加大饲养密度，而且可以使用更矮小的鸡笼，因而节约材料和饲养空间。研究证明，dw 基因对鸡的死亡率、受精率和孵化率等均无不良影响，而且在对马立克病的抗性方面有优势。

3. dw 基因在育种中的利用　矮小型鸡用作肉用种母鸡时，不但耗料省、饲养密度大，而且产蛋量多、成活率和种蛋合格率高，所以有很好的利用价值。在蛋鸡育种中，矮小型鸡在饲料转化率方面具有突出优势，通过适当的育种措施，可以在一定程度上弥补蛋重和产蛋量受到的不利影响。在饲料资源紧缺的我国，培育饲料转化率高的矮小型蛋鸡有重要意义。中国农业大学已在这方面率先开展了育种工作，并培育出饲料转化率很突出的农大 3 号节粮小型蛋鸡。

五、其他性状

(一) 冠型

1. 冠的种类　鸡的冠型是标准品种的重要特征，主要有单冠、豆冠、玫瑰冠、草莓冠、杯状冠及羽毛冠等，其外形见图 2-2。

2. 冠型的遗传　对冠型遗传基础的认识很早，其互补效应已成为经典遗传学的范例。冠型主要涉及 2 个基因，玫瑰冠基因为 R，豆冠基因为 P，均为显性。当这两个位点均为隐性纯合子（rrpp）时，表现为单冠；而当 R 和 P 同时存在时，由于基因的互补作用表现为草莓冠。因此，当纯合玫瑰冠与纯合豆冠鸡杂交时，F_1 代均为草莓冠，横交后 F_2 代出现草莓冠、玫瑰冠、豆冠和单冠 4 种类型，比例为 9∶3∶3∶1。

现代鸡种已突破了品种标准对冠型的限制，加上合成系的广泛采用，冠型已不是鸡种的固定特征。一个鸡种有可能出现几种冠型。

(二) 白色羽

白色羽是白壳蛋鸡（来航鸡）的特征，也是目前大多数肉用仔鸡育种中追求的羽毛颜色，其原因是白羽肉鸡屠宰后屠体上没有有色羽根，羽毛囊中也无残留的黑色素，因此屠体美观。现代肉用家禽（肉鸡和肉鸭）都在采用白羽类型。

白羽的遗传基础比较复杂，主要涉及下列基因。

1. 显性白羽基因（I）　可以产生一种酶，抑制色素的形成，但只对羽毛产生作用，不影响眼睛的色素沉积。I 基因对其等位基因 i 为不完全显性，因此在具有 II 基因型的白来航鸡与其他有色鸡种杂交时，后代羽毛上带有大小不等的花斑。有人认为 I 基因的表现有剂量效应，II 基因型含 2 个基因，所以对色素的抑制作用比 Ii 基因型要强，而且 I 基因对黑色素的抑制作用较强，对红色素的抑制作用较弱。

2. 隐性白羽基因（c）　其显性等位基因 C 为色素原基因，c 基因通过基因突变而产生。标准品种白洛克鸡、白温多德鸡等均为由 cc 基因型而形成的白羽类型，但在培育现代肉鸡鸡种的过程中，为了使羽色更一致，在母系中引入了 I 基因，成为显性白羽。

c 基因只影响羽色，而眼睛仍有色素沉积。在这个位点上还有另外 2 个隐性等位基因：红眼白羽基因 c^{re} 和隐性白化基因 c^a（白羽粉红色眼）。这一复等位基因系列的显隐性关系为 C＞c＞c^{re}＞c^a。

3. 隐性白羽基因（o）　其显性基因 O 为氧化酶基因，产生的氧化酶（酪氨酸酶）可协助将色素原转化为各种色素。隐性纯合子 oo 的氧化酶基因失活，所以不能正常产生色素。

此外，在性染色体 Z 上 S/s 位点还有一个等位基因 s^{al}，为不完全白化基因，可使羽毛变为白色，但带有许多暗色斑纹，眼睛为红色。还有许多基因影响黑色素的扩散、限制着色素冲淡等，如 E 位点、Co 位点、B 位点、Db 位点、ML 位点、Mo 位点、Mh 位点等。羽色遗传基础的复杂性，造成了育种中提高羽色一致性的困难。

(三) 皮肤颜色

鸡的皮肤颜色主要有黄色和白色两种，基本取决于皮肤组织中是否沉积类胡萝卜素（主要为叶黄素）。研究证实，有一对基因控制着皮肤颜色，白色基因（W）为显性，黄色基因（w）为隐性。白皮肤基因阻止叶黄素转移到皮肤、喙和胫部，而对其他部位没有什么影响。由于叶黄素在皮肤中的沉积较迟缓，要等鸡长到 10~12 周龄时才能准确地区分出黄、白皮肤。

皮肤颜色受饲料成分的影响较大。在饲料中使用大量富含叶黄素的原料，如黄玉米和苜蓿粉，可以加深皮肤颜色，而用大麦、小麦、燕麦等代替黄玉米时，即使是遗传基础为黄皮肤（ww）的鸡也只能表现出浅白的皮肤色泽。因此，通过饲料也可控制皮肤颜色。

除了白、黄皮肤外，还有极少数品种皮肤为黑色，如我国的丝羽乌骨鸡，其皮肤、内脏和骨骼均为黑色。这是因为含有黑色素的细胞分布到全身结缔组织和骨膜组织中。

第三节 家禽育种原理和基本方法

一、现代育种原理

（一）确定合理的育种目标

育种目标从广义上讲是使畜禽生产获得最大的经济效益。具体讲，就是确定育种中改进的性状指标。

在家禽育种计划中，最重要的决策是确定合理的育种目标。如果育种目标确定不当，遗传进展将向低效甚至错误的方向发展，从而导致育种公司在经济收益上的损失和市场竞争中的失利。因此，确定合理的育种目标将为整个育种工作起到导航的作用。

确定育种目标是一项综合性的工作，必须在对多方面要素做全面分析后进行大胆决策。通常要考虑三大要素：市场需求和发展方向，育种群的现状和潜力，竞争对手的产品性能。

1. 市场需求和发展方向 为了商业生产而进行的家禽育种工作，必须以满足市场需求为出发点。为此，必须深入市场同需求者建立密切联系，了解市场需求。由于育种成果的滞后性特点，即育种群的遗传进展要经过扩繁体系的多级传递，经过 2～3 年才能在商品代中表现出来，而且每代的遗传进展有限，因此育种决策者必须具备对市场需求的预测能力，分析判断近期、中期和长期的市场需求。以肉鸡育种为例，欧美国家从 20 世纪 80 年代起对分割鸡的需求比例逐渐上升，一些育种公司加强对胸肉率的选择，培育出宽胸型肉鸡，顺应了市场发展的需要。

因此，衡量育种工作成效的标准，不但要看每年遗传进展的大小，而且要看这种遗传进展满足市场需求的程度。

2. 育种群的现状和潜力 明确了市场需求，还必须有能够满足这种需求的物质基础——育种素材。因此，必须对育种群的现状和发展潜力有全面的认识，包括各个纯系的性状均值、遗传参数（遗传变异和性状间的关系）、单基因性状特点（如快慢羽）、群体大小和结构、近交程度及纯系间的配合力大小等。通过对这些信息的综合分析，判断哪些品系有潜力去满足市场需求。如果现有育种群满足不了市场需求，则要想办法引进育种素材。

3. 竞争对手的产品性能 在竞争性的市场中，必须发扬自己的长处、克服自己的不足，才能在竞争中占据优势。因此，必须对主要竞争对手的产品性能和发展趋势做及时、全面、准确的了解，在比较的基础上明确自己的长处和不足。家禽育种竞争中的一个基本原则，是在主要生产性能上不能明显落后于竞争对手。

（二）充分利用加性和非加性遗传效应

1. 利用加性遗传效应——选择 基因的加性效应值即性状的育种值，是性状表型值的主要成分。在基因的传递过程中，加性遗传效应是相对稳定的。选育计划的中心任务，就是通过选择来提高性状的加性效应值（育种值），产生遗传进展。

选择获得遗传进展的基本条件如下：①性状有变异，即育种群内不同个体的性状值有一定差别。只有针对有变异的群体做选择，才有可能获得遗传进展，而对一些所有个体都表现相同的性状（如一些质量性状），是不能通过选择来加以改变的。对遗传力相同或相近的性状来说，群内变异越大，获得的选择反应也越高。②变异是可以遗传的。如果表型值的变异仅仅是由环境因素造成的，而与遗传因素无关，则选择不会产生作用。表型变异中遗传因素所占比例越高，则遗传力越高，选择反应相应也越大。同时，选择的成效在很大程度上取决于利用表型值估计育种值的准确性，因此选择方法的好坏在育种中起着关键作用。③变异是可以度量的。选择必须建立在准确度量性状值的基础上。对于一些确有遗传变异但无法直接度量或度量后造成个体死亡的性状（如屠体性状），可以通过一些相关性状进行间接选择。

长期的育种实践证明，以人工选择来充分利用性状的加性遗传效应，是使现代家禽主要生产性能持续提高的主要手段。

2. 利用非加性遗传方差——杂交　在构成表型值的效应中，除了加性遗传效应以外，还有两个重要的非加性遗传效应：显性（包括超显性）效应和上位效应。显性效应是相同位点不同等位基因之间的效应，上位效应是不同位点基因间的互作效应。

研究表明，鸡的部分数量性状具有很显著的非加性遗传效应。如产蛋数的显性方差占表型方差的比例可达15%～18%，而遗传力（加性遗传方差占表型方差的比例）为12%～36%。蛋重和蛋的密度的显性方差比例分别为2%～6%和1%～5%，其遗传力分别为48%～63%和32%～39%。这表明显性遗传效应对产蛋数这一低遗传力性状具有重要影响，而对高遗传力性状（蛋重和蛋的密度）则影响甚微。许多研究均证实，显性效应是构成杂交优势的主要因素。上位效应也与杂种优势的大小有密切关系，但其稳定性和可预见性比显性效应低。

由于产蛋量等性状的非加性效应显著，可以获得显著的杂种优势。因此，通过杂交生产商品鸡已成为鸡现代育种的基本特征。商品鸡的遗传性能等于加性遗传效应值与杂种优势之和。育种工作除了最大限度地提高纯系本身性能（加性遗传效应）外，还要充分利用杂种优势，即非加性遗传效应。

（三）高强度选择

在现代家禽育种中，选择强度之高是任何一种家畜所不可比拟的。高强度选择是保证家禽育种高速发展的基本条件之一。家禽（尤其是鸡和鸭）本身的两个特点为高强度选择提供了条件。

第一，高繁殖力。一个育种群种母鸡在留种时，产蛋率一般可在80%以上，以留种3周计，可获得初生母雏5只。在存活率正常、饲养位置充足的情况下，母鸡的平均留种率可达30%左右。如果延长留种期，则留种率还可进一步降低；在公鸡方面，由于公母比例较大，每只公鸡与配母鸡可以在10只以上，留种率一般可控制在5%以内，而在肉鸡育种中可达到1%以下。

第二，饲养成本相对较低，所以可以保持很大的观测群，作为选择的基础。一般情况下一个纯系观察鸡数在3 000只以上，多的可达10 000只左右，从而为提高选择强度打下了基础。

（四）保持性状间的综合平衡

家禽的性状众多，但本身是一个整体，因此在性状之间形成了各种表型及遗传上的关联，即表型相关和遗传相关。育种者通过选择使某性状发生变化时，在同一遗传基础和生理背景的作用下，其他一些性状也可能发生相关反应，其变化量取决于性状的遗传力及性状间的遗传相关等。

在育种中必须考虑生物体的性状关联性，保持性状间的平衡关系，即所谓平衡育种。保持性状间的平衡，一方面要针对选择性状间的遗传对抗（负遗传相关），另一方面要克服自然选择的阻力。

要全面分析选择性状之间的关系，如果过于强调某一性状，则与之负相关的性状会获得不利的间接选择反应，有时这种不利的间接反应甚至会超过自身的直接选择反应，因而净选择反应为负值。同时，在育种过程中自然选择的干扰也是一个不可忽视的因素。自然选择是使家禽更好地适应环境的一种力量，而人工选择是以人类需要为目标的。有时这两种目标一致，如对产蛋量的选择；有时则背道而驰，如对早期生长速度的选择。鸡早期生长速度快，不但死亡率（如腹水症）高，而且繁殖率明显下降。因此，在平衡育种中要求适当降低增重的选择压，给成活率和繁殖力以一定的人工选择，以对抗自然选择的不利影响，这样可以在整体上保持育种群的最佳遗传改进。理论上预期肉鸡增重的年遗传进展可达70～75 g，但多数育种公司的实际进展只有 50 g 左右，而繁殖力和成活率基本保持稳定或略有改进，这正是平衡育种的结果。

二、选择方法

（一）个体选择

个体选择（individual selection）也称为大群选择（mass selection），根据个体表型值进行选择。这种方法简单易行，适用于遗传力高的性状。在肉鸡的育种中选择体重时常用此法。

（二）家系选择

家系选择（family selection）根据家系均值进行选择，选留和淘汰均以家系为单位进行。这种方法适用于遗传力低的性状，并且要求家系大、由共同环境造成的家系间差异或家系内相关小。在这一条件下，家系成员表型值中的环境效应在家系均值中基本抵消，家系均值基本能反映家系平均育种值的大小。对产蛋量做选择时都采用此法，但必须注意保证足够大的家系（＞30 只），而且家系成员要在测定鸡舍内随机分布。

家系在鸡育种中特指由 1 只公鸡与 10 只左右母鸡共同繁殖的后代。这实际上是一个由全同胞和半同胞组成的混合家系。同一家系内同一母鸡的后代构成全同胞家系，不同母鸡的后代间为半同胞关系。因此，鸡的家系选择又可分为全同胞家系选择和混合家系选择。

根据选择性状的不同，家系选择和同胞选择配合使用。两者的区别是，家系选择的依据是包括被选者本身成绩在内的家系均值，而同胞选择则完全依靠同胞的测定成绩。例如，对产蛋量这一限性性状，公鸡用同胞选择，母鸡用家系选择。如果家系含量较大，家系选择与同胞选择两种方法对遗传进展的贡献几乎相同。

（三）合并选择

合并选择（combined selection）兼顾个体表型值和家系均值进行选择。从理论上讲，合并选择利用了个体和家系两方面的信息，因此其选择准确性要高于其他方法。这种方法要求根据性状的遗传特点及家系信息制订合并选择指数。合并选择还可综合亲本方面的遗传信息，制订一个包括亲本本身、亲本所在家系、个体本身、个体所在家系等成绩的合并选择指数，用指数值来代表个体的估计育种值。数量遗传学最近的发展，为准确估计育种值提供了有效的方法，动物模型下的最佳线性无偏估计（BLUP）已成功地用于家禽的育种值估计，根据 BLUP 值进行选择可以提高选择准确性。

三、纯系选育

（一）纯系

1. 纯系的概念 纯系（pureline）首先是由 Johnson（1909）提出来的，指植物经多代自交后形成的基因基本纯合的种群。家禽是异交动物，因而不可能达到植物纯系的要求。在家禽育种中，育种群在闭锁继代选育 5 代以后，有利基因的频率增加，不利基因的频率逐渐减少，形成了遗传上比较稳定的种群，就可称为纯系，简称为系。生化遗传研究表明，鸡的纯系中大多数血型及蛋白多态性基因的纯合系数仅有 0.3 左右。所以纯与不纯仅是相对的。

家禽的纯系由许多家系组成，因此家系是纯系的基本构成单位，决定着纯系的规模和遗传结构。

2. 培育纯系的目的 首先是通过选择提高性状的基因加性效应值（即育种值），这是整个育种工作的基础。纯系获得的遗传进展通过杂交繁育体系传递到商品代，成为商品鸡生产性能持续改进的动力。

第二个目的是提高纯系的基因纯合度。杂种优势与杂交亲本的纯合度密切相关，因此通过培育纯系提高基因纯合度，可以增加杂种优势。

3. 配套系 在杂交繁育体系中，需要多个纯系配合在一起使用。不同纯系的杂交组合可以组成不同的商品代类型，不但生产性能不同，而且在能否自别雌雄、自别方式等方面也有差异。通过配合力测定，筛选出符合育种目标要求的纯系组合，这一特定纯系组合即构成配套系。例如有Ⅰ、Ⅱ、Ⅲ、Ⅳ、Ⅴ共5个纯系，如果完全随机组合可产生60个不同的三系配套组合。但在实际育种中，不同纯系按特定的配套位置设定了重点选育方向以及羽色、羽速等特征，因此实际上不需要对这么多的杂交配套组合做配合力测定。如果通过配合力测定等工作，确定以Ⅲ系为第一杂交父本，Ⅱ系为杂交母本，Ⅳ为第二杂交父本，则Ⅳ×（Ⅲ×Ⅱ）即构成配套系，进行杂交配套、扩繁推广。配套系一经确定，在一定时间内一般要保持稳定，直到配套系不能满足育种目标的要求，推出了新的配套组合为止。

（二）纯系选择

目前最常用的纯系选择（pureline selection）方法是闭锁群继代选择，也称为纯系内选择。

1. 基础群的选择 基础群是育种的基本素材，其有利基因种类和频率决定着纯系遗传进展的方向和速度。

目前可用的育种素材有纯系（包括曾祖代）、祖代、父母代和商品代鸡。纯系来源较少，引进价格非常高，所以一般还是应当保持其独立性，继续做闭锁选育。祖代和父母代是非常重要的育种素材，其引进成本低，遗传基础好，通过合理的选育，可以较快地培育出纯系。尤其是利用祖代鸡为素材培育纯系时，在三系配套的祖代鸡中从第二父系可以直接获得纯系。商品代在培育纯系中的利用价值较低，特别是褐壳蛋鸡和肉鸡，其商品代为品种间杂种，分离严重，毛色、体型等特征很难提纯。而白来航型蛋鸡商品代为品种内纯系间杂种，容易提纯，因此是可以利用的育种素材。北京白鸡Ⅲ系就是从雪佛公司的星杂288商品代中选育出的优秀纯系。

另外，培育纯系的素材来源还有：①原有的品系或品种种群；②利用引进资源的性别鉴定误差个体；③利用杂交产生新的基础群，即合成系育种；④新的变异类型。

2. 纯系规模 纯系规模取决于纯系内家系的数目及每个家系的大小（含量）。理论上证明了纯系规模越大，每代的遗传进展相对越高，但规模达到一定程度后，遗传进展的增量很有限。而且纯系规模过大，育种工作量随之正比地增加。因此，在实际育种中，纯系规模并非越大越好，应根据育种需要和育种成本来合理确定。

一般情况下，每个纯系应有60～100个家系，每个家系按1∶（10～12）的公母比例组配，每只母鸡留下4～6只母雏、2～3只公雏，产蛋观测群的规模为2 000～5 000只母鸡、后备公鸡1 000只以上。公鸡留种率可达到10%以下，母鸡留种率在30%以下。在一些大型育种公司，公鸡留种率可达1%以下，母鸡留种率为10%左右。

纯系内家系数目也受到选育程度的影响。在纯系选育初期，由于群内变异较大，为了尽快提高群内的遗传一致性，可以减少家系数目，加大家系含量。而当纯系选育程度较高，群内一致性较好时，为了提高判别遗传变异的准确性，减少近交增量，可以多建一些家系，家系含量相应减少。

需要指出的是，在纯系规模及家系数量基本稳定的情况下，留种率大小主要取决于留种期的长短和产蛋率的高低。如果留种期为30 d，平均产蛋率为80%，则每只母鸡可产24枚种蛋，孵化后可得8只母雏，育成后备母鸡6只，则留种率为17%左右。但留种期过长会影响孵化性能。

3. 纯系选育程序 纯系闭锁群继代选育流程见图3-3。这种模式适用于蛋鸡育种，肉鸡母系的选择也基本相同，但在5～6周龄还要对体重做选择，产蛋测定时间也不同。

（三）合成系选育

合成系是指两个或两个以上来源不同、但有相似生产性能水平和遗传特征的系群（可以是纯系，也可以是祖代或父母代等）杂交后形成的种群，经选育后形成纯系。

合成系育种重点突出主要的经济性状，不追求血统上的一致性，因而育成速度快。由于现代鸡种的生产水平已很高，特别是国际著名鸡种都经历了几十年长期系统的选育，有许多高产基因已固定。把不同来源的种群合成后，有可能将不同位点的高产基因汇集到一个合成系中，提高性状的加性基因效应值，增加遗传变异。

合成系育种体现了一种开放的育种思想。一个长期的育种计划，不仅

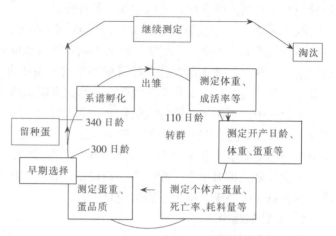

图 3-3 蛋鸡纯系闭锁群继代选育流程图

应当通过闭锁群选择来利用群体内已有的遗传变异产生遗传进展，还要在适当的时候通过合成，把分散在不同群体中的优秀基因组合在一起，增加新的遗传变异，为进一步的闭锁选择打下基础。因此，育种中的"合成"和"闭锁"不是完全对立的，而是两个相辅相成的环节。合成为闭锁提供遗传变异来源，闭锁则巩固和发展合成的成果。所以，纯系和合成系并不是截然不同的两种育种形式，而是处于长期选育动态过程中的不同阶段而已。纯系不可能永远闭锁下去，当选育达到一定程度后，群内遗传变异减少，遗传进展放慢，此时应考虑利用与本系有相同选育目标和遗传特征的高产系群进行合成。而合成系通过选育，在提高生产性能的同时，也提高了纯度，经过 4～5 代系统选育，发展成为纯系。

在现代育种的早期，合成系的方法被大量采用，目前世界上的主要褐壳蛋鸡父系和母系以及肉鸡的母系起初都是合成系。在随后的育种过程中也在必要时采用合成系。

（四）选配

选种后必须做的一项重要育种工作就是选配。在鸡育种的早期，为了仿效玉米自交系双杂交体系，许多育种公司热衷于培育近交系。但不久就发现鸡对高度近交的耐受力较差，很容易发生严重的近交衰退。培育近交系的代价太高，在 20 世纪 60 年代中期，大多数育种公司都放弃了近交系。

在纯系继代中，最常用的选配方法是在避免全同胞和半同胞交配的前提下，进行随机交配。中选母鸡中的同胞姐妹应尽可能避免进入同一新家系。有少数育种场采用同质选配，即用最好的中选公鸡与最好的中选母鸡相配。这种方法容易造成近交的增加，而且遗传变异相对减少，长期选择时遗传进展很快就会衰竭。

（五）家系含量的优化控制

家系含量即指家系内的个体数。尽管每个家系的亲本数相同，但产蛋量、受精率、孵化率以及后代雏鸡的存活率在不同家系间存在差异，造成各个家系测定数的不同。在育种过程中，如果不进行人为操纵，则有的家系亲本尽管育种值很高，但留下的育种后代数却较少，而一些育种值不高的亲本反而留下较多的后代，造成家系含量的不规则变化。理论分析表明，不规则的家系含量分布既可使实现选择差降低，又会减少群体有效含量，从而影响了遗传进展。

优化控制家系含量的具体方法是：①根据中选亲本的育种值，设计每个家系的优化含量。即根据家系亲本的育种值，在适宜的群体有效含量水平下，计算出一组使实现选择差达到最大的优化遗传贡献率，然后结合纯系观测群大小转化为每个家系的优化含量。②在入孵种蛋、出雏、育雏育成阶段充分照顾具有优秀育种值家系的后代，使之在各个阶段占有较大的比例。对低育种值家系的后代数量也要控制在一定水平之上。在淘汰育雏育成鸡时要考虑其家系来源，

凡是优秀家系的后代，只要生长发育正常都应留下来。最好在育雏育成期多养一些鸡，以便在转入产蛋测定群时有足够的挑选余地。在上笼时，按照设计的优化家系含量来控制进入育种观测群的个体，使每个家系的实际含量尽可能接近优化含量。

四、育种技术

（一）个体输精与系谱孵化

在选种后做继代繁殖时，每只中选公鸡要按一定的公母比例与中选母鸡组成家系亲本。公鸡均采用个体采精与特定母鸡配种，以确保系谱的准确性。如果在此之前中选母鸡做过人工授精或自然交配，则要求母鸡必须停止输精 20 d 以上。在肉鸡育种中如采用地面平养，常用小间繁殖，每个小间饲养 1 只公鸡及所有与配母鸡，构成家系亲本。

视频：组建家系
（李辉 提供）

留种期间，每枚种蛋上都必须标明所属家系（公鸡号）及母鸡号，然后进行系谱孵化。系谱孵化的关键是在出雏期，要将每个全同胞家系（同父同母）的种蛋集中到一个出雏笼或出雏袋内集中出雏，不同家系的种蛋必须彻底隔离开，这样雏鸡出雏后，可根据出雏笼内的标签及蛋壳上的号来区分鸡的家系来源，然后结合个体标记技术建立系谱。

（二）个体标记

在育种过程中，必须对育种群的每个个体进行准确的标记，才能明确相互之间的亲缘关系，建立完整的系谱。系谱资料是进行家系选择和系谱选择等的基础，利用系谱记录还可以追溯选育过程，并计算出育种群的近交系数。

家禽的个体标记必须在系谱孵化后立即进行。最主要的标记工具是翅号。每个翅号上可根据需要做一个由数字和字母组成的永久性号码。常用 6 位号码，第 1～2 位代表公鸡家系（即雏鸡之父）代号、第 3～4 位为与配母鸡（即雏鸡之母）代号、第 5～6 位为同一母本内的全同胞顺序号。如果纯系较多，可在前面加 1 位数字代表纯系，也可用不同颜色的翅号来表示不同的纯系或年度。在佩戴翅号时，用翅号的尖端刺透雏鸡翅上肱骨与桡骨前侧三角区无血管网的翅膜，然后将翅号两端固定在一起，把翅号捏成长条状，有号码一侧向上翻。注意穿刺点不能太靠边缘（翅号易脱落）或靠近骨骼（易出血）。随着信息技术的发展，很多育种场广泛采用射频识别（radio frequency identification，RFID）、二维码等电子标记技术，显著提高识别速度与准确度。

视频：系谱孵化的初生雏处置
（李辉 提供）

（三）育种记录

准确而完整的生产性能记录是进行有效选择的基础。这些生产性能记录大多数要以个体为记录单位，从而获得个体的生产性能数据。以前的育种记录均用专用表格登记。随着电子技术的发展，出现了一些电子数据记录系统，从而使育种记录逐步走向无纸化。基本的育种记录应包括下列内容。

1. 系谱孵化记录　应包括公禽家系号、与配母禽号、入孵蛋数、未受精蛋数、出雏数、健雏数、后代雏禽的翅号等内容，计算出家系受精率、孵化率和健雏率等。必要时还要记录雏鸡的羽色和羽速等特征。

2. 生长发育记录　主要记载生长期不同周龄的体重及死亡情况，肉禽育种中还包括体型测定、腿部评分、羽毛覆盖等。

3. 屠宰测定记录　主要记载屠体和分割部位的重量和其他测定值。

4. 个体产蛋记录　主要记录每只母鸡的翅号、笼号（或小圈号）、每日产蛋情况、破蛋、软蛋、畸形蛋及死亡等，定期测定蛋重、体重、耗料量、蛋品质等。

5. 公禽繁殖力测定记录　选种前测定公禽的精液品质和受精率。

6. 新家系组成　记录选种后组成的新家系的基本情况，包括公母组成、翅号及生产性能等。

视频：产蛋记录及种蛋收集保存
（李辉 提供）

同时应转入系谱资料库，建立系谱档案。

五、分子育种

传统的家禽育种工作主要是依据性状表型值计算或估计出相应的育种参数，然后按照这些参数对不同性状进行选择。这种育种方法被广泛应用，在家禽遗传改良过程中成效卓著。但常规的育种方法依赖表型和系谱信息，对限性性状、不能早期度量和难以度量的性状育种效率较低，加上育种目标的多元化，迫切需要更准确、更有效的育种新方法。近30年来，分子生物学飞速发展，鸡基因组序列测定在2004年完成，使鸡成为第一个被测序的农业动物，鸡的分子生物学研究走在畜禽基因组研究的前列，家禽遗传育种也进入了全基因组时代，为开展分子育种奠定了坚实基础。

分子育种工作快速高效的开展有赖于相关遗传学研究的进展，无论是遗传图谱的构建，还是相关数量性状基因座（quantitative trait locus，QTL）和基因的定位，都离不开各种分子遗传标记的发展与应用。分子遗传标记的研究始于20世纪80年代，相继出现了RFLP、RAPD、TRS、SNP等多种分子标记。这种标记是遗传物质DNA所特有的，体现了每个个体所具有的遗传特征，其不受环境的限制和影响，普遍存在于所有生物中，是动物遗传改良研究的重要工具之一。随着高通量测序技术和新兴的统计学工具的发展，SNP（single nucleotide polymorphisms，单核苷酸多态性）成为首选的分子遗传标记，使得在家禽上进行全基因组关联分析（genome-wide association study，GWAS）和基因组选择（genome selection，GS）成为可能。前者能够鉴定与重要经济性状紧密关联的基因或SNP标记，从而利用它们进行更为有效的标记辅助选择，进一步提高家禽遗传改良的遗传进展；后者可有效提高育种值估计的准确性，极大地提高选种的准确性并加快遗传进展。

（一）基于主效基因的分子育种

对于受单基因或少数几个基因控制的性状而言，鉴定该类性状的遗传变异相对容易。由于基因型和表型的直接关联，可以对基因及相应的变异位点进行精细定位：首先利用连锁分析和IBD定位以及GWAS等方法将影响性状的位点定位于特定染色体区域，然后在该区域内鉴定出相关候选基因，再对该基因的突变位点及相关功能做进一步研究，最终可确证造成性状表型变异的多态性位点。主效基因的分离和固定可打破某些性状间的遗传拮抗，使育种目标尽快得以实现。当有利的主效基因在某一品种中被检测出来时，可以通过分子标记辅助渗入的方法，将主效基因引入另一群体，为开发利用这些优良的基因资源、培育优质品种和配套系奠定基础。

目前家禽上已发现的主效基因主要与体型外貌性状有关。例如，鸡 PMEL17 基因第10外显子内一个9 bp插入突变与显性白羽形成有关；MC1R 基因编码区内一个G→A突变造成其所编码的蛋白质第92位氨基酸由谷氨酸转变为赖氨酸，最终导致显性黑羽表型；TYR 基因 cDNA 序列817 bp处6 bp的插入突变和基因组第4内含子中7.7 kb插入突变分别导致了鸡白化表型和隐性白羽的形成；SOX10 基因转录起始位点上游8.3 kb的缺失造成鸡红羽表型；鸡 PRLP 基因一个176 kb的串联重复序列造成初生雏鸡羽毛生长速度的差异。一个6.6 kb的大片段序列插入到鸭 MITF 基因中，导致其负责黑色素合成的转录本被完全抑制表达，黑色素合成途径被关闭，从而形成了北京鸭洁白的羽毛。目前，在鸡上已经发现了8种矮小型基因，其中位于Z染色体上的隐性伴性矮小型基因（dw）是研究最多、应用最广的，详见本章前述。此外，我国科学家通过基因组重测序证实鸡匍匐基因（Cp）位于7号染色体上，在该染色体上包含整个 IHH 功能基因的11 895 bp半合子缺失是鸡匍匐性状的原因突变。

在鸡蛋相关性状上也有一些主效基因被相继发现，并被应用到家禽育种和生产中，其中较为典型的两个例子是鱼腥味敏感基因和绿壳基因。人类有一种罕见的遗传病，病人的口、汗液、唾液等都散发一种难闻的臭鱼味，这种病被称为鱼腥味综合征。新鲜鸡蛋中有时也会出现类似的难闻味道，这种情况在褐壳蛋鸡中时常出现，并且可以隐性遗传，但在白壳蛋鸡中却很少见。研究表明，鱼腥味综合征的产生是由于含黄素单氧化酶（FMO3）基因发生突变导致机体不能正常分解食物中的三甲胺形成的。鸡蛋出现鱼腥味综合征是因为蛋黄中三甲胺的含量比正常鸡蛋高出10倍，这是由于鸡体内缺乏三甲胺氧化酶，导致其不能氧化分解某些饲料（如油菜籽）中的三甲胺，从而使三甲胺沉积到蛋黄中造成异味。当鸡8号染色体上的FMO3基因第7外显子上发生了一个错义突变，第694碱基从A突变为T，FMO3基因的遗传密码子也由ACT突变为TCT，导致第329个氨基酸由苏氨酸（T）变成了丝氨酸（S）。通过对AA、AT和TT基因型母鸡所产鸡蛋中三甲胺含量的测定发现，TT型对应的鸡蛋都表现出鱼腥味综合征，而AA和AT型为正常鸡蛋，因此证明T329S突变确实与鱼腥味综合征相关。该突变导致了一个高度进化保守区域FATGY的改变，该区域的突变导致含黄素单氧化酶不能识别食物中的三甲胺并将其氧化，从而导致三甲胺沉积到蛋黄中，形成鱼腥味鸡蛋。在了解了这一变异的遗传基础后，可以很方便地在育种群中对这一突变位点进行筛查，淘汰所有带T等位基因的个体，从而去除产生鱼腥味鸡蛋的遗传基础、改进鸡蛋品质。

鸡蛋的绿壳性状则是由SLCO1B3基因5′侧翼区一个逆转录病毒EAV-HP序列的大片段插入所引起的。这一片段的插入使SLCO1B3基因在母鸡子宫部高度表达，并编码相关蛋白，使胆绿素大量转运到蛋壳腺中，进而分泌到蛋壳表面形成绿壳蛋。绿壳蛋具有独特的蛋壳色泽和产品高附加值，虽然我国存在多个产绿壳蛋的地方鸡品种，但是绿壳蛋色存在较大分离。鸡绿壳蛋性状具有显性遗传的特点，通过表型选择难以彻底剔除隐性等位基因，而利用绿壳基因分子标记对EAV-HP插入片段进行基因分型，可以快速固定绿壳等位基因，准确率可达100%。利用绿壳基因分子标记，我国还培育出新杨绿壳、苏禽绿壳等多个蛋鸡配套系。

（二）基因组选择

家禽的多数重要经济性状都是数量性状，其遗传基础有较多基因的共同作用，并受到环境因素在一定程度上的影响。这些基因数量众多，以致对单个基因的效应进行观察和测定显得意义不大，只能通过数量遗传学统计模型，对影响某个数量性状的大量微效基因的效应进行统计和计算。随着DNA测序技术的快速发展，以及SNP芯片逐步推广应用，从全基因组水平估计育种值，并据此进行选种成为可能，即基因组选择。与分子标记辅助选择只使用少数标记不同的是，基因组选择同时使用覆盖全基因组的高密度标记对个体进行遗传评估。目前，基因组选择已经逐步成为各种动物选育工作的首选方案。

基因组选择的基本原理是首先构建一定规模参考群体，利用参考群个体的表型和全基因组SNP标记基因型信息估计每个标记对目标性状的效应大小；接着对候选群体中的全基因组范围内的SNP效应值基因累加，由此得到每个个体的基因组育种值（genomic estimated breeding value，GEBV），并由此进行个体排序和选种工作。常见的全基因组选择方法包括基因组最佳线性无偏预测（genomic best linear unbiased prediction，GBLUP）和贝叶斯方法。当前也出现了许多由二者衍生、适用于不同实际情况的改进方案，这些方案之间的差异在于对标记效应所服从的分布具有不同的假定。主要包括一步法（single-step GBLUP，SSGBLUP）、岭回归-最佳线性无偏估计（ridge regression BLUP，RR-BLUP）、Bayes A、Bayes B、Bayes LASSO等。一步法是当前实际生产过程中较为常见的基因组选择方法，能充分利用育种过程中积累的表型、SNP标记和系谱信息，通过对已测定基因型的个体计算的G矩阵和根据系谱计算的A矩阵合并成一个H矩阵，以提高候选群体育种值估计的准确性。近年来，随着机器学习方法深入各行各业，一些研究开始通过随机森林、支持向量机以及神经网格等机器学习模型探索其在全基因组选择中的应用前景，并得到了较好的结果，但由于原理较为复杂，还未得到广泛应用。

相较于基于系谱信息的传统选择方法，基因组选择的优势主要体现在三个方面：第一，基因组选择在传统选择理论的基础上，充分利用了全基因组水平遗传信息，在个体间亲缘关系的评定上更为精准，提高了群体中育种值估计的准确性。一般来说，全同胞个体间的亲缘系数为0.5，半同胞个体间为0.25。而通过 SNP 标记估计的群体全同胞个体对的亲缘系数服从一个均数约为 0.5 的正态分布。第二，对于限性性状、无法早期度量的性状、难以度量的性状和低遗传力性状，基因组选择技术可以克服获取表型的困难，直接通过基因组信息进行遗传评估。第三，在育雏阶段即可采集血样提取 DNA，进行基因分型，实现早期选种，缩短世代间隔，在显著提高遗传进展的同时，降低了饲养和性能测定成本。

国外大型家禽育种企业自 2011 年起，相继开始使用密度为 60K 或 600K 的定制 SNP 芯片进行全基因组选择，某些育种企业已经实现"两年三代"的育种流程。我国也自主设计、定制了适用于我国蛋鸡群体（"凤芯壹号"）和肉鸡群体（"京芯一号"）的中等密度 SNP 芯片。中低密度 SNP 芯片的推广应用为快速实现大批量样本的基因分型提供了技术支持。相比于全基因组重测序、简化基因组测序等测序和基因分型方法，中低密度 SNP 芯片的定制位点目标明确，芯片自身价格低廉，检测过程耗时较短，能缩短选种工作的周期。基因组选择方法正在改变世界家禽遗传育种体系，并积极影响着家禽的遗传育种进程。

六、育种工作中的非遗传措施

由于不少重要选育性状是低遗传力性状，易受环境条件的影响，常规选择必须依靠表型值估计育种值，因此良好而稳定一致的环境条件有利于个体充分表现遗传潜力，提高选择的准确性。在育种中必须采取一系列非遗传措施，为鸡的生长发育和生产性能发挥提供最佳的营养和环境条件。此外，由于育种群处于繁育体系的顶端，必须控制经蛋传播的疫病，以减少种鸡和商品鸡生产中死亡或生产性能下降。

1. 疫病净化 育种群鸡的疫病净化是一项非常重要的工作，不仅关系到育种群本身的健康状况，更重要的是影响到种鸡及商品鸡的内在质量。做好这项工作，可以大范围地提高鸡的生产性能。严格地讲，应当彻底净化白痢、淋巴白血病及支原体病。国际著名育种公司对此均十分重视，建设了高度隔离的育种场和严格的生物安全措施，配备高水平的兽医专家队伍和先进的诊断设备，近年来国内一些育种公司在此方面也取得了明显进步。

2. 防疫和消毒 有效的防疫和消毒是保证育种群生产性能充分发挥的重要措施，也影响到后代的内在质量。育种场必须制订严格的防疫条例，技术人员和饲养员进入育种场生产区和禽舍都必须淋浴、更衣。外来人员严禁进入生产区。进出生产区的车辆、物品必须彻底消毒，切断一切可能的疾病传染途径。在育种场设计布局时，应当选择远离人口集中地和其他畜禽场的隔离地带，并把孵化场、育雏育成场、育种场和测定场隔离建设。这些工程防疫措施有助于育种场的整体防疫工作。

3. 环境控制 饲养种群的鸡舍应当有良好的环境控制能力，保证提供适合家禽正常生理要求的温度、光照和通风条件。条件较好的育种公司采用正压过滤空气的密闭式鸡舍，可以有效地防止靠空气传播的疾病。

4. 营养与饲料 为育种群提供的饲料必须保证全价营养水平，不能有任何营养素不足或存在毒素。营养不足或饲料中毒可能使育种群的生产能力下降，甚至造成死亡，这不仅降低选择的准确性，也可能影响到育种群的继代繁育。因此，高质量的饲料也是任何一项育种工作的重要保障措施之一。

第四节　家禽的育种程序

一、蛋鸡选育性状和配套系

（一）蛋鸡的选育性状

蛋鸡生产的产品单一，但影响生产效益的因素很多，因此必须在育种中加以全面考虑。

1. 产蛋数　相关性状有开产日龄、高峰产蛋率及产蛋持续性（高峰后下降的速度）。

2. 蛋重　不但要考虑平均蛋重，还要考虑全程蛋重变化曲线形态，蛋重的变化幅度对种鸡的饲养效益影响较大。

3. 饲料转化率　相关性状为产蛋量、体重等。目前以间接选择为主，发展趋势是直接选择。

4. 蛋品质　包括蛋壳强度、颜色、厚度，蛋形，蛋白高度（哈氏单位），血斑、肉斑率等。

5. 自别雌雄性状　在雏鸡自别雌雄配套系中，需要根据鉴别性状对羽毛颜色、羽毛生长速度等进行选择和监测。

6. 成活率　包括育雏育成期和产蛋期。

7. 孵化性能　相关性状包括受精率、受精蛋孵化率、入孵蛋孵化率和健雏率等。

8. 监控性状　生长发育情况、成年羽毛颜色、皮肤颜色、习性、粪便干燥度、产蛋期末体重等。

纯系在蛋鸡配套系中所处的位置不同，采用的选育方向也不同。比如雏鸡自别雌雄性状在褐壳蛋鸡配套系商品代羽色自别雌雄时要求 A、B 系为金色羽，C、D 系为银色羽；白壳蛋鸡配套系商品代羽速自别雌雄时要求 C 系为慢羽等。数量性状中由于蛋鸡最重要的两个选育性状——产蛋数和蛋重之间存在较强的负相关，所以选育重点主要是考虑这两个性状的平衡，可以在某些纯系中突出选育产蛋数，在另一些纯系中突出选育蛋重和蛋品质等。而其他的选育性状在不同纯系中都应保持适当的选择压。

（二）配套系

蛋鸡的配套系组合除了考虑主要生产性能之外，还要考虑雏鸡的自别雌雄和蛋壳颜色的特点。

1. 白壳蛋鸡配套系　组成配套系的各个系尽管均属于单冠白来航品变种，但不同的纯系之间杂交仍可产生一定的杂种优势。纯系选育的趋势是提高纯系内遗传一致性，不同系突出自己特点，比如产蛋数多系、成活力高系等，形成的配套系能获得多个性状的杂种优势。在白壳蛋鸡配套系中目前可用于自别雌雄的基因只有羽速基因。

2. 褐壳蛋鸡配套系　在褐壳蛋鸡配套系中，对利用羽色和羽速基因自别雌雄比较重视，因而纯系在配套组合中的位置是比较固定的。褐壳蛋鸡商品代目前几乎均利用金银羽色基因（S/s）自别雌雄，其父母代利用羽速基因（K/k）自别雌雄，形成双自别体系。

3. 浅褐壳（粉壳）蛋鸡配套系　主要采用洛岛红型快羽公鸡作父系、白来航型慢羽母鸡作母系，在商品代能利用羽速实现雏鸡自别雌雄。由于配套亲本遗传距离较远，故后代在生活力上的杂种优势明显。又由于我国地方品种多数产浅褐壳蛋，我国消费者把浅褐壳蛋视为"土鸡蛋"，因此浅褐壳（粉壳）蛋鸡在我国很受欢迎。

二、蛋鸡育种制度

（一）早期选择

1. 早期选择　产蛋数是蛋鸡育种中最重要的选育性状。在实际生产中，我国蛋鸡饲养期是

72周龄。如果等到完整记录了72周龄产蛋数以后再做选择，母鸡已进入产蛋低谷期，蛋品质下降，受精率和孵化率大幅降低，严重影响育种群的继代繁殖，并且延长了世代间隔。经过科学研究发现，由于产蛋数是一个累计数量，早期记录与完整记录是部分与整体的关系，40周龄产蛋数与72周龄产蛋数之间的遗传相关可达到较高水平（0.6～0.8）。因此，在育种实践中，蛋鸡一直沿用40周龄左右的累计产蛋数作为产蛋数性状的选择指标，通过早期选择来间接改良72周龄产蛋数。理论研究和长期育种实践都证明，对产蛋数做早期选择是成功的。

对产蛋量的早期选择决定了对蛋重、蛋品质等性状也必须采用早期选择，因此早期选择成为蛋鸡育种的基本选择制度。早期选择的流程见图3-3。

2. 早期选择的优越性

（1）缩短世代间隔：用完整记录（72周龄）产蛋数做选择时，世代间隔为85周左右，而早期选择的世代间隔为52周，世代间隔缩短33周。虽然早期选择的准确性有所下降，但由于世代间隔大幅度缩短，从72周龄产蛋数的年遗传改进量来看，早期间接选择仍优于直接选择。

（2）有利于留种：早期选择后留取继代繁殖用的种蛋时，公母鸡处于繁殖旺盛期，种蛋数量多、质量好、受精率和孵化率均高，可在较短时间内留取足够的种蛋，以保证有较高的选择压，并减少孵化批次。

（3）每年1个世代：早期选择时一般都把世代间隔控制在1年，这样可以做到每年1个世代，使每年的育种鸡群处于相对一致的环境条件中，便于鸡群周转、生产管理和控制环境效应。

（4）减少育种费用：由于记录个体产蛋数的时间大幅度缩短，降低了收集育种数据的费用。

（二）两阶段选择

常规早期选种时产蛋量的选择准确率只有60%左右。早期选择的准确率低，是影响产蛋量遗传改进的重要因素。延长产蛋量记录期、推迟选种周龄，可以提高选种准确率，但世代间隔相应延长，每年遗传进展得不到增加。为解决产蛋量选择中世代间隔与选择准确率的矛盾，可采用两阶段选择，即"先选后留"与"先留后选"相结合的方法。

两阶段选择方法的核心是利用早期产蛋记录做第一次选择之后，一方面继续做产蛋量的个体记录，另一方面组建新家系繁殖下一代观测群。这样在空间上把中后期产蛋量记录期与下一代的育雏育成期重叠起来，等到下一代转入产蛋鸡舍前，亲代育种观测群已有68周龄左右的产蛋测定成绩。根据这一成绩对下一代育种观测群做第二次选择，只有来自第二次选择后中选家系的后备鸡才能进入下一代育种观测群，做个体成绩测定。这样，可以在保持早期选择优越性的前提下，大幅度提高选择准确性。在北京白鸡的选育中采用此法，获得了很好的选择效果。

两阶段选择中一个重要的问题是选择压的分配。为了保证第二次选择后能够剔除选择不准确的个体后代，在第一次选择时必须扩大留种率。如果第一次选择留种率过大，则孵化和育雏育成鸡数量成倍增加，大幅度提高了育种成本；如果第一次选择留种率很低，则第二次选择的意义不大，很难有效地提高选种准确率。因此，在实际应用时需要结合育种群的实际情况、育种成本及饲养条件的限制等因素进行具体计算分析。

两阶段选择方法除有利于产蛋量的选择外，也可在选择中考虑产蛋中后期的蛋重、蛋品质、耗料量、体重等性状，使这些性状的改良向着更符合育种需要的方法发展。两阶段选择方法的不足之处是增加了产蛋成绩的记录量和育雏育成饲养量，但提高选种准确率方面的收益应当是大于这种支出的。二选后淘汰的育成鸡可转到种鸡场使用。

三、快大肉鸡类型和配套系生产

现代肉鸡育种在半个多世纪的发展过程中取得了惊人的成绩，肉用仔鸡达到上市体重（2.5 kg）的日龄几乎每年可减少1 d，目前饲养35 d体重就可达到2 kg。饲料转化率也大幅度改进，可用

1.7 kg 饲料转化 1 kg 活重。从市场需要来看，发展中国家仍以整鸡（西装鸡）为主，而发达国家的消费已转向分割鸡和深加工鸡肉，如美国市场上整鸡销售的比例已从 1980 年的 50％降到 2010 年之后的 10％左右。这就要求肉鸡育种相应地改善屠体性能，尤其是提高胸、腿肉产量。目前主要有以下几种白羽快大肉鸡配套类型：

1. 标准型　即传统上的白羽速生肉鸡，是目前早期生长速度最快的肉鸡，也是我国目前最主要的肉鸡类型。在选育上，以提高早期增重速度为主，只测定胸角，一般不做屠宰测定；重视母系产蛋性能的提高，以降低雏鸡成本；父母代母本可根据羽速自别雌雄，因而其母本父系为快羽系，母本母系为慢羽系。

2. 高产肉率型　这是适应欧美市场需要的类型，其早期生长速度略慢于标准型，达到上市体重的日龄晚 1 d 左右，饲料转化率也略低。但其产肉率高，如果以分割鸡肉产量来比较，各项指标均优于标准型，适合分割肉价格高的市场。这种类型的肉用仔鸡腿病发生率较高。

3. 羽速自别型　这种类型的商品代肉仔鸡可根据羽速自别雌雄，快羽为母雏，慢羽为公雏。因此，肉仔鸡可以公母雏分开饲养，并在各自最佳的日龄上市，有利于提高饲料转化率和均匀度，适合作快餐用鸡。这种类型的肉鸡选育与标准型没有根本区别，有的育种公司使用相同的 3 个系即可生产这两种产品，即父系相同（快羽系），用另一快羽系作母本母系、慢羽系作母本父系，就可以生产出羽速自别型肉鸡。

四、肉鸡选育性状和目标

肉鸡的选育性状很多，分为肉仔鸡性状和种鸡性状两大类。

（一）肉仔鸡性状

肉仔鸡性状主要有以下 13 个：①早期增重速度（体重）；②产肉率（胸、腿肉比率，在测胸角的基础上，配合屠宰测定进行）；③饲料转化率；④腿部结实度和趾形；⑤死淘率；⑥胸部囊肿；⑦腹脂沉积量（活体测量为主，配合屠宰测定进行）；⑧龙骨曲直；⑨羽毛生长速度（作伴性遗传自别雌雄时用）；⑩皮肤颜色；⑪羽毛颜色；⑫羽毛覆盖度；⑬体型结构的其他缺陷。

在标准型肉鸡选育中，以早期增重速度和饲料转化率为选育重点；而在进行高产肉率型肉鸡选育时，则以产肉率、早期增重速度和腿部结实度为侧重。不管侧重点如何，都必须对所有性状进行综合考虑。

（二）种鸡性状

种鸡性状主要有以下 7 个：①产蛋量；②蛋重；③开产日龄；④蛋品质；⑤受精率（包括精液品质）；⑥孵化率；⑦死亡率。

（三）选育进展目标

根据一些育种公司的经验，肉鸡主要生产性能上每年可能获得的遗传进展为：①体重：+50 g；②分割肉产量：+0.18％；③饲料转化率：−0.02；④入舍鸡产蛋数：+1.5 枚；⑤存活率、受精率、孵化率等不下降。

五、肉鸡选育程序

现代肉鸡育种中，父系和母系的选育方法有一定区别。

（一）父系选育

对肉鸡父系的选择以早期增重速度、配种繁殖能力、产肉率和饲料转化率为主，兼顾其他性状。选择方法以个体选择为主，在繁殖性能和饲料转化率等方面结合家系选择进行。

由于肉鸡的主要性状是在不同的年龄表现出来的，不能等所有性状都表现后才做选择，因此肉鸡的选育都是分阶段进行的。选种时，不但要求在各阶段选择中对选择压进行合理分配，而且要在对性状间遗传关系准确把握的基础上制定合理的选种标准。肉鸡父系选育的基本程序如下。

1. 出雏选择 选留健雏，同时根据纯系要求对羽色、羽速等特征进行选择。

2. 早期体重选择 以前一般是在6周龄时根据体重、胸、腿测定等进行选择。由于育种的进展，父系5周龄体重已达2 kg，如果6周龄选种后再进行限制饲养，则对育种鸡生长期体重的控制不利，影响其繁殖性能。因此需要提前选种。一个合理的方法是固定选种体重，而不是固定选种时间，即以达到1.8 kg体重的日龄作为本代的选种年龄。此时，根据本身的体重、胸肌发育、腿部结实度、趾形等做个体选择，同时对部分个体做屠宰测定，根据测定结果对产肉率和腹脂等做同胞选择。对死亡率做家系选择。

早期选种的选择压最高，可达全部选择淘汰率的60%～80%。

3. 饲料转化率的选择 饲料转化率的直接选择现在越来越受重视。但由于测定个体饲料的消耗量费时费力，所以在实践中可以采用：①以家系为单位集中饲养在小圈内，测定家系耗料量，然后对家系平均饲料转化率进行选择；②按早期体重预选后，测定部分公鸡的阶段耗料量（单笼饲养），然后做选择。

4. 产蛋期前的选择 主要根据体型、腿结实度、趾形进行选择，淘汰不合格个体。

5. 公鸡繁殖力的选择 在25～28周龄，测定公鸡采精量、精液品质等，在平养时还要测定公鸡的交配频率，然后通过个体配种和孵化，测定公鸡的受精率，对公鸡进行选择。如发现有公鸡繁殖力很差的家系，则要将该家系的公鸡和母鸡全部淘汰；在测定受精率的孵化实验结束时，还可对孵化率和健雏率进行家系选择，淘汰表现差的家系。

6. 产蛋量测定 在肉鸡父系中一般不对产蛋量进行直接选择，但需要以家系为单位记录产蛋成绩。如发现因个别家系产蛋量下降而使父系平均产蛋量退化或达不到选育目标，也应淘汰这些家系，以保证增重和产蛋量之间的合理平衡。

7. 组建新家系、繁育下一代 一般可在30周龄左右组建新家系，公母比例为1∶10左右。这样可在产蛋高峰收集种蛋，以便繁殖更多的后代，提高选择强度。

（二）母系选育

肉鸡母系的选育性状主要是早期增重速度和产蛋性能，其次是胸部发育、腿部结实度、趾形、公鸡繁殖力等。其选育程序如下。

1. 出雏选择 选留健雏，同时根据纯系要求对羽色、羽速等进行选择。

2. 早期体重选择 母系体重选择时间也应在固定体重的基础上确定。由于母系鸡的生长速度比父系慢，所以其选择时间要晚一些，目前为6周龄。此时根据本身的体重、胸肌发育、腿部结实度、趾形等进行个体选择。在选择公鸡时还要适当考虑其母亲及父亲同胞的产蛋性能。

本阶段选择的淘汰率应占总淘汰率的50%～70%。

3. 产蛋期前的选择 主要根据体型、腿趾状况进行个体选择，淘汰不合格个体。

4. 产蛋性能测定与选择 母系选择中产蛋性能占有重要地位，因此必须做准确的个体产蛋记录。产蛋测定在开产后持续12～15周，在40周龄以前结束。此期间还要测蛋重及蛋品质。产蛋测定结束后，对母鸡按家系与个体成绩相结合进行选择，公鸡则按同胞产蛋成绩做选择。需要注意的是，肉鸡产蛋量的选择与蛋鸡有所不同，并非追求越高越好，而是注意保持与增重速度的协调发展。

5. 公鸡繁殖力的选择 在25周龄以后，测定公鸡的采精量、精液品质等，并通过孵化测定公鸡的受精率。结合自身的繁殖力和同胞的产蛋性能进行选择。

6. 组建新家系纯繁 在40周左右组建新家系，公母比例为1∶10左右。个体配种后收集种蛋，做适当挑选后入孵，繁育下一代育种观测群。

（三）增重与产蛋量之间的平衡

肉鸡母系的选育是肉鸡育种中的难题，特别是在如何平衡协调早期增重速度与产蛋量这对负相关性状上，需要较高的技术水平和育种经验。

1. 早期增重速度选择方法的改进 对肉鸡母系的增重要求与父系不同，不是增重越快的鸡越好，而是要规定体重的上限，把增重最快的一部分鸡淘汰。这一点往往不被育种实践家们所接受。其实对于两个有矛盾的育种目标，选种的方法经常是折中的，即折中到一个最佳的平衡点，使其达到最大的经济效益。为此，即使淘汰某个性状最好的一部分鸡也在所不惜。简便实用的方法是随机称重100只鸡，按体重大小的顺序排队，根据留种率和大体重鸡的淘汰率，可以大致确定留种鸡群体重的上限和下限。这种选择方法不但间接选择了产蛋性能，而且还直接选择了均匀度。

2. 肉鸡性能的后裔测定 在母系母鸡做产蛋性能测定的同时，可以同步繁殖一批肉仔鸡，在商品鸡生产条件下进行肉用性能的测定，称为后裔测定。这批肉仔鸡可以是父系与母系杂交的后代，也可以是母系母鸡的纯繁后代。

六、水禽育种

（一）水禽表型测定技术

水禽包括肉鸭、蛋鸭和鹅，肉鸭包括大型白羽肉鸭、麻鸭和番鸭几种不同类型，部分主要测定经济性状和技术与同为家禽的蛋鸡和肉鸡的类似，包括生长性能、繁殖性能、屠宰性能、体型外貌性状、抗病性状等几大类性状。水禽特有的测定性状有皮脂性状、部分屠宰分割性状、肝用性能、产绒性能等。目前，业界已经研发出肉鸭生长性能自动测定系统，可以完成肉鸭活重、饲料转化率、采食行为等性状的自动测定。鹅的生长、鸭鹅的繁殖、肝用和羽绒性状等主要经济性状还缺乏自动化的测定设备。

肉鸭皮脂性能测定目前可以通过活体估测技术、屠宰测定两个主要方法。鹅产绒性能主要通过估计单位面积鹅绒量、绒的质量进行估算和评定。肥肝性能可以通过屠宰测定和填饲期增重评定。

（二）水禽育种程序

1. 鸭育种程序

（1）鸭主要选育性状：鸭分为肉鸭和蛋鸭两大类，其中，肉鸭又包括大型白羽肉鸭（烤制型和分割型）、麻鸭和番鸭，不同的类型因育种方向和育种素材差异导致。

肉鸭主要测定和选育性状中生长、屠宰性状包括体重、饲料转化率、肉品质、死淘率，是所有肉鸭选择共有目标性状。除了这些性状以外，烤制型肉鸭选择还包括皮脂率、皮脂厚、腹脂率、体长、胸肌厚等；分割型肉鸭选择还包括胸肌率、腿肌率、腿骨骼质量、羽毛发育等；麻鸭选择还包括羽毛颜色一致性和美观性。番鸭育种分肉用型和肝用型两个方向，分别重点选育肉用性状和肝用性状。繁殖性能测定和选育性状包括合格种蛋数、蛋重、受精率、孵化率、死亡率等。

蛋鸭主要选育产蛋数、产蛋总重、饲料转化率、蛋品质、育成期成活率、产蛋期死淘率、受精率和孵化率、骨骼质量、羽毛颜色等，主要性状与蛋鸡育种主要性状基本一致。蛋鸭育种中还要关注抗逆性（如适合笼养）和淘汰老鸭价值（体重、羽毛状况）等性状。

（2）肉鸭育种程序：肉鸭育种全部采用配套系育种模式，目前普遍采用三系或者四系配套模式。大型白羽肉鸭育种程序与肉鸡育种程序类似，主要区别在选择时间、选择目标性状有所不同（参考家禽名词术语标准和品种审定要求进行）。

肉鸭父系选育根据市场定位不同，其选育性状也有所区别。烤制型肉鸭父系选择以生长速度、皮脂率、皮脂厚为主，兼顾饲料转化率和其他性状。选择方法可以是个体选择，结合家系性能测定，目前有些育种公司已经开始利用基因组选择方法开展更加准确的父系选育。分割型肉鸭父系选择以早期生长速度、饲料转化率、瘦肉率为主，有些育种公司选择一些次级性状，包括鸭舌、鸭肝、肌胃与腺胃重、脖子长度等。番鸭父系主要选择早期生长速度、饲料转化率、瘦肉率、肝重等。

肉鸭母系选择基本都是以繁殖性能为首要目标性状，然后根据不同育种目标来分别兼顾选择相应的性状。烤制型肉鸭母系选择强调繁殖性能、皮脂性能、成活率等。分割型肉鸭母系选择主要围绕繁殖性能、饲料转化率、成活率、瘦肉率等。番鸭母系主要强调繁殖性能、生长速度、肝用性能等。

（3）蛋鸭育种程序：蛋鸭目前也普遍采用 2 系或者 3 系配套模式。父系主要选择产蛋数、饲料转化率、羽色等。母系主要选择繁殖性能、产蛋数、蛋品质、成活率等。目前蛋鸭由于繁殖性能非常强，饲养周期也在 72 周或者更长，因此蛋鸭育种程序可以参考蛋鸡育种程序稍加调整。另外，蛋鸭育种可根据本场育种目标、预期选择进展等参考蛋鸡选育程序调整留种时间和留种率等。

2. 鹅育种程序

（1）鹅主要选育性状：鹅主要选育性状包括体型外貌、产肉性能、繁殖性能、肥肝和产绒性能等。

肉用型鹅重点选择体型外貌、产肉性能兼顾产绒性能等，具体测定指标包括活重、屠宰性状、饲料转化率、产绒量、育成期成活率等。繁殖性能是鹅育种的重点性状之一，包括开产日龄、产蛋数、种蛋合格率、蛋重、精液品质、受精率、孵化率、健雏率。

肝用型鹅的大部分性状选择同肉用型鹅。此外，应增加肥肝重、肝料比、填饲期增重和胸宽、胸深等与肥肝重相关的体尺性状。

（2）鹅育种程序：鹅目前也是采用配套系育种模式，目前普遍采用 2 系或者 3 系配套模式。

鹅父系选育程序可参考肉鸡育种程序。主要是因为鹅繁殖力相对较低，繁殖性能记录比较困难，导致选择强度不高，遗传进展相对较慢。因此，鹅父本选择基本是通过个体选择选择生长速度、饲料转化率、公鹅繁殖力及其他性状如产绒性能、肝用性能等；通过家系选择选择产蛋量在实际育种中需要根据育种目标来调整。

肉用鹅父本品系选育从雏鹅开始选择，逐步选择个体健康状况、初生重、8 周龄生长速度、饲料转化率、羽色、屠宰率等，经过育雏、育成期的初步选育以后，在配种前后，开始公鹅生殖器官发育和精液品质选择以及最后一次体型外貌选择。产蛋 20 周左右，根据每个家系产蛋量、健雏率、健雏数等进行家系选择。

肝用鹅父本品系选择除了满足肉用鹅父本品系选择要求以外，还额外需要肝用性状选择。由于肝重与体重高度相关，因此，父本品系需要体型硕大、胸宽体深的体型外貌。同时，由于鹅肥肝生产需要填饲，需要选择颈短而粗、腿脚粗壮、性情温顺的个体。在 10 周龄左右开始填饲，填饲 2 周的肥肝重是关键选择指标。

肉用鹅母本品系，主选繁殖性能，主要以合格种蛋数为主，兼顾产绒性能、饲料转化率。肝用鹅母本品系仍然强调大体型、高繁殖率性状。主要选择程序可以参考肉鸡育种程序，结合不同鹅群特征与育种目标，调整选择压、选种日龄等。

◆ 复习思考题 ◆

1. 家禽的标准品种是如何形成的？了解一些重要的家禽标准品种。

2. 标准品种与商业配套系有何联系和区别？

3. 现代商业鸡种分为几类？目前主要生产性能潜力能达到多少？

4. 杂交繁育体系的基本结构和特征是什么？

5. 主要的产蛋量和蛋品质指标有哪些？其遗传特点如何？为何要对产蛋量进行早期选择？

6. 饲养日产蛋量和入舍鸡产蛋量如何计算？它们有何联系和区别？

7. 试述主要肉用性状的遗传特点和育种方法。

8. 试述饲料转化率的特点和改进方法。

9. 以 2 个伴性基因为例，说明如何在家禽中进行雏禽的自别雌雄。

10. 试述伴性矮小型 dw 基因在家禽育种中的意义和主要用途。

11. 简述分子标记在家禽育种中的应用前景。

12. 如何确定合理的育种目标？蛋鸡和肉鸡的育种目标有何相同和不同之处？

13. 何为纯系和配套系？如何进行纯系选择？

14. 主要的育种记录有哪些？如何进行？

15. 何为家系选择？如何实施？

16. 简述肉鸡育种程序。

（杨　宁　徐桂云　侯卓成）

04

第四章　人工孵化

孵化是卵生动物完成繁殖后代的一种行为。自然条件下，鸟类通常在合适的季节产一定数量的蛋后自行进行孵化，称为自然孵化。自然孵化通常称抱窝或就巢，孵化需要的温度主要来自亲鸟的体温。抱窝的母鸡体温升高且更具攻击性。多数鸟类是母鸟完成孵化工作，有些是公母共同交替完成，个别鸟类是公鸟完成孵化工作，如帝企鹅，也有极个别的鸟类自己不孵化而是让别的鸟代孵，如杜鹃，在抱窝时母鸟一般停止产蛋。为了提高生产性能，现代高产家禽的抱窝性已经被人为选择掉，靠人工孵化完成繁衍后代的任务。人工孵化就是人为创造适宜的孵化环境，对禽类的种蛋进行孵化，人工孵化大大提高了禽类的生产效率。

第一节　胚胎发育

家禽的胚胎发育与哺乳动物不同，它是依赖种蛋中储存的营养物质，而不是从母体血液中获取营养物质。另外，家禽的胚胎发育分为母体内发育和母体外发育两个阶段。

一、家禽的孵化期

不同的家禽孵化期不同，同种家禽不同品种孵化期也有差异，体型越大、蛋越大的家禽相对孵化期越长。表4-1是一些禽类的孵化期。家禽的孵化期还受许多因素的影响，同一种家禽小蛋比大蛋的孵化期短，种蛋保存时间越长孵化期越延长，孵化温度提高则孵化期缩短。

表4-1　几种常见禽类的孵化期

家禽种类	孵化期（d）	家禽种类	孵化期（d）
鸡	21	火鸡	27～28
鸭	28	珍珠鸡	26
鹅	30～33	鸽	18
瘤头鸭	33～35	鹌鹑	16～18

二、早期胚胎发育

以鸡为例，卵子从卵巢上排出后，被输卵管的漏斗部接纳，与精子相遇受精，成为受精卵。受精卵大约需要经过25 h才能形成完整的鸡蛋，通过输卵管产出体外。由于鸡的体温为41.5 ℃左右，适合胚胎发育，因此受精卵在体内形成鸡蛋的过程中已经开始发育。实际上鸡的整个胚胎过程需要 22 d，其中 1 d 是在母体内，21 d 是在母体外进行的。

当蛋还在母鸡体内时，囊胚发育成具有外胚层、内胚层 2 个胚层的囊胚期或原肠早期。鸡蛋产出体外后，温度降低，胚胎发育暂时停止。剖视受精蛋，在卵黄表面肉眼可见形似圆盘状、周围有透明带的胚盘，而未受精的卵黄表面只能看见一个白点。

三、孵化过程中的胚胎发育

种蛋获得适合的条件后，可以重新开始继续发育，并很快形成中胚层。机体的所有组织和各个器官都由 3 个胚层发育而来：中胚层形成肌肉、骨骼、生殖泌尿系统、血液循环系统、消化系统的外层和结缔组织；外胚层形成羽毛、皮肤、喙、趾、感觉器官和神经系统；内胚层形成呼吸系统上皮、消化系统的黏膜部分和内分泌器官。

（一）胚胎的发育生理

1. 胚膜的形成及其功能　胚胎发育早期形成 4 种胚外膜（图 4-1），即卵黄囊、羊膜、浆膜（也称绒毛膜）、尿囊，这几种胚膜虽然都不形成鸡体的组织或器官，但是它们对胚胎发育过程中的营养物质利用和各种代谢等生理活动的进行是必不可少的。

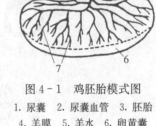

图 4-1　鸡胚胎模式图
1. 尿囊　2. 尿囊血管　3. 胚胎
4. 羊膜　5. 羊水　6. 卵黄囊
7. 卵黄囊血管
（引自王庆民，雏鸡孵化与
雌雄鉴别，1990）

（1）卵黄囊：卵黄囊从孵化的第 2 天开始形成，到第 9 天几乎覆盖整个卵黄的表面。卵黄囊由卵黄囊柄与胎儿连接，卵黄囊上分布着稠密的血管，卵黄囊分泌一种酶，这种酶可以将卵黄变成可溶状态，从而使卵黄中的营养物质可以被吸收并输送给发育中的胚胎。在出壳前，卵黄囊连同剩余的卵黄一起被吸收进腹腔，作为初生雏禽暂时的营养来源。

（2）羊膜与浆膜：羊膜在孵化的 30～33 h 开始形成，首先形成头褶，随后头褶向两侧延伸形成侧褶，40 h 覆盖头部，第 3 天尾褶出现。第 4～5 天由于头褶、侧褶、尾褶继续生长，在胚胎背上方相遇合并，称羊膜脊，形成羊膜腔，包围胚胎。羊膜褶包括两层胎膜，内层靠胚胎，称羊膜，外层紧贴在内壳膜上，称浆膜或绒毛膜。然后羊膜腔充满透明的液体（羊水），胚胎就漂浮于其中，这些液体起保护胚胎免受震动的作用。绒毛膜与尿囊膜融合在一起，帮助尿囊膜完成其代谢功能。

（3）尿囊：孵化第 2 天末到第 3 天开始形成，第 4 天至第 10 天迅速生长，第 6 天到达壳膜的内表面。孵化的第 10～11 天时包围整个蛋的内容物，而在蛋的锐端合拢起来，称为合拢。尿囊膜可起循环系统的作用，其功能如下：尿囊膜可充氧于胚胎的血液，并排出血液中的二氧化碳；可将胚胎肾产生的排泄物排出而存于尿囊之中；帮助消化蛋白，并帮助从蛋壳吸收钙。

2. 胚胎血液循环的主要路线　早期鸡胚的血液循环有 3 条主要路线（图 4-2），即卵黄囊血液循环、尿囊绒毛膜血液循环和胚内循环。

（1）卵黄囊血液循环：它携带血液到达卵黄囊，吸收养料后回到心脏，再送到胚胎各部。

（2）尿囊绒毛膜血液循环：从心脏携带二氧化碳和含氮废物到达尿囊绒毛膜，排出二氧化碳和含氮废物，然后吸收氧气和养料

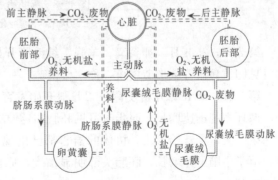

图 4-2　胚胎血液循环路线模式图
（引自王庆民，雏鸡孵化与雌雄鉴别，1990）

回到心脏，再分配到胚胎各部。

（3）胚内循环：从心脏携带养料和氧气到达胚胎各部，然后从胚胎各部将二氧化碳和含氮废物带回心脏。

（二）胚胎发育过程

胚胎发育过程相当复杂，以鸡的胚胎发育为例，其主要特征如下。

第1天，在入孵的最初24 h，即出现若干胚胎发育过程。4 h心脏和血管开始发育；12 h心脏开始跳动，胚胎血管和卵黄囊血管连接，从而开始了血液循环；16 h体节形成，有了胚胎的初步特征，体节是脊髓两侧形成的众多的块状结构，以后产生骨骼和肌肉；18 h消化道开始形成；20 h脊柱开始形成；21 h神经系统开始形成；22 h头开始形成；24 h眼开始形成。中胚层进入暗区，在胚盘的边缘出现许多红点，称"血岛"（图4-3）。

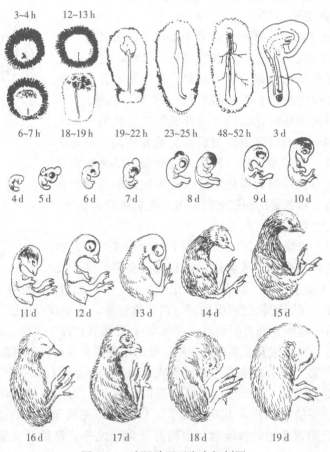

图4-3　鸡胚胎逐天发育解剖图

(引自王庆民，雏鸡孵化与雌雄鉴别，1990)

第2天，25 h耳、卵黄囊、羊膜、绒毛膜开始形成，胚胎头部开始从胚盘分离出来，照蛋时可见卵黄囊血管区形似樱桃，称"樱桃珠"。

第3天，60 h鼻开始发育；62 h腿开始发育；64 h翅开始形成，胚胎开始转向成为左侧下卧，循环系统迅速增长。照蛋时可见胚胎和延伸的卵黄囊血管形似蚊子，称"蚊虫珠"。

第4天，舌开始形成，机体的器官都已出现，卵黄囊血管包围卵黄达1/3，胚胎和卵黄分离。由于中脑迅速增长，胚胎头部明显增大，胚体更为弯曲。胚胎与卵黄囊血管形似蜘蛛，称"小蜘蛛"。

第5天，生殖器官开始分化，出现了两性的区别，心脏完全形成，面部和鼻部也开始有了雏形。眼的黑色素大量沉积，照蛋时可明显看到黑色的眼点，称"单珠"或"黑眼"。

第6天，尿囊达到蛋壳膜内表面，卵黄囊分布在卵黄表面的1/2以上，由于羊膜壁上的平滑肌的收缩，胚胎有规律地运动。卵黄由于蛋白水分的渗入而达到最大的重量，由原来的约占蛋重的30%增至65%。喙和"卵齿"开始形成，躯干部增长，翅和脚已可区分。照蛋时可见头部和增大的躯干部两个小圆点，称"双珠"。

第7天，胚胎出现鸟类特征，颈伸长，明显可见翼和喙，肉眼可分辨机体的各个器官，胚胎自身有体温，照蛋时胚胎在羊水中不容易看清。

第8天，羽毛按一定羽区开始发生，上下喙可以明显分出，右侧卵巢开始退化，四肢完全形成，腹腔愈合。照蛋时胚在羊水中浮游。

第9天，喙开始角质化，软骨开始硬化，喙伸长并弯曲，鼻孔明显，眼睑已达虹膜，翼和后肢已具有鸟类特征。胚胎全身被覆羽乳头，解剖胚胎时，心、肝、胃、食道、肠和肾均已发育良好，肾上方的性腺已可明显区分出雌雄。

第10天，腿部鳞片和趾开始形成，尿囊在蛋的锐端合拢。照蛋时，除气室外整个蛋布满血管，称"合拢"。

第11天，背部出现绒毛，冠出现锯齿状，尿囊液达最大量。

第12天，身躯覆盖绒羽，肾、肠开始有功能，开始用喙吞食蛋白，蛋白大部分已被吸收到羊膜腔中，从原来占蛋重的60%减少至19%左右。

第13天，身体和头部大部分覆盖绒毛，胫出现鳞片，照蛋时，蛋小头发亮部分随胚龄增加而减少。

第14天，胚胎发生转动而同蛋的长轴平行，其头部通常朝向蛋的大头。

第15天，翅已完全形成，体内的大部分器官大体上都已形成。

第16天，冠和肉髯明显，蛋白几乎全被吸收到羊膜腔中。

第17天，肺血管形成，但尚无血液循环，亦未开始肺呼吸。羊水和尿囊也开始减少，躯干增大，脚、翅、胫变大，眼、头日益显小，两腿紧抱头部，蛋白全部进入羊膜腔。照蛋时蛋小头看不到发亮的部分，俗称"封门"。

第18天，羊水、尿囊液明显减少，头弯曲在右翼下，眼开始睁开，胚胎转身，喙朝向气室，照蛋时气室倾斜。

第19天，卵黄囊收缩，连同卵黄一起缩入腹腔内，喙进气室，开始肺呼吸。

第20天，卵黄囊已完全吸收到体腔，胚胎占据了除气室之外的全部空间，脐部开始封闭，尿囊血管退化。雏鸡开始大批啄壳，啄壳时上喙尖端的破壳齿在近气室处凿一圆的裂孔，然后沿着蛋的横径逆时针敲打至周长2/3的裂缝，此时雏鸡用头颈顶，两脚用力蹬挣，20.5 d大量出雏。颈部的破壳肌在孵出后8 d萎缩，破壳齿也自行脱落。

第21天，雏鸡破壳而出，绒毛干燥蓬松。

（三）胚胎发育过程中的物质代谢

发育中的胚胎需要蛋白质、碳水化合物、脂肪、矿物质、维生素、水和氧气等作为营养物质，才能完成正常发育。

1. 水　蛋内水分随孵化期的递增而逐渐减少，一部分被蒸发，其余部分进入卵黄，形成羊水、尿囊液以及胚胎体内水分。卵黄内的水分从孵化的第2天开始增加，6~7 d达到最大量，从第一天的30%增至64.4%。水分来源于蛋白，所以蛋白含水量从54.4%降至18.4%，变成浓稠的胶状物，约12 d后水分重新进入蛋白，卵黄恢复原重，蛋白变稀，以便经浆羊膜道进入羊膜腔。整个孵化期损失的水分占蛋重的15%~18%。

2. 能量 胚胎发育所需要的能量来自蛋白质、碳水化合物和脂肪，但不同胚龄的胚胎对这些营养物质的利用不同。碳水化合物是胚胎发育早期的能量来源，然后利用碳水化合物和蛋白质。脂肪的利用始于孵化的 7～11 d，胚胎将脂肪变成糖加以利用，17 d 后脂肪被大量利用。第 10 天胰分泌胰岛素，从 11 d 起，肝内开始储存肝糖原。蛋内脂肪的 1/3 在胚胎发育过程中耗掉，2/3 储存于雏鸡体内。

3. 蛋白质 蛋内蛋白质约 47% 存于蛋白，约 53% 存于卵黄，它是形成胚胎组织器官的主要营养物质。图 4-4 是胚胎不同发育阶段蛋白和卵黄变化趋势图，在胚胎发育过程中蛋白及卵黄中的蛋白质锐减，而胚胎体内的各种氨基酸渐增。在蛋白质代谢中，分解出的含氮废物由胚内循环带到心脏，经尿囊绒毛膜血液循环排泄在尿囊腔中。第一周胚胎主要排泄尿素和氨，从第二周起排泄尿酸。

4. 矿物质 在胚胎的代谢中钙是最重要的矿物质，它是从蛋壳中转移至胚胎中的。蛋内容物和胚胎中的钙含量自孵化的第 12 天起显著上升。胚胎发育还需要其他矿物质，如磷、镁、铁、钾、钠、硫、氮等，其来源主要是蛋内容物。如果种母鸡日粮中矿物质缺乏，蛋中矿物质含量就不能满足胚胎发育的需要。

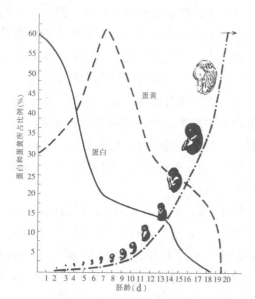

图 4-4 胚胎不同发育阶段蛋白和卵黄变化示意图
（引自王庆民，雏鸡孵化与雌雄鉴别，1990）

5. 维生素 维生素是胚胎发育不可缺少的营养物质，主要是维生素 A、维生素 B_2、维生素 B_{12}、维生素 D_3 和泛酸等，这些维生素全部来源于种鸡所采食的配合饲料，如果饲料中的含量不足，会影响蛋内含量，极容易引起胚胎早期死亡或破壳难而闷死于壳内。维生素不足也是造成残、弱雏的主要原因。

（四）胚胎发育中的气体交换

胚胎在发育过程中，不断进行气体交换。孵化最初 6 d，主要通过卵黄囊血液循环供氧，然后尿囊绒毛膜血液循环达到蛋壳内表面，通过它由蛋壳上的气孔与外界进行气体交换。到 10 d 后，气体交换才趋于完善。第 19 天以后，胚雏开始肺呼吸，直接与外界进行气体交换。一个鸡胚在整个孵化期需氧气 4～4.5 L，排出二氧化碳 3～5 L。

第二节 孵化条件

仿生鸟类孵化，需要满足四个条件，即温度、湿度、气体交换和翻蛋。自然孵化温度靠亲鸟提供，湿度靠选择适当的季节孵化来控制，新鲜空气随时补充，翻蛋则靠亲鸟不停地翻动胚蛋来完成。人工孵化用的设施必须满足这四个条件才能孵化出健康的雏鸟。

一、温　度

温度是有机体生存发育的重要条件，活的家禽胚胎必须有一个最适宜的环境温度，才能完成正常的胚胎发育，获得高孵化率和健康雏禽。

1. 生理零度 低于某一温度胚胎发育就被抑制，要高于这一温度胚胎才开始发育，这一温度即被称为生理零度，也称临界温度。因为干扰因素太多，生理零度的准确值很难确定。此外，这一温度还随家禽的品种、品系不同而异，一般认为鸡胚的生理零度约为 23.9 ℃。这也为种蛋保存温度提供参考。

2. 胚胎发育的温度范围和最适孵化温度 胚胎发育对孵化温度有一定的适应能力，以鸡为例，温度在 35～40.5 ℃之间，都会有一些种蛋能孵化出雏鸡，当然在这个温度范围内有一个最适孵化温度。在环境温度得到控制的前提下（如 24～26 ℃），因种蛋大小不同、保存时间不同，孵化期（1～19 d）最适孵化温度为 37.5～37.8 ℃，出雏期（19～21 d）为 36.9～37.2 ℃。其他家禽的最适孵化温度和鸡差不多，一般在（37.8±1）℃的范围内，孵化期越长的家禽最适孵化温度相对越低一些，而孵化期越短的家禽最适孵化温度相对越高一些，如鹅孵化期最适温度为 37 ℃，而鹌鹑是 38.6 ℃，可以根据孵化时间适当调整最适孵化温度。

另外，最适孵化温度还受蛋的大小、蛋壳质量、家禽的品种品系、种蛋保存时间、孵化期间的空气湿度等因素的影响，褐壳鸡蛋要稍高于白壳鸡蛋。

3. 高温的影响 在高于最适宜温度条件下孵化，胚胎发育速度加快，孵化期缩短，孵化率和雏鸡质量会有不同程度的下降。如 16 日龄鸡胚在 40.6 ℃的温度下经历 24 h 孵化率只有轻微的下降，但是在 43.3 ℃条件下放置 6 h 孵化率下降明显，9 h 后会严重下降。孵化温度升至46.1 ℃经历 3 h 或 48.9 ℃经历 1 h，所有胚胎将全部死亡。当发生停电事故时，风扇停止运转，热量不均匀，较热的空气上升至孵化器顶部，会造成孵化器上部的种蛋过热，而下部温度不足，孵化器内上部的种蛋就会因过热和缺氧而死亡。只要孵化温度不高于鸡的体表温度影响就不会太大。

4. 低温的影响 在低于最适合温度条件下孵化，胚胎发育变缓，孵化期延长。人工机器孵化和自然孵化一样，短时间的降温（0.5 h 以内）对孵化效果无明显的不良影响。孵化 14 d 以前胚胎发育受温度降低的影响较大，15～17 d 胚胎产热即使将温度短时降至 18.3 ℃也不会严重影响孵化率。19～21 d 虽然要求的最适宜温度低，但是温度下降却会对出雏率有严重的影响，如果温度降低到 18.3 ℃以下，孵化率可以降低到 10%以下。切记这是关键时期，在此期间即使是短时间的停电也会严重影响出雏率。

5. 恒温孵化和变温孵化

（1）恒温孵化：孵化期（1～19 d）始终保持一个设定温度（如鸡设定 37.8 ℃），出雏期（19～21 d）保持一个温度（如 37.2 ℃）。恒温孵化要求的孵化车间和孵化器温控较高，而且对孵化室的建筑设计要求较高，需保持 22～26 ℃之间较为恒定的室温和良好的通风。

（2）变温孵化：根据不同的孵化器、环境温度和胚龄，给予不同的孵化温度。如果环境温度低于 20 ℃，则孵化温度可比适宜温度高 0.5～0.7 ℃；如果环境温度高于 30 ℃，则可以降低孵化温度 0.2～0.6 ℃。我国传统孵化法多采用变温孵化，水禽和比较大的家禽也多采用变温孵化。鸡的变温孵化的给温方案见表 4-2，鸭的变温孵化温度根据室温调整，具体方案见表 4-3。鸭出雏机温度设定：室温低于 21 ℃，设定 36.5～37.5 ℃；室温 21～24 ℃，设定 36.5～37.2 ℃；室温 24 ℃以上，设定 35.8～37 ℃。

表 4-2 鸡变温孵化给温方案（℃）

室温	孵化天数（d）			
	1～6	7～12	13～19	20～21
15～20	38.5	38.2	37.8	37.5
22～28	38.0	37.8	37.3	36.9

注：引自王庆民，雏鸡孵化与雌雄鉴别，1990。

表4-3 鸭变温孵化给温方案（℃）

室温	孵化天数（d）			
	1～6	7～13	14～20	21～24
低于21	38～38.4	38～38.2	37.7～37.9	37.4～37.7
21～25	37.8～38.2	37.8～38	37.5～37.7	37.2～37.5
25以上	37.5～37.9	37.5～37.7	37.2～37.4	36.9～37.2

注：大箱体孵化参考。

二、相对湿度

1. 相对湿度的重要性 相对湿度的高低影响蛋内水分散失速度。相对湿度降低，蛋内水分蒸发过快，雏鸡提前出壳，雏鸡个体就会小于正常雏鸡，容易脱水；相对湿度较大，水分蒸发过慢，延长孵化时间，个体较大且腹部较软。

2. 胚胎发育的适宜相对湿度 鸡的胚胎发育对环境的相对湿度的要求没有对温度的要求那样严格，一般40%～70%均可。立体孵化器的适宜相对湿度，孵化期（1～19 d）为50%～60%，出雏期（19～21 d）为75%。出雏期要求湿度较高的理由是水分和空气中的二氧化碳作用，使蛋壳的碳酸钙变成碳酸氢钙，使蛋壳变脆，有利于破壳出雏。适宜相对湿度只是针对中等大小的种蛋的平均值，不同大小的种蛋在相同的湿度下水分蒸发比例是不同的，应根据不同的蛋重进行必要的湿度调节（表4-4）。

表4-4 种鸡蛋大小和1～18 d失重11.5%需要的相对湿度

蛋重（g）	相对湿度（%）
52.1	55～65
54.2	52～62
56.7	50～60
59.1	47～57
61.4	45～55
63.8	42～52
66.1	40～50

由于鸭、鹅等专用孵化器的使用，鸭、鹅蛋的孵化期相对湿度50%～60%、出雏期相对湿度65%～75%即可，可以达到很好的孵化效果。

3. 温度和湿度的关系 在胚胎发育期间，温度和湿度之间有一定的相互影响。孵化前期，温度高则要求湿度低，出雏时湿度要求高则温度低。一般由于孵化器的最适宜温度范围已经确定，所以只能调节湿度。出雏器在孵化的最后两天要增加湿度，那么就必须降低温度，否则孵化率和雏鸡的质量都会产生严重的不良影响。孵化的任何阶段都必须防止同时高温和高湿。

三、通风换气

胚胎在发育过程中，不断与外界进行气体交换，吸收氧气，排出二氧化碳和水分（表4-5）。为保持正常的胚胎发育，必须供给新鲜的空气，二氧化碳浓度不超过0.5%，否则胚胎发育迟缓，死亡率增高，出现胎位不正和畸形。

表4-5 孵化期间的气体交换（每万枚鸡蛋）

孵化天数（d）	氧气吸入量（m³）	二氧化碳排出量（m³）
1	0.14	0.08
5	0.33	0.16
10	1.06	0.53
15	6.36	3.22
18	8.40	4.31
21	12.71	6.64

注：引自王庆民，雏鸡孵化与雌雄鉴别，1990。

氧气含量为21%时孵化率最高，每减少1%，孵化率下降5%。氧气含量过高孵化率也降低，每增加1%，孵化率下降1%左右，一般情况下不会氧气含量过高。高原地区容易缺氧，海拔超过1500 m就会对孵化率有明显影响，需要补充氧气才能改善。新鲜空气中的二氧化碳含量为0.03%～0.04%，只要孵化器通风设计合理，运转操作正常，孵化室空气新鲜，一般二氧化碳不会过高。通风不要过度，过度通风不利于保持温度和相应的湿度。

胚胎发育过程中，与外界的气体交换随着胚龄的增加而加强，尤其在19 d以后，鸡胚开始用肺呼吸，其耗氧更多。胚胎自身的产热量也随着胚龄的增加成比例增加，尤其孵化后期胚胎代谢更加旺盛，产热更多，这些热量必须散发出去，否则会造成温度过高，烧死胚胎或影响其正常发育。孵化器内的均温风扇，不仅可以提供胚胎发育所需要的氧气，排出二氧化碳，而且还起到均匀温度和散热的功能。

孵化器的空气进入量靠风门大小调节，鸡蛋孵化的前10 d需要量很少可以不开风门，冬季利于孵化器的升温和保温，夏季可以提前到5 d开启风门，之后逐渐由小到大开启风门。鸭蛋孵化风门在10 d左右开启，开度由小逐步变大，二氧化碳监测由高到低。孵化机风门大小设置按照逐渐增大的原则，孵化第1～7天风门设置为2，孵化第8～21天风门设置为5，孵化第22～25天风门设置为8。

四、转　蛋

1. 转蛋的重要性　转蛋也称翻蛋。刚产下禽蛋的卵黄由于密度较大和系带的固定而停留在蛋白中间，但是入孵后卵黄因系带溶解和密度下降而从内稀蛋白中上升，漂浮在上面，如果不转动禽蛋，卵黄就会同外层浓蛋白相接触，发生粘连，造成胚胎死亡。转蛋的目的是改变胚胎方位，防止胚胎粘连，使胚胎各部分均匀受热，促进羊膜运动。

2. 种蛋放置位置方向　人工孵化时种蛋的大头应高于小头，但是不一定垂直，正常情况下雏鸡的头部在蛋的大头部位近气室的地方发育，并且发育中的胚胎会使其头部定位于最高位置，如果蛋的大头高于小头，那么上述过程较容易完成。相反如果蛋的小头位置较高，那么约有60%的胚胎头部在小头发育，雏鸡在出壳时，其喙部不能进入气室进行肺呼吸。

3. 转蛋次数、角度和时间　多数自动孵化器设定的转蛋次数：1～18 d为每2 h一次，每天12次。每天转蛋6～8次对孵化率无影响。鸡蛋19～21 d为出雏期，鸭蛋25～28 d为出雏期，鹅蛋27～31 d为出雏期，在此期间不需要转蛋。转蛋的角度应与垂直线成45°角位置（鸭、鹅，特别是鹅应加大翻蛋角度），然后反向转至对侧的同一位置，转动角度较小不能起到转蛋的效果，太大会使尿囊破裂从而造成胚胎死亡。

第三节 孵化场和孵化设备

一、孵化场的建筑设计原则

（一）孵化场规模的确定

孵化场的规模大小应根据种禽饲养量和市场情况、预计每年需要孵化的种蛋数、提供的雏禽量，尤其是集中供雏的季节需要提供的雏禽的数量确定，确定孵化批次、入孵种蛋量、每批间隔天数等与供雏有关的事项。在此基础上确定孵化室、出雏室及附属房屋的面积，确定孵化器的类型、尺寸、数量。一般孵化器和出雏器数量或容蛋量的比例为 4：1 较为合理。例如鸡蛋容量 10 万枚的孵化室，使用 19200 型孵化器，可以有 4 台入孵器、1 台出雏器，每 4 d 入孵一批，17～19 d 转到出雏器，每月可以孵化 7 批种蛋，按入孵蛋 85％出雏率计算，可以出母雏5.7 万只。

（二）场址的选择

孵化场应建立在交通相对便利的地方，以方便种蛋和雏禽的运输，但又要远离交通干线、居民区、畜禽场，以免污染环境和被污染。如果是作为种鸡场的附属孵化场，应建在鸡场的下风向，并保持适当距离，有独立的出入口。另外，孵化场的电力供应有保障，还必须配备发电机。

（三）孵化场的工艺流程

孵化场的建筑设计应遵循入孵种蛋由一端进入，雏禽由另一端出去，如图 4-5 所示。一般的流程是"种蛋接收/处置→种蛋消毒→种蛋储存→分级码盘→孵化→落盘→出雏→鉴别、分级、免疫→雏禽存放→外运"。小型孵化场可采用长条形布局，大型孵化场为了提高建筑物的利用率，在各室安排时应以孵化室和出雏室为中心，缩短种蛋的移动路程，减少职工在各室之间的来往。

（四）孵化场的建筑要求

孵化室的墙壁、地面、天花板应选用防水、防潮、便于冲洗且耐腐蚀的材料，墙壁采用混凝土磨面，用防水涂料将表面涂光滑。天花板至地面的高度一般为 3.2 m 以上，天花板的材料最好用防水的压制木板或金属板，天花板上面使用隔热材料。门要求高度 2.4 m 以上，宽 1.5 m以上，以利于运输车进出。门的密封性能要好。地面用混凝土浇筑，并用钢筋镶嵌防止开裂，水磨石和地胶都可以用来铺设地面，地面要平整，且有一定的坡度，使冲洗的水流进下水道。

孵化场必须安装通风换气系统，目的是供给氧气，排除废气和驱散余热，保持室温在 25 ℃左右。

二、孵化场的设备

孵化场除了孵化器外，还需要多种配套设备。

（一）水处理设备

孵化场用水需要进行分析。如果水的硬度较大，含泥沙较多，矿物质和泥沙会沉积于湿度控制器及喷嘴处，很快就使其无法运转。阀门也会因此而关闭不严并发生漏水。因此，孵化场用水必须进行软化处理和安装过滤器。

（二）运输设备

为了尽量减少蛋箱、蛋盘和雏禽运输等在场内的人工搬运，提高工作效率，孵化场经常使

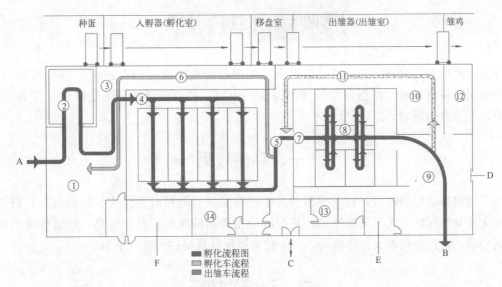

图 4-5　孵化场工艺流程

A. 种蛋入口　B. 雏鸡出口　C. 工作人员入口　D. 废弃物出口　E. 淋浴更衣室　F. 餐厅

1. 种蛋处置室　2. 种蛋储存室　3. 种蛋消毒室　4. 孵化室入口　5. 移盘室　6. 清洁孵化盘（车）室

7. 出雏室入口　8. 出雏室　9. 雏鸡处置室　10. 洗涤室　11. 清洁出雏盘（车）室　12. 雏盒室

13. 办公室（内部）　14. 技术室

（改绘自王庆民，雏鸡孵化与雌雄鉴别，1990）

用各种类型的小车以便于搬运，常用的有四轮车、半升降车、集蛋盘、输送机等。雏鸡运输车也是孵化场必备的设备，雏鸡运输车要求能控制温度和通风，雏鸡盒摆放合理，安装北斗定位导航系统。

（三）种蛋分级和洗蛋设备

种蛋按大小分级进行孵化可以提高孵化效果，提高雏禽体重均匀度。大型孵化场种蛋在入孵前都按大小进行分级。孵化场为了提高生产效率，经常使用真空吸蛋器、移蛋器、种蛋分级器、蛋盘、出雏筐清洗机等设备。

（四）孵化设备

目前主要有箱体机和巷道机两种。根据孵化阶段又分为孵化器和出雏器。孵化器负责 1～17 d（最多到 19 d）的孵化任务，有可以转蛋的蛋架车。出雏器内置盛放胚蛋和雏鸡的孵化筐，没有转蛋结构。孵化设备的质量要求是温差小、控温和控湿精确、孵化效果好、安全可靠、便于操作管理、故障少、便于维修和服务质量好。

箱体式孵化器和出雏器容蛋量可达几百枚到十几万枚，容蛋量超过 5 万枚的通常称为大箱体。箱体机适用于每年多批次孵化的孵化场，一个箱体孵化完成可以彻底消毒。孵化场根据孵化规模选择合适大小的孵化机。

巷道式孵化器专为大型孵化场而设计，尤其孵化商品肉鸡雏的孵化场孵化量很大，使用巷道式孵化器可以节省设备和能源。巷道或孵化器每 4 d 入孵一次，孵化箱内有 4 个胚龄的种蛋，大胚龄的种蛋自身产的热量供小胚龄的胚蛋保温，因此节省能源。但是由于巷道式孵化器是连续孵化的，对种蛋和孵化箱的卫生要求更加严格，因此增加了管理成本。巷道式孵化器和配套的出雏器，分别放置在孵化室和出雏室，孵化器容蛋量达 8 万～16 万枚，也可以更大，出雏器是一般的箱体形式，容蛋量为 1.3 万～2.7 万枚。

另外孵化场还根据需要配备清洗机、雌雄鉴别台、照蛋器、疫苗注射器等设备。

第四节 种蛋的管理

种蛋收集后需要进行筛选，经过消毒后才能进行孵化，有时还要进行运输和短期的储存。种蛋的质量受种禽质量、种蛋保存条件等因素的影响，种蛋质量的好坏会影响种蛋的受精率、孵化率以及雏禽的质量。

一、种禽质量

为了提供高质量的种蛋，首先要求种禽生产性能高、饲料营养全面、管理良好、种蛋受精率高和无传染性疾病，尤其要杜绝或严格控制经蛋传播的疾病。对于种鸡，经蛋传播的疾病主要有鸡白痢、禽白血病和支原体病等。关于种禽质量管理见后面相应章节。

二、种蛋的选择

1. 清洁度 被粪便等污染的种蛋不仅自身的孵化效果较差，还会污染其他正常的种蛋和整个孵化器，增加死胚和腐败蛋，导致孵化率降低和雏禽质量下降，应予以剔除。

2. 蛋的大小 大蛋和小蛋的孵化效果均不如正常的种蛋。对同一品系（品种）同一日龄的鸡群，所产蛋的大小越接近一致，种蛋合格率越高，也说明鸡群的选育程度较高，饲养管理也越好。大蛋的孵化时间较长，而小蛋的孵化时间又较短，雏鸡质量都不太好，都不宜作种蛋。鸡群刚开产时主要产小蛋，这时的大蛋几乎都是双黄蛋，鸡的产蛋率正处于上升阶段，受精率较低，孵出的雏鸡也很小、很弱，饲养成活率很低。

3. 蛋形 接近卵圆形的种蛋孵化效果最好，蛋形指数要求在 1.20～1.58。蛋形指数是蛋长轴与短轴的比值。选种蛋时剔除细长、短圆、枣核状、腰凸状等不合格的蛋。蛋壳有皱纹、砂皮的都属于缺陷，不能作种蛋。

4. 蛋壳颜色 不同的品种蛋壳颜色不同，但是必须要求种蛋符合本品种特征。对于褐壳蛋鸡或其他选择程度较低的家禽，蛋壳颜色一致性较差，留种蛋时不一定苛求蛋壳颜色完全一致。然而对于由于疾病或饲料营养等因素造成的蛋壳颜色突然变浅应重视，如确系该原因造成的应暂停留种蛋。

5. 蛋壳厚度 良好的蛋壳（鸡蛋壳厚度 0.35 mm 左右）不仅破损率低，而且能有效减少细菌的穿透数量，孵化效果好。蛋壳过厚，孵化时蛋内水分蒸发慢，出雏困难；蛋壳太薄，不仅易破，而且蛋内水分蒸发过快，细菌易穿透，不利于胚胎发育。蛋壳厚度通过红外蛋壳厚度测定仪测定，也可以通过盐水测密度大致了解。表 4-6 显示了蛋壳厚度和细菌侵入的情况。

表 4-6 蛋壳厚度和细菌侵入情况

蛋的相对密度	蛋壳厚度（mm）	被细菌侵入的蛋比例（%）		
		30 min	60 min	24 h
1.070	0.32	33	41	54
1.080	0.34	18	25	27
1.090	0.36	11	16	21

6. 内部质量 裂纹蛋，气室破裂、气室不正、气室过大的陈蛋以及大血斑蛋孵化率也低，

在筛选种蛋时需要剔除。

有些性状不能通过外观直接看到，但是又不可能全部进行检查，只能进行抽测。通过测密度和哈氏单位可以了解种蛋的新鲜程度。存放时间长的种蛋密度较低，且哈氏单位因蛋白黏度的降低而降低。通过照蛋检查裂纹蛋，裂纹蛋经过冷库储存 1 d 后从外观上就可以看出来，或者通过几个鸡蛋的轻微碰击也能听出来。暗斑蛋和雀斑蛋不影响孵化率。

7. 种蛋选择的次数和场所　一般情况下种蛋在禽舍内经过初选，剔除破蛋、脏蛋和明显畸形的蛋，然后在入蛋库保存前或进孵化室之后再进行第二次选择，剔除不适合孵化用的禽蛋。

三、种蛋的消毒

种蛋从产出到入库或入孵前，会受到泄殖腔排泄物不同程度的污染，在禽舍内受空气、设备等环境污染，因此其表面附着了许多细菌。虽然禽蛋有数层保护结构，但仅能部分阻止细菌侵入。随着时间的推移，细菌数量迅速增加。细菌进入禽蛋内后会迅速繁殖，有时在孵化器内爆裂，污染整个孵化器，对孵化率和雏禽健康有很大影响，因此种蛋应进行认真消毒。

(一) 种蛋消毒时间

为了减少细菌穿透蛋壳的数量，种蛋产下后应马上进行第一次消毒。种禽场应尽量做到每天多收集几次种蛋，收集后马上进行消毒。种蛋入孵后，可在孵化器内进行第二次熏蒸消毒。种蛋落盘后在出雏器进行第三次熏蒸消毒。

(二) 消毒方法

种蛋消毒的方法有很多种，在生产中经常使用的是一些操作简单而且能在鸡蛋产下后迅速采取的方法。

1. 甲醛熏蒸　福尔马林（含 40% 甲醛溶液）和高锰酸钾按一定比例混合后产生的气体，可以迅速有效地杀死病原体。第一次种蛋消毒通常用的浓度为每立方米空间用 42 mL 福尔马林加 21 g 高锰酸钾，熏蒸 20 min，可杀死 95%～98.5% 的病原体；第二次在孵化器内消毒，用的浓度为每立方米 28 mL 福尔马林加 14 g 高锰酸钾；雏鸡熏蒸消毒时浓度再减半，用 14 mL 福尔马林加 7 g 高锰酸钾。甲醛熏蒸要注意安全，防止药液溅到人身上和眼睛里，消毒人员应戴防毒面具，防止甲醛气体吸入人体内。也经常用戊二醛来代替甲醛进行种蛋熏蒸消毒，安全性更好一些。

2. 二氧化氯喷雾　种蛋收集后放在蛋盘中用 80 mg/L 的二氧化氯喷雾消毒效果很好，但是种蛋必须晾干后才能保存。

3. 臭氧消毒　把种蛋放在密闭的房间或箱体内，当臭氧浓度达到 0.01% 时有良好的杀菌力。但消毒时间长是这种消毒方法的一个缺点。

4. 过氧乙酸熏蒸　每立方米用 16% 的过氧乙酸溶液 50 mL、高锰酸钾 5 g，熏蒸 15 min，可快速、有效杀死大部分病原体。过氧乙酸的腐蚀性较强，而且高温易引起爆炸，需特别注意。

5. 杀菌剂浸泡洗蛋　大型种禽场可采用机械化洗蛋机对种蛋进行有效的清洗，洗蛋液中可加入特制的杀菌剂，洗蛋后使用次氯酸溶液进行漂洗。洗蛋过程中容易破坏蛋壳的胶质层，所以一般用于入孵前消毒。清洗消毒的水温保持 40.5～43.3 ℃，蛋内胚胎温度不能被加热到 37.2 ℃。

种蛋消完毒后应马上存放到蛋库中保存或入孵，防止再次被细菌污染。

四、种蛋的储存

(一) 种蛋储存的适宜温度

对鸡而言，虽然种蛋孵化的适宜温度为 37.8 ℃，但是胚胎发育的生理零度为 23.9 ℃，超过这个温度胚胎就开始发育，低于这个温度胚胎就停止发育。种蛋产出前就已经是发育了的多细胞胚胎，产出体外后会暂时停止发育，如果环境温度忽高忽低，使胚胎数次发育又数次停止，胚胎就会死亡或活力减弱。种蛋产下后应使其温度降至低于胚胎发育的阈值温度，一直保持到种蛋入孵前为止。

如果种蛋要储存 1 周之内，则要求种蛋库的储存温度是 15～18 ℃；如果种蛋要储存 1 周以上，则要求蛋库的储存温度更低，在 10～12 ℃孵化的效果才受影响最小。种蛋储存期间应保持温度的相对恒定，最忌温度忽高忽低。

鸡蛋蛋白的凝结点为 -0.5 ℃，冬季鸡舍的温度低于 0 ℃很容易造成种蛋受冻，造成表观受精率降低和孵化率降低，雏鸡质量下降。

（二）种蛋储存的适宜相对湿度

种蛋储存期间蛋内水分通过气孔不断蒸发，蒸发的速度与周围环境湿度有关，环境湿度越高蛋内水分蒸发越慢。如果湿度过大，会使盛放种蛋的纸蛋托和纸箱吸水变软，有时还会发霉。种蛋库的相对湿度 75%～80%，即可大大减慢蛋内水分的蒸发速度，同时又不会因湿度过大使蛋箱损坏。

（三）种蛋储存时间

从表 4-7 可以看出，在 15.0～18.0 ℃的储存条件下，种蛋储存 5 d 之内对孵化率和雏鸡质量无明显影响，但是超过 7 d 孵化率会有明显下降，超过 2 周的种蛋孵化的价值就不大了。如果要储存 2 周以上，需要进一步降低种蛋储存的温度，而且孵化率也会明显降低。

表 4-7　种蛋储存时间对孵化率的影响

	储存天数（d）								
	1	4	7	10	13	16	19	22	29
受精蛋孵化率（%）	94	93	90	80	70	60	40	26	0

注：引自王庆民，雏鸡孵化与雌雄鉴别，1990。

即使种蛋储存条件很好，经过储存的种蛋受精率和孵化率也会随储存时间的延长而降低。随着种蛋储存时间的延长，孵化时间延长，种蛋每多储存 1 d，孵化时间延长 0.5～1 h，而且雏鸡的质量也降低。

如果种蛋需要储存较长时间，可将种蛋装在不透气的塑料袋内，充满氮气后储存，这样可以减少袋内氧气含量，阻止蛋内物质和微生物的代谢，防止蛋内水分蒸发，减少孵化率降低幅度。据研究用这种方法储存 21 d 的种蛋，孵化率仍能达到 75%～80%。

（四）种蛋储存期间的其他注意事项

1. 种蛋放置的位置　一般要求种蛋在储存期间大头向上、小头向下，这样有利于种蛋存放和孵化时的种蛋码放和处理。

2. 转蛋　如果种蛋储存时间不超过 1 周，在储存期间不用转蛋。如果种蛋储存 2 周时间，在储存期间需要每天将种蛋翻转 90°，以防止系带松弛、卵黄贴壳，减少孵化率的降低程度。

3. 种蛋上的水汽凝结　当种蛋由种蛋库移出运到码盘室时，由于码盘室的温度较高，水蒸气会凝集到蛋壳上，形成水滴，俗称"冒汗"。种蛋"冒汗"不仅不利于操作，而且种蛋容易受细菌污染，要尽快加大通风量以消除水汽。注意不要用甲醛熏蒸有水汽的种蛋。

五、种蛋的运输

种蛋长途运输要有专门的包装，一般用纸箱包装，每箱 300～420 个。运输工具可以选择汽车、火车或飞机，要保障运输途中不受热、不受冻、不被雨淋，还要防止破损，在包装箱上标注相应的标志。冬季向寒冷地区运送种蛋，可以先把种蛋套上一层塑料膜，这样可以抵抗－20 ℃的低温。

第五节 孵化管理技术

一、孵化前的准备

1. 孵化室消毒 为了保证雏禽不受病原体感染，孵化室的地面、墙壁、天棚均应彻底消毒。孵化器内部清洗后用福尔马林熏蒸，也可用消毒液喷雾消毒或擦拭。蛋盘和出雏盘往往粘连蛋壳或粪便，应彻底浸泡清洗，然后用消毒液消毒。

2. 设备检修 为避免孵化中途发生事故，孵化前应做好孵化器的检修工作。电热、风扇、电动机的效力，孵化器的密闭程度，温度、湿度、通风和转蛋等自动化控制系统，温度计的准确性等均要检修或校正。

3. 种蛋预热 入孵之前应先将种蛋由冷的储存室移至22～25 ℃的室内预热6～12 h，可以除去蛋表面的冷凝水，使孵化器升温快，对提高孵化率有好处。

4. 种蛋消毒 入孵前对种蛋进行消毒，消毒方法见本章第四节。

二、孵化期的操作管理技术

1. 入孵 一切准备就绪以后，即可码盘孵化。码盘就是将种蛋码放到孵化盘上。入孵的方法依孵化器的规格而异，尽量整进整出。

2. 孵化器的管理 立体孵化器由于构造已经自动化，机械的管理非常简单。主要注意温度的变化，观察控制系统的灵敏程度，遇有失灵情况及时采取措施。应经常留意机件的运转情况，如电动机是否发热、机内有无异常的声响等。

孵化器和孵化室的温度、湿度、通风情况也应经常记录、观察，智能孵化器有自动记录系统，但需注意对温度计的校准。

孵化器的风门大小控制通风量，箱体式孵化器前5 d风门关闭，冬季前10 d风门都可以关闭，有利于升温和保温，之后风门逐渐加大，到出雏期风门开到最大。

3. 凉蛋 孵化后期胚胎散热较快，热量散发不出去就会造成孵化器内温度升高，需要将种蛋从孵化器移出或将孵化器的门打开，使种蛋降温。现在的自动孵化器设计有足够的散热系统，鸡蛋孵化一般不需要凉蛋。

传统孵化缺少有效的散热系统，有时需要凉蛋。鸭和鹅等种蛋具有产热特性，使用鸡蛋孵化器孵化后期需要凉蛋。凉蛋的方法是18 d开始每天凉蛋2～3次，每次20～30 min。由于孵化技术、设备改进，目前大箱体鸭蛋、鹅蛋专用孵化器由于空间较大、排风散热功能强，已经不需要凉蛋过程，同样可以达到很高的孵化水平。

4. 照蛋 孵化期内一般照蛋1～2次，目的是及时验出无精蛋和死精蛋，并观察胚胎发育情况。第一次照蛋白壳鸡蛋在6 d左右，褐壳鸡蛋在10 d左右，第二次照蛋在落盘时进行，采用巷道式孵化器一般在落盘时照蛋一次。鸭蛋孵化一般在第8天开始第一次照蛋。

5. 落盘 鸡蛋在孵化第19天或1‰种蛋轻微啄壳时进行落盘，将孵化器蛋架上的蛋移入出雏器的出雏筐中，此后停止翻蛋。落盘也称移蛋或移盘。鸭蛋一般在25 d落盘。落盘时可进行照蛋，以观察胚胎发育情况。落盘以后，出雏器的温度应调低到36.7 ℃左右，相对湿度调高到75%左右。

三、出雏期的操作管理技术

胚胎发育正常时，胚蛋落盘当时就有少量破壳，满 20 d 就开始出雏。此时应关闭出雏器内的照明灯，以免雏鸡趋光挤压影响出雏。出雏期间视出壳情况，捡出一次空蛋壳和绒毛已干的雏鸡，以利于继续出雏，但不可经常打开机门。出雏期如气候干燥，孵化室地面应经常洒水以利于保持机内足够的湿度。现在孵化雏鸡一般都是一次性捡雏，孵化鸭、鹅等家禽需要多次捡雏，每次捡雏后还要喷温热水增加湿度。

出雏结束以后，应抽出水盘和出雏盘，清理孵化器的底部，出雏盘、水盘要彻底清洗、消毒和晒干，准备下次出雏用。

捡出的雏鸡经雌雄鉴别、断喙和注射马立克病疫苗后放在分隔的雏鸡盒内，其他雏禽也免疫相应的疫苗，如鸭肝炎疫苗。然后置于 22～25 ℃ 的暗室中，使雏鸡充分休息，准备接运。

四、停电时的措施

大型孵化场应自备发电机。停电时使室内温度达到 37 ℃ 左右，孵化超过 10 d 的机器打开全部机门，每隔 30 min 或 1 h 转蛋一次，保证上下部温度均匀。同时在地面上喷洒热水，以调节湿度。必须注意，停电时不可立即关闭通风孔，以免机内上部的蛋因热而遭损失。非寒冷季节如为临时停电而不超过 1 h，则不必加温。

五、孵化记录

每次孵化应将上孵日期、品种、蛋数、种蛋来源、照蛋情况、孵化结果、孵化期内的温度变化等记录下来，以便统计孵化成绩或做总结工作时参考。孵化场可根据需要按照上述项目需要自行编制记录表格。此外，应编制孵化日程表，以利于工作。

六、雏禽运输

雏禽运输使用专门的包装盒，一般每盒分为 4 个小格，每格放雏禽 20～25 只，每盒 80～100 只。要根据气温情况确定每格放置的数量，夏季要少放，避免雏禽热死。

运输雏禽要选择专用车辆，能够保持车厢温度恒定和适当的通风。夏季尽量晚上出发凌晨到达，避免白天高温和堵车。车辆安装 GPS 系统，可随时掌握车辆的行驶情况。

提前通知接雏的客户，做好接雏准备。雏禽到达后，马上卸下，放于育雏舍，充分休息后放于育雏笼，并提前准备好清洁的饮水。

第六节 孵化效果的检查和分析

一、衡量孵化效果的指标

1. 受精率（％）　指受精蛋数（包括死精蛋和活胚蛋）占入孵蛋的百分比。鸡的种蛋受精率一般在 90％ 以上，高水平可达 98％ 以上。

2. 死精率（％）　通常统计头照（白壳蛋 6 胚龄，褐壳蛋 10 胚龄）时的死精蛋数占受精蛋的百分比，正常水平应低于 2.5%。

3. 受精蛋孵化率（%） 指出壳雏禽数占受精蛋的百分比，统计雏禽数应包括健雏、弱雏、残雏和死雏。一般鸡的受精蛋孵化率可达 90% 以上。此项是衡量孵化场孵化效果的主要指标。

4. 入孵蛋孵化率（%） 出壳雏禽数占入孵蛋的百分比，高水平达到 87% 以上。该项反映种禽场和孵化场的综合水平。

5. 健雏率（%） 指健雏占总出雏数的百分比。高水平应达 98% 以上。

6. 死胎率（%） 指死胎蛋占受精蛋的百分比。死胎蛋一般指出雏结束后扫盘时未出壳的胚蛋。

除上述几项指标外，为了更好反映经济效益，还可以统计受精蛋健雏孵化率、入孵蛋健雏孵化率、蛋母雏比、种母鸡提供健雏数等。

二、孵化效果的检查

通过照蛋、出雏观察和死胎的病理解剖，并结合种蛋品质以及孵化条件等综合分析，查明影响孵化率的原因，做出客观判断。并以此作为改善种禽饲养管理和调整孵化条件的依据，这项工作是提高孵化率的重要措施之一。

（一）照蛋

1. 照蛋的目的和时间 照蛋就是用照蛋灯透视胚胎发育情况，并以此作为调整孵化条件的依据。一般整个孵化期照蛋 1～2 次，白壳鸡蛋头照在孵化 6 d 左右（5 胚龄），褐壳鸡蛋 10 d 左右头照，19 d 落盘时二照，中间可以抽检（表 4-8）。孵化率高又稳定的孵化场和巷道式孵化器，一般在整个孵化期中仅在落盘时照一次蛋。

表 4-8 照蛋胚龄及其胚胎发育特征

照蛋	孵化天数（d）			胚胎发育特征
	鸡	鸭、火鸡	鹅	
头照	6（白壳）	7～8	7～8	"黑眼"
	10（褐壳）			"合拢"
二照	19	25～26	28	"闪毛"

头照挑出无精蛋和死精蛋，特别是观察胚胎发育是否正常。抽验仅抽查孵化器中不同点的胚蛋发育情况。二照在落盘时进行，挑出死胎蛋。一般头照和抽验作为调整孵化条件的参考，二照作为掌握落盘时间和控制出雏环境的参考。

2. 各种胚蛋的判别

（1）正常的活胚蛋：剖视新鲜的受精蛋，肉眼可以看到卵黄上有一中心透明带、周围浅暗的圆形胚盘，有明显的明暗之分。白壳蛋头照时，正常的活胚蛋可以明显地看到黑色眼点，血管呈放射状且清晰，蛋色暗红。白壳蛋 10 胚龄抽检时尿囊绒毛膜合拢，整个蛋除气室外布满血管。二照时气室向一侧倾斜，有黑影闪动，胚蛋暗黑。

（2）弱胚蛋：头照胚体小，黑眼点不明显，血管纤细且模糊不清，或看不到胚体和黑眼点，仅仅看到气室下缘有一定数量的纤细血管。抽验时胚蛋小头未合拢，呈淡白色。二照时气室比正常的胚蛋小，且边缘不齐，可看到红色血管。因胚蛋小头仍有少量蛋白，所以照蛋时胚蛋小头浅白发亮。

（3）无精蛋：俗称"白蛋"，头照时蛋色浅黄发亮，看不到血管或胚胎，气室不明显，卵黄影子隐约可见。

（4）死精蛋：俗称"血蛋"，头照时可见黑色血环贴在蛋壳上，有时可见死胎的黑点静止不动，蛋色透明。

（5）死胎：二照时气室小且不倾斜，边缘模糊，颜色粉红、淡灰或黑暗，胚胎不动。

另外还有破蛋和腐败蛋需要在照蛋时剔除。

（二）孵化期间的失重

种蛋在孵化期间由于水分的蒸发需要失去一定的重量。失重过多或不足对孵化率和雏鸡质量都有一定的影响，一般 1～19 d 失重 11.5%，雏鸡出壳体重是种蛋重的 2/3 左右。其他家禽的出壳体重占蛋重的比例和鸡差不多。

（三）出雏期间的观察

1. 出雏的持续时间 孵化正常时，出雏时间较一致，有明显出雏高峰，雏鸡一般 21 d 全部出齐；孵化不正常时无明显的出雏高峰，出雏持续时间长，死胚蛋较多，至第 22 天仍有不少未破壳的胚蛋。

2. 初生雏观察 主要观察绒毛、脐部愈合、精神状态和体形等。

（1）健雏：发育正常的雏鸡体格健壮，精神活泼，体重合适，卵黄吸收腹内；脐部愈合良好、干燥、无黑斑；绒毛干燥、有光泽、长度合适；雏鸡站立稳健，叫声洪亮。

（2）弱雏：腹部潮湿发青，脐带愈合不良，绒毛污乱、无光泽，肚大或干瘪，手握无弹性，精神不振，叫声无力或尖叫呈痛苦状，反应迟钝。

（3）残雏、畸形雏：脐部开口并流血，卵黄外露，腹部残缺，喙交叉或过度弯曲，眼瞎脖歪，绒毛稀疏焦黄。

（四）死雏和死胎外表观察及病理解剖

种蛋品质差或孵化条件不良时，除了孵化率低之外，死雏和死胎一般表现出病理变化。通过对死胎、死雏的外表观察和解剖，可以及时了解造成孵化效果不良的原因。检查时注意观察啄壳情况，然后打开胚蛋，确定死亡时间。观察皮肤、绒毛生长、内脏、腹腔、卵黄囊、尿囊等有何病理变化，胎位是否正常，初步判断死亡原因。

（五）死雏和死胎的微生物检查

定期抽验死雏、死胎及胎粪、绒毛等，做微生物检查。当种鸡群有疫情或种蛋来源较混杂或孵化效果较差时尤应取样化验，以便确定疾病的性质及特点。

三、孵化效果的分析

（一）胚胎死亡原因的分析

1. 孵化期胚胎死亡的分布规律 胚胎死亡在整个孵化期不是平均分布的，而是存在着两个死亡高峰（图 4-6）。第一个高峰出现在孵化前期，鸡胚在孵化第 3～5 天；第二个高峰出现在孵化后期（第 18 天后）。第一个高峰死胚率约占全部死胚数的 15%，第二个高峰约占 50%。对高孵化率鸡群来讲，鸡胚多死于第二个高峰，而低孵化率鸡群第一、二个高峰的死亡率大至相似。

2. 胚胎死亡高峰的一般原因 第一个死亡高峰正是胚胎生长迅速、形态变化显著时期，各种胎膜相继形成而作用尚未完善。胚胎对外界环境的变化是很敏感的，稍有不适胚胎发育便受阻，以至夭折。种蛋储存不当，降低胚胎活力，也会造成胚胎此时死亡。另外，种蛋储存期用过量甲醛熏蒸就会增加第一个高峰死亡率，维生素 A 缺乏会在这一时期造成重大影响。第二个死亡高峰正处于胚胎从尿囊绒毛膜呼吸过渡到肺呼吸时期。胚胎生理变化剧烈，需氧量剧增，其自温产热猛增。传染性胚胎病的威胁更突出，对孵化环境要求高，若通风换气、散热不好，势必有一部分本来较弱的胚胎死亡。另外，由于蛋的位置不是大头向上，也会使雏鸡因姿势异常而不能出壳。

孵化率高低受内部和外部两方面因素的影响。影响胚胎发育的内部因素是种蛋内部品质，它们是由遗传和饲养管理所决定的，种禽有病吃药或者饲喂有毒素的饲料都会造成孵化率降低和雏禽质量差。外部因素包括入孵前的环境（种蛋保存）和孵化中的环境（孵化条件）。内部因素对第一死亡高峰影响大，外部因素对第二死亡高峰影响大（图 4-6）。

（二）影响孵化效果的因素

影响孵化效果的三大因素是种禽质量、种蛋管理和孵化条件。种禽质量和种蛋管理决定入孵前的种蛋质量，是提高孵化率的前提。只有入孵来自优良种禽、供给营养全面的饲料、精心管理的健康种禽的种蛋，并且种蛋管理得当，孵化技术才有用武之地（图 4-7），在实际生产中种禽饲料营养和孵化技术对孵化效果的影响较大。

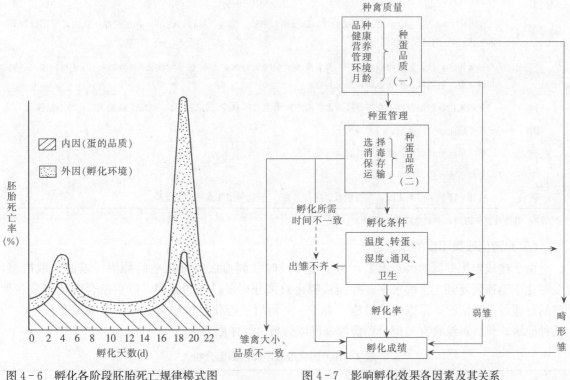

图 4-6　孵化各阶段胚胎死亡规律模式图　　　　图 4-7　影响孵化效果各因素及其关系

（引自邱祥聘等，养禽学，3 版，1994）

营养缺乏或毒素既影响产蛋率，又影响孵化率（表 4-9），影响的程度随营养缺乏程度或毒素的含量而变化。但是有一点可以区分到底是营养缺乏造成的影响还是其他原因造成的影响，这就是营养缺乏造成的影响往往来得慢，但是持续时间长，而孵化技术或疾病造成的影响一般是突发性的，采取措施后可以较快恢复。

表 4-9　营养缺乏对孵化率的影响

营养成分	缺乏症状
维生素 A	血液循环系统障碍，孵化 48 h 发生死亡，肾、眼和骨骼异常，未能发生正常的血管系统
维生素 D_3	在孵化的 18～19 d 时发生死亡，骨骼异常突起；造成蛋壳中缺钙以致雏鸡发育不良和软骨
维生素 E	由于血液循环障碍及出血，在孵化的 84～96 h 发生早期死亡现象，渗出性素质症（水肿），伴有 1～3 d 期间高死亡率，单眼或双眼突出
维生素 K	在孵化 18 d 至出雏期间因各种不明原因出血产生死亡现象；出血及胚胎和胚外血管中有血凝块
硫胺素	应激情况下发生死亡，除了存活者表现神经炎外，其他无明显症状
核黄素	在孵化的 60 h、14 d 及 20 d 时死亡严重，雏鸡水肿、绒毛结节，随缺乏程度加深更为严重

（续）

营养成分	缺乏症状
烟酸	胚胎可以从色氨酸合成足够的烟酸，当有颉颃剂存在时骨和喙发生异常
生物素	在孵化的 19～21 d 发生较高死亡，胚胎呈鹦鹉嘴，软骨营养障碍及骨骼异常等；长骨短缩，腿骨、翼骨和颅骨缩短并扭曲；第三、第四趾间有蹼，鹦鹉喙。1～7 d 和 18～21 d 大量死亡
泛酸	在孵化第 14 天出现死亡，各种皮下出血及水肿等，长羽异常，未出壳胚胎皮下出血
吡哆醇	当使用抗维生素制剂时发生胚胎早期死亡
叶酸	在孵化 20 d 左右发生死亡，死胎表现似乎正常但颈骨弯曲，并趾及下颌骨异常，孵化 16～18 d 发生循环系统异常等；同生物素缺乏时相似，同时 18～21 d 死亡率高
维生素 B_{12}	在孵化 20 d 左右发生死亡，出现短喙、腿萎缩、水肿、出血，器官脂化，头夹在股部，肌肉发育不良等异常形状；8～14 d 死亡率高
锰	突然死亡，软骨营养障碍，侏儒、长骨变短、头畸形、水肿及羽毛异常和突起等；18～21 d 死亡率高、翼和腿变短、鹦鹉喙、生长迟滞、绒毛异常
锌	突然死亡，股部发育不全，脊柱弯曲，眼、趾等发育不良等，骨骼异常，可能无翼和无腿，绒毛呈簇状
铜	在早期血胚阶段死亡，但无畸形
碘	孵化时间延长，甲状腺缩小，腹部收缩不全
铁	低红细胞压积，低血红蛋白
硒	孵化率降低，皮下积液，渗出性素质症（水肿），孵化早期胚胎死亡率较高

注：引自马克·诺斯，养鸡生产指导手册，1989。

（三）孵化效果不良的原因分析

由于造成孵化率低的因素很多，为了能够及时找到造成这种现象的原因，以便采取措施，使孵化率迅速恢复到正常的水平，必须从孵化效果分析出具体的原因，然后结合孵化记录和种鸡的健康及产蛋情况，采取有效措施。表 4－10 给出了孵化过程中常见的不良现象和极可能的几种原因，然后再结合有关记录和检验就可以分析出具体原因。

表 4－10　孵化效果不良的原因分析

不良现象	可能的原因
蛋爆裂	蛋脏，被细菌污染；孵化器内脏
照蛋时清亮	未受精；甲醛熏蒸过度或储存时间过长，胚胎入孵前就已死亡
胚胎死于 2～4 d	种蛋储存太长；种蛋被剧烈震动；孵化温度过高或过低；种鸡染病
蛋上有血环，胚胎死于 7～14 d	种鸡日粮不当；种鸡染病；孵化器内温度过高或过低；供电故障，转蛋不当；通风不良，二氧化碳浓度过量
气室过小	种鸡日粮不当；蛋大；孵化湿度过高
气室过大	蛋小；孵化 1～19 d 湿度过低
雏鸡提前出壳	蛋小；品种差异（来航鸡出壳早）；温度计不准，孵化 1～19 d 温度高或湿度低
出壳延迟	蛋大；蛋储存时间长；室温多变；温度计不准，孵化 1～19 d 温度低或湿度高；孵化 19 d 后温度低
胚胎已发育完全、喙未进入气室	种鸡日粮不当；孵化 1～10 d 温度过高；孵化 19 d 湿度过高
胚胎已充分发育、喙进入气室后死亡	种鸡日粮不当；孵化器内空气循环不良；孵化 20～21 d 温度或湿度过高

（续）

不良现象	可能的原因
雏鸡在啄壳后死亡	种鸡日粮不当；致死基因；种鸡群染病；蛋在孵化时小头向上，蛋壳薄，头两周未转蛋；蛋移至出雏器太迟；孵化20～21 d空气循环不良或二氧化碳含量过高；孵化20～21 d温度过高或湿度过低；孵化1～19 d温度不当
胚胎异位	种鸡日粮不当；蛋在孵化时小头向上，畸形蛋，转蛋不正常
蛋白粘连鸡身	落盘过迟；孵化20～21 d温度过高或湿度过低；绒毛收集器功能失调
蛋白粘连初生绒毛	种蛋储存时间长；孵化20～21 d空气流速过低，孵化器内空气不当，孵化20～21 d温度过高或湿度过低；绒毛收集器功能失调
雏鸡个体过小	种蛋产于炎热天气；蛋小；蛋壳薄或沙皮；孵化1～19 d湿度过低
雏鸡个体过大	蛋大；孵化1～19 d湿度过高
不同孵化盘孵化率和雏鸡品质不一致	种蛋来自不同的鸡群，蛋的大小不同，种蛋储存时间长短不等，某些种鸡群遭受疾病或应激；孵化器内空气循环不足
棉花鸡（鸡软）	孵化器内不卫生；孵化1～19 d温度低；孵化20～21 d湿度过高
雏鸡脱水	种蛋入孵过早；孵化20～21 d温度过低；雏鸡出壳后在出雏器内停留时间过久
脐部收口不良	鸡种日粮不当；孵化20～21 d温度过低；孵化器内温度发生很大变化；孵化20～21 d通风不良
脐部收口不良、脐炎，并潮湿有气味	孵化场和孵化器不卫生
雏鸡不能站立	种鸡日粮不当；孵化1～21 d温度不当；孵化1～19 d湿度过高；孵化1～21 d通风不良
雏鸡跛足	种鸡日粮不当；孵化1～21 d温度变化，胚胎异位
弯趾	种鸡日粮不当；孵化1～19 d温度不当
"八"字腿	出雏盘太光滑
绒毛过短	种鸡日粮不当；孵化1～10 d温度过高
双眼闭合	孵化20～21 d温度过高；孵化20～21 d湿度过低，出雏器内绒毛飞扬，绒毛收集器功能失调

注：引自马克·诺斯，养鸡生产指导手册，1989。

第七节　雏禽的雌雄鉴别

初生雏禽雌雄鉴别的意义表现在以下几方面：第一，可以节省饲料，商品蛋禽场仅饲养母雏，饲养公雏价值不大；第二，节省禽舍、劳动力和各种饲养费用；第三，可以提高母雏的成活率和整齐度。公母分开饲养有利于母雏的生长发育，避免公雏发育快、抢食而影响母雏发育。

鸭和鹅的生殖器官虽也退化，但公雏在泄殖腔下方可见螺旋形皱襞（阴茎雏形），可以通过触摸或翻肛较容易地分辨公母。初生雏鸡很难从外观上分辨公母，需要进行特殊的训练，因此本章着重雏鸡的雌雄鉴别。

一、雏鸡的翻肛鉴别

（一）鸡的泄殖腔及退化的交尾器官

鸡的直肠末端与泌尿和生殖道共同开口于泄殖腔，泄殖腔向外的开口有括约肌，称为肛门。

将泄殖腔背壁纵向切开，由内向外可以看到3个主要皱襞：第一皱襞作为直肠末端和泄殖腔的交界线而存在，它是黏膜的皱襞，与直肠的绒毛状皱襞完全不同。第二皱襞约位于泄殖腔的中央，由斜行的小皱襞集合而成，在泄殖腔背壁幅度较广，至腹壁逐渐变细而终止于第三皱襞。第三皱襞是形成泄殖腔开口的皱襞。

雄性泄殖腔共有5个开口：2个输尿管开口于泄殖腔上壁第一皱襞的外侧；2个输精管开口于泄殖腔下壁第一及第二皱襞的凹处，成年鸡有小乳头突起；再一个就是直肠开口。在近肛门开口泄殖腔下壁中央第二、三皱襞相合处有一芝麻粒大的白色球状突起（初生雏比小米粒还小），两侧围以规则的皱襞，因呈"八"字状，故称八字状襞，白色球状突起称为生殖突起。生殖突起和八字状襞构成显著的隆起，称为生殖隆起。生殖突起及八字状襞呈白色而稍有光泽，有弹性，在加压和摩擦时不易变形，有韧性感（图4-8）。

雌性泄殖腔的皱襞及输尿管的开口部位与雄性完全相同，在泄殖腔左侧稍上方，第一、二皱襞间有一输卵管开口（或称阴道口）。在雄性存在退化交尾器处，呈凹陷状。雌雄泄殖腔内有四个开口。

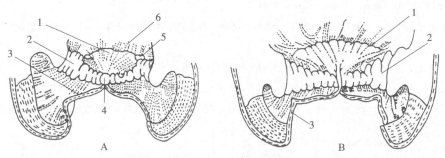

图4-8　泄殖腔模式图

A. 公鸡泄殖腔　B. 母鸡泄殖腔

1. 第一皱襞　2. 第二皱襞　3. 第三皱襞　4. 生殖突起　5. 输精管的突起　6. 直肠的末端

（引自王庆民，雏鸡孵化与雌雄鉴别，1990）

初生雏泄殖腔的构造与成年鸡没有显著差异，3个主要皱襞已经与成年鸡同样发达。雄雏有的可以看到输精管开口的小乳头。雌雏的输卵管这时还很细，仅末端膨大，而其开口尚未发达。退化交尾器官雄雏较发达，但形态及发育程度因个体有很大差异，雌雏的生殖隆起的退化情况也不一致，因个体不同，有的留痕迹，有的隆起相当发达。肛门鉴别法主要是根据生殖突起及八字状襞的形态、质地来分辨雌雄。

（二）初生雏鸡雌雄生殖隆起的组织形态差异

从生殖隆起组织特征来看，初生雏鸡黏膜的上皮组织雌雄雏之间无明显的差异，但黏膜下结缔组织却有显著不同。从外表上雌雄雏鸡生殖隆起有以下几点显著差异。

1. 外观感觉　雌雏生殖隆起轮廓不明显，萎缩，周围组织衬托无力，有孤立感；雄雏生殖隆起轮廓明显、充实，基础极稳固。

2. 光泽　雌雏生殖隆起柔软透明；雄雏生殖隆起表面紧张，有光泽。

3. 弹性　雌雏生殖隆起的弹性差，压迫或伸展易变形；雄雏生殖隆起富有弹性，压迫伸展不易变形。

4. 充血程度　雌雏生殖隆起血管不发达，且不及表层，刺激不易充血；雄雏生殖隆起，血管发达，表层也有细血管，刺激易充血。

5. 突起前端的形态　雌雏生殖隆起前端尖；雄雏生殖隆起前端圆。

（三）肛门鉴别的手法

肛门鉴别的操作可分为：抓雏和握雏、排粪和翻肛、鉴别和放雏3个步骤。

1. 抓雏和握雏　雏鸡的抓握法一般有两种，即夹握法和团握法（图4-9）。

2. 排粪和翻肛

（1）排粪：左手拇指轻压腹部左侧髋骨下缘，借助雏鸡呼吸将粪便挤入排粪缸中。

（2）翻肛：因个人习惯差异，翻肛手法较多，介绍其中一种。如左手握雏，左拇指从前述排粪的位置移至肛门左侧，左食指弯曲贴于雏鸡背侧，与此同时右食指放在肛门右侧，右拇指放在雏鸡脐带处，右手拇指沿直线往上顶推，右手食指往下拉、往肛门处收拢，左拇指也往里收拢，三指在肛门处形成一个小三角区，三指凑拢一挤，肛门即翻开（图 4-10）。

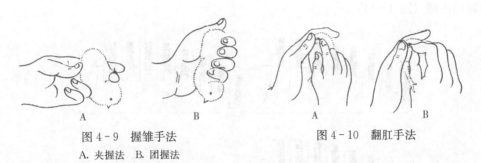

图 4-9　握雏手法　　　　　　　图 4-10　翻肛手法
A. 夹握法　B. 团握法

3. 鉴别和放雏　根据生殖隆起的有无和形态差别，便可以判断雌雄。遇到生殖隆起一时难以分辨时，可用左拇指或右食指触摸，观察其充血和弹性程度。

（四）鉴别的适宜时间

最适宜的鉴别时间是出雏后 2～12 h，不宜超过 24 h。在此时间内雌雄雏鸡生殖隆起的性状区别最显著，雏鸡也好抓握和翻肛。刚孵出的雏鸡身体软绵，呼吸弱，卵黄吸收差，腹部充实，不易翻肛，技术不熟练者甚至造成雏鸡死亡。雏鸡孵出 1 d 以上，肛门发紧，难以翻肛，而且生殖隆起萎缩，甚至陷入泄殖腔深处，不便观察。

（五）雏鸡的解剖

解剖雏鸡的目的在于通过直接观察生殖器官，来验证肛门鉴别的判断是否正确。雏鸡解剖的方法和步骤如下：用右手拇指和食指将雏鸡两翼握于雏鸡胸前，右手向外翻转，以左手拇指平行贴于鸡背，其余四指握住雏鸡头部和颈部下端，左手固定不动，右手用力一撕（用力要适当），从胸前纵向将雏鸡背部与腹部撕开，撕开的同时，用左手或右手食指贴雏背上顶，一般即可观察到生殖器官。如生殖器官被脏器所掩盖，可用拇指拨开脏器，即露出生殖器官。公雏的肾上方有左右两个黄白色圆柱状睾丸，而母雏只在相同位置的左侧有灰白色扁平的卵巢。

二、雏鸡伴性遗传鉴别法

应用伴性遗传规律，培育自别雌雄品系，通过专门品种或品系之间的杂交，就可以根据初生雏的某些伴性性状准确地辨别雌雄。目前在生产中应用的伴性性状有金银羽色、快慢羽、横斑芦花。

（一）金银羽自别雌雄

由于银色羽基因 S 和金色羽基因 s 是位于性染色体的同一基因位点的等位基因，银色羽 S 对金色羽 s 为显性，所以用金色羽公鸡和银色羽母鸡交配时，其子一代的公雏均为银色，母雏为金色。

在金银羽自别雌雄时，由于受到其他羽色基因的影响，子一代雏鸡的羽毛颜色并不像其父母那样，并且出现一些中间类型，这给鉴别带来一些难度。但是只要掌握了饲养品种的初生雏鸡羽色类型，鉴别率就可以达到 99% 以上。绝大部分褐壳蛋鸡商品代都可以利用羽色自别雌雄。注意，用银色羽公鸡和金色羽母鸡交配，后代不能自别雌雄。

（二）快慢羽雌雄鉴别

决定初生雏鸡翼羽生长快慢的慢羽基因 K 和快羽基因 k 位于性染色体上，而且慢羽基因 K 对快羽基因 k 为显性，属于伴性遗传性状。

用快羽公鸡和慢羽母鸡杂交，所产生的子代公雏全部为慢羽，而母雏全部为快羽。快慢羽的区分主要由初生雏鸡翅膀上的主翼羽和覆主翼羽的长短来确定。主翼羽明显长于覆主翼羽的雏鸡为快羽，自别雌雄时为母雏。慢羽在羽速自别雌雄时为公雏，慢羽的类型比较多，有时容易出错，需要引起注意。慢羽主要有4种类型：①主翼羽短于覆主翼羽；②主翼羽等长于覆主翼羽；③主翼羽未长出；④主翼羽等长于覆主翼羽，但是前端有1～2根稍长于覆主翼羽，这种类型最容易出错（图4-11）。

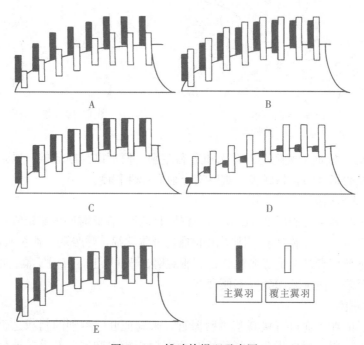

图4-11 雏鸡快慢羽示意图
A. 快羽模式图　B. 慢羽类型1　C. 慢羽类型2　D. 慢羽类型3　E. 慢羽类型4

（三）横斑芦花自别雌雄

1. 横斑芦花羽色自别　横斑芦花羽色由性染色体上显性基因B控制，公鸡两条性染色体上各有一个B基因，比母鸡只在一条性染色体上有一个B基因影响大，所以基因型纯合的横斑公鸡羽毛中的白横斑比母鸡宽。B基因对初生雏鸡的影响是：芦花鸡的初生绒毛为黑色，头顶部有一白色小块（呈卵圆形），公雏大而不规则，母雏白斑比公雏小得多；腹部有不同程度的灰白色，身体黑色母雏比公雏深；初生母雏脚的颜色比公雏深，脚趾部的黑色在脚的末端突然变为黄色，能显著区分开，而公雏胫部色淡，黑黄无明显分界线。经过选种的纯横斑鸡，根据以上三项特征区分初生雏鸡的雌雄，准确率可达96％以上。

2. 非横斑对横斑　用非横斑公鸡（白来航等显性白羽鸡除外）与横斑母鸡交配，其子一代呈交叉遗传，即公雏全部是横斑羽色，母雏全部是非横斑羽色。例如用洛岛红公鸡和横斑母鸡交配，则子一代公雏皆为横斑羽色（黑色绒毛，头顶上有不规则的白色斑点），母雏全身黑色绒毛或背部有条斑（图4-12）。

（四）羽速和羽色自别相结合

利用伴性遗传实现初生雏鸡自别的方法主要有上述三种，为了实现父母代和商品代均能自别雌雄，避免父母代初生雏鸡翻肛鉴别，有时将两种方法结合起来使用。在一些褐壳蛋鸡已

图4-12 横斑自别
（引自邱祥聘等，养禽学，3版，1994）

实现父母代羽速自别雌雄、商品代羽色自别雌雄的双自别体系，具体配套形式见图4-13。

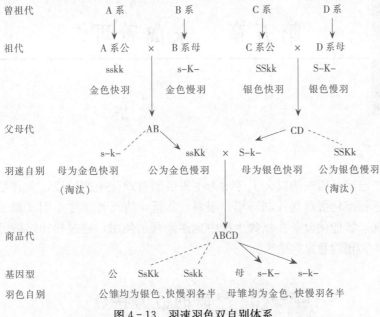

图4-13 羽速羽色双自别体系

复习思考题 ◆

1. 影响孵化效果的三个主要因素是什么？
2. 孵化的基本条件是什么？
3. 种蛋保存的适宜温湿度和保存期限是多少？
4. 什么样的鸡蛋不适于做种蛋？
5. 照蛋的目的和时间是什么？
6. 什么称封门、合拢？
7. 写出羽速自别的示意图。
8. 种蛋消毒的方法有哪些？
9. 完成下面的某白壳蛋孵化记录统计表中空格部分。

孵化记录统计表

入孵时间	品种	入孵数量	照蛋时间	无精蛋数	死精蛋数	受精蛋数	落盘日期	落盘数	雏鸡数	弱雏数	健雏数	毛蛋数	受精率（%）	死精率（%）	受精蛋孵化率（%）	入孵蛋孵化率（%）	健雏率（%）
9.5	A	1 000		50	25				875	25		50					

（宁中华 侯卓成）

05 第五章 家禽管理

　　现代家禽生产已经从原来的以人工劳动为主发展到自动化生产阶段，尤其是蛋鸡生产自动化水平很高，新建标准化蛋鸡场控制环境、喂料、集蛋、清粪等工序全面实现了自动化。随着物联网技术的发展，智能化设备在家禽生产中也逐渐开始使用，通过移动终端可以控制生产到销售的各个环节，实现智慧家禽生产。

第一节 家禽的行为特点

　　由于受长期人工选择和人类环境的影响，家禽生活习性与其原始祖先相比发生了很大变化，有些行为得到了加强，如产蛋和采食，而有些行为退化或消失，如飞翔和就巢性。不同品种的家禽其行为也有很大差异，比如斗鸡的好斗性和来航鸡的产蛋性能。了解家禽的行为特点及其本质，可以创造适合家禽习性的条件，减少应激，能够更好地发挥生产性能，为人类提供更优质的产品。

一、家禽的主要行为表现

（一）饮食行为

　　1. 雏禽采食行为　雏禽在出壳后 48 h 或更长到 72 h 内可以靠吸收卵黄获取所需要的营养，但是雏禽出壳后不久就有啄食行为。开始是啄食碎蛋壳或同伴的脚趾，当加入饲料以后就试着啄食饲料，经过反复几次试探性采食，雏禽对饲料的颜色、形状、粒度、硬度等逐渐产生了条件反射，这样卵黄吸收完全之后雏禽就可以靠自己采食满足营养需要。为了使雏禽尽快建立起对周围环境主要是对饲料和水的条件反射，一般要求在雏禽 3 日龄之前给予 23～24 h 的光照，有足够多的料盘供雏禽采食，3 d 之后光照逐渐减少。

　　鸡的味觉系统不发达，雏鸡的味觉更不发达。雏鸡开始啄食和采食是没有选择性的，只有当雏鸡建立起对饲料的颜色、形状等条件反射时才能进行选择性采食。雏鸡由于具有群体生活的习惯，一旦有一只雏鸡学会采食，马上就会有许多雏鸡学着争抢食物，达到学会采食的目的。

　　雏禽由吸收卵黄营养快速转变到消化吸收饲料营养，对提高雏禽的成活率和生长发育十分重要，所以对雏禽饲料的营养水平和适口性要求较高。

　　温度和湿度可以影响雏禽的采食行为。在适宜的温度环境中，雏禽处于一种舒适的状态，活泼好动，睡眠安详，可以很快学会饮水、吃料，发育正常。环境温度高于 36 ℃时，雏鸡就会由于感觉太热而处于热应激状态，垂翅、伸舌、张嘴喘气、伏地、饮水量大增，造成室内湿度过大，不利于雏鸡的开食。雏禽对温度的依赖性随着雏禽日龄的增长而逐渐降低，14 日龄以上的雏鸡，可以在 25 ℃左右正常采食。

光和声音可以影响雏鸡的采食行为。雏鸡的趋光性可以帮助雏鸡加快学会寻找到食物，但是如果光照强度不均匀，就会造成雏鸡向光源一方拥挤。鸡舍中碰击料槽的响声或饲养员的行走声、说话声等都能吸引雏鸡前来采食。明暗交替变化的光照和时而发出的响声，可以把那些闲散或卧睡的雏鸡惊醒，转向采食。这一点对肉鸡更重要，可以增加鸡的采食量，提高增重速度。

2. 成年家禽采食行为 成年家禽的采食行为要受到产蛋和群体优胜等级的限制。散养鸡一般都有一只公鸡保护十几只母鸡在其领地内采食，一旦看到其他鸡尤其是公鸡来偷吃饲料，它就会将入侵者赶跑。母鸡之间也存在等级现象，优势母鸡不让劣势母鸡吃食，劣势母鸡只有趁其不注意抢吃几口，看到对手来啄就逃避，优势母鸡即使已经吃饱之后，如果看到劣势母鸡来吃又会再去夺食。

笼养母鸡由于受到鸡笼的限制，不能到处觅食，只能采食人为加在料槽中的饲料。长期食用料槽中的饲料使鸡对饲料的形状、颜色、颗粒大小等形成了固定的条件反射，对料槽中的其他物质如苍蝇、大的骨粉块等均不予理睬，甚至将整粒的玉米也剩下。笼养鸡的饲料粒度尽量保持始终一致，不要轻易加大或减小，否则会影响鸡的正常采食。

母鸡采食高峰和喂料次数以及时间有很大关系。鸡全天都采食饲料，但相比较而言，清晨和傍晚的采食量稍多些。在长期的进化和驯养中，鸡已经习惯于傍晚时多采食料，因此傍晚时鸡的采食量比清晨又稍多些，傍晚采食量占全天的 35%～40%，但清晨鸡的采食速度比其他时间快，采食频率可达每分钟 150 次。清晨的采食量受傍晚采食量的制约，如果傍晚鸡采食的饲料较多，那么清晨的采食量就相对地减少。

温度和饲料能量可以影响鸡的采食量。在常温条件下（18～25 ℃），鸡靠物理性调节维持体温平衡，温度高于 27 ℃时，鸡体散热受阻。由于高温季节采食量减少，如果不提高饲料中的除能量外其他营养物质的浓度，就会影响营养物质摄入量，从而影响鸡的产蛋或增重。温度低于16 ℃时，鸡就要多消耗能量来维持体温平衡，采食量增加，需要降低饲料的粗蛋白质含量。

3. 饮水行为 鸡体内的水分来源有三种，分别为直接饮水、饲料中的游离水和营养物质在氧化代谢过程中化学反应释放出来的氧化水。这三种来源的水在调节体液平衡过程中起的作用是相同的。

（1）饮水行为的发生：鸡通过排粪尿、呼吸、产蛋等排出水分后，体液减少，刺激神经系统，产生渴感。另外体液的减少还影响到血压的变化，刺激心房容积感受器，然后信号传到下丘脑中邻近区域而激发觅水行为。试验证明，血液中的血管紧张素可通过脑部腹侧的额叶下器官的微细结构细胞而触发觅水行为和饮水行为。

（2）饮水行为的终止：当饮水量快达到饱和时，信号不断反馈给控制系统，暂停饮水片刻，再饮水一会，再暂停更长时间，直到最后停止饮水。

鸡的饮水受年龄、饲料、温度、时间以及疾病等因素的影响。育雏育成期的鸡体内水分比例比成年鸡高，对缺水也更敏感，缺水会很快导致脱水。刚出壳的 1 日龄雏鸡，由于可以利用体内卵黄，48 h 内不吃料也没有生命危险，但须及时补充水分。随着鸡的不断长大，通过各种途径排出的水分增多，饮水的绝对量增加，产蛋鸡比不产蛋鸡需要更多的饮水。

温度对饮水行为的影响与温度对采食行为的影响正好相反。温度升高，鸡在通过体表、粪尿、呼吸等方式蒸发散热过程中丢失大量的体液，必须通过增大饮水量得到补充。饮用温度高的水比温度低的水饮水量要大一些。

（二）群体行为

群体行为是指同种动物群体中，个体之间发生的各种反应作用。鸡的群体行为有性行为、母性行为、依恋行为、感情体系、争斗与优胜序列以及群体间的信息交流等。

1. 争斗行为 争斗行为是鸡为了争夺地盘和饮食，取得在鸡群中的统治地位，或为争夺配偶而进行的斗争行为。它包括从退却到进攻的一系列行为反应，这些行为可以从优胜的、屈从的或某种中间状态的鸡体的面部表情、身体姿态、发出的声音以及表现的运动中明显地得到反映，在这方面尤以斗鸡更为突出。

雏鸡在1月龄左右开始彼此间嬉戏或打闹，这是好斗行为的开端，这种活动可导致啄斗行为。雏鸡在啄斗时无论是姿势还是随后的活动，都像是真正的争斗——斗鸡行为，但是实际上不发生啄的动作，只是增加了彼此衔啄的动作，只有在距趾发育之后，才发生真正的斗鸡行为。在确定胜负、排出优胜序列之前，斗鸡行为将反复进行，一直到战败者出现回避行为或屈服行为为止。

2. 优胜序列 也称优胜等级，是指群体中某一成员较其他成员在群体行为中表现有更为优先的地位。优势公鸡往往冠大而红，更加雄壮，公鸡取得优势地位有时需要进行打斗，击败竞争对手，但这种战斗并不是这只公鸡把所有的公鸡都打败，有的鸡看到自己在外貌等方面就远不如对手，不需进行打斗就已认输，因此它只要打败鸡群中另一只较强壮的公鸡，就取得了优势地位，其他鸡也按自己的能力排好位置，形成优胜等级。公鸡的优胜等级和母鸡的优胜等级有时是相互独立的。优势的母鸡往往先获得饲料、饮水和占有产蛋窝甚至公鸡，公鸡不能向比它等级高的母鸡求偶，即使笼养鸡也存在着优胜等级，一只公鸡和上下左右的几只公鸡间都有优胜关系。变换公鸡的位置往往要有一场战斗，直到新的优胜等级形成。笼养时，小笼中的几只母鸡也同样存在优胜等级，因此，随意换笼不利于鸡群的稳定。

已经形成优胜等级的鸡群如果没有外来者的入侵能够较安稳相处，彼此间也有一定的感情。

（三）性行为

因还涉及人工授精，故将性行为从群体行为中摘出专门介绍。鸡的性行为包括求偶、爬跨、交配、射精四个环节，由于公鸡的阴茎已经退化，射出的精液没有冲力，交配过程只是退化的阴茎和母鸡阴道接触，精液流到母鸡阴道中，交配过程没有哺乳动物那样剧烈。

1. 性行为的表现 公鸡最典型的性行为表现是在母鸡群中跑动开始的，它在跑动中逐个检查母鸡以寻找能接受交配的个体。交配可发生于一天中的任何时间，但以午后傍晚之前最常发生，这个阶段子宫里没有硬壳蛋，有利于精子向输卵管伞部的移动。

幼龄雏鸡通常不表现性行为，早期性经验对性行为的发育有影响。此外性成熟和鸡的品种、营养情况以及光照都有密切关系。渐长的光照和丰富的营养可以提前鸡的性成熟，轻型鸡的性成熟早于大体型的鸡。

2. 性行为与优胜序列 性别之间也存在优胜序列关系，一般是公鸡优胜于母鸡。不同群体等级的公鸡对于不同等级地位的母鸡又各具有优胜地位。交配行为往往在较优胜的公鸡一方向处于从属地位的母鸡一方进行求偶活动之后发生，这种异性间的啄斗顺序有利于鸡群中同时进行性活动。如果公鸡向群体地位比本身高的母鸡求偶，它将遭到排斥和拒绝，矮小型的公鸡和普通母鸡自然交配往往由于地位低而造成配种率低。

3. 性行为与人工授精 从动物本身意义上来说，人工授精是对动物的一种性虐待，人为剥夺了动物的性需要。但是从人类的利益来看，人工授精可以提高生产效率，以较小的投入获取较大的产出，在当今整个社会资源匮乏的情况下，合理经济地予以充分利用有重大的意义。

家禽人工授精不但解决了公母体重差异悬殊造成的受精率低的问题，可以保证受精率自始至终地保持在较高水平，而且由于饲养公禽数较少，种蛋合格率高，降低了生产成本。对于特殊的配套品种，人工授精可以解决自然交配所不能解决的困难。

（四）产蛋行为

1. 产蛋生理机制 鸡的产蛋受神经内分泌系统的调控，小母鸡在育成期卵巢就已开始发育，在育成期得病或其他伤害都对以后的正常排卵有影响。鸡卵在鸡体内经过卵泡发育—排卵—蛋的形成—产蛋排出体外等一连串过程，而这些过程都受内分泌所支配。8周龄以下的雏鸡生殖器官的活性低，分泌的激素很少，所以卵泡发育程度不显著，8周龄以后随着内分泌器官活跃，分泌的激素增多，促进卵泡快速发育，这些激素的分泌受到光照、营养、疫病、温度等因素的影响，8周龄以前的长光照不会影响性腺发育。

鸡的脑下垂体分前叶和后叶，脑下垂体前叶合成并分泌对生殖活动和其他方面有非常重要作用的六种激素，其中与产卵直接有关的激素是促卵泡激素（FSH）和排卵诱导素（OIH），这两种激素合称促性腺激素（GTH）。脑下垂体后叶分泌催产素和加压素，通过对子宫的收缩作用引起产蛋，但这些脑下垂体后叶激素实际上是在下丘脑合成的，暂时储存在脑下垂体后叶。

促卵泡激素（FSH）促使性腺发育并使之分泌雌激素。雌激素促使肝合成卵黄物质，待卵泡发育成熟后，脑下垂体前叶释放OIH，OIH使其排卵。排卵并非在一天当中的任何时间均可产生，而只能在一个限定的时间内发生，这个排卵时间是决定产蛋时间的主要因素。

2. 光照对产蛋的影响　鸡的产蛋绝大部分集中在白天，呈偏态分布，即上午产蛋多于下午，产蛋高峰集中在10:00前后。鸡的产蛋集中在白天与鸡的排卵时间有关，鸡排卵一般在产蛋后0.5～1 h。如果鸡的产蛋时间较晚，距离关灯时间不足2 h，那么鸡就停止排卵，一枚蛋的形成需要25 h左右，第二天就不能产蛋，休产一天，形成一个间隔，一个间隔周期称为一个连产。在自然状态下散养鸡接受自然光照，在日照时间较长的季节（夏季）可以有较长的连产期，在日照时间较短的季节，连产期很短。集约化饲养的优良蛋鸡，需要人工补充光照，才能保持鸡群较高的生产水平。

光照一方面作为信号刺激，使鸡释放激素，促使排卵，另一方面对鸡的采食饮水有直接的影响，通过影响营养摄入量影响鸡的产蛋。一般高产蛋鸡都要求每天15～16 h光照。

3. 温度对产蛋的影响　鸡除了感觉光照的变化，对温度的变化也很敏感。在高温的夏季，有些鸡也停止产蛋，称"歇伏"。这一方面与鸡的选育程度有关；另一方面在炎热的夏季，鸡体散热困难，采食时间主要集中在清晨和傍晚，如果这两段时间的食物供应不充足，就会影响鸡的营养摄入量。夏季夜间补光对增加采食量就很重要。此外高温还可以引发鸡的"抱性"和换羽。集约化养鸡在炎热的夏季必须采取降温措施，防止鸡的热应激。

4. 饲料对产蛋的影响　没有蛋形成之日的饲料摄入量同有蛋形成之日相比明显地减少。在卵进入输卵管膨大部时摄食量达到高峰，在蛋壳迅速沉积时便降到相当低的水平。鸡对饲料中钙的摄取量，在卵进入输卵管子宫部时达到高峰，然后呈减少的趋势。

5. 其他因素对产蛋的影响　细菌性疾病如鸡大肠杆菌病、鸡白痢、鸡巴氏杆菌病等对鸡的产蛋有严重影响。一旦暴发病毒性疾病，整个鸡群不仅产蛋率下降，而且死亡率高。减蛋综合征、传染性支气管炎、传染性鼻炎、新城疫等，都会使鸡的产蛋量下降、畸形蛋量增加。这些疾病都需要及时预防接种疫苗。

二、笼养家禽的异常行为

（一）刻板症

鸡由于被关在笼中饲养，缺乏自由，不能自由觅食，难于伸展肢体，不能保持自身的清洁以及逃避和躲开追击者，产生单调的刻板性动作，不停地啄食料槽，即使料槽中没有饲料，形成原点啄食。由于缺乏自然状态下自由挠抓垫草、寻找食物的条件，鸡频繁地用爪子抓挠铁丝网或护蛋板，试图冲出鸡笼。缺乏沙浴的母鸡经常把饲料当作沙粒的代替物，这些反常的沙浴通常是以半站半立卧的姿势进行的。人工授精的笼养公鸡被人为地公母分离，不能满足正常的性生理要求，经常性地双腿分开，双脚攀上笼子，长时间的攀爬形成了外"八"字脚。

笼养母鸡缺乏产蛋窝，在没有隐蔽物的状态下产蛋，处于紧张的应激状态，使产蛋前准备行为的持续时间显著延长。改用乳头饮水器，延长了鸡学习饮水的时间，有些笨鸡很难适应要挤开其他鸡走到乳头旁去饮水的环境。在肉仔鸡3周龄后把饮水槽全部换成乳头饮水器，会使它的增重速度在一周内变得很慢。

（二）啄癖

啄斗是鸡的一种生物学习性，如啄去身上的脏物，从尾脂腺啄取油脂涂在羽毛上，为争夺地盘和采食空间或争夺配偶也要进行激烈的战斗。自然状态下，战败鸡只要俯首逃跑就可以免受攻击，除了斗鸡很少有鸡被啄死。笼养鸡被困在笼中饲养，许多行为都不能进行，一旦发现异物就会引起好奇心而去啄它，有时模仿别的鸡啄尾脂腺或者啄其他雏鸡肛门后面的粪便，一旦啄出血来，会有更多的鸡一齐去啄，红色和血腥会进一步激发鸡的啄欲，形成啄癖。鸡一旦形成较严重的啄癖，即使采取断喙或其他措施，也不能完全控制，一旦喙长出来又会有啄肛、啄羽现象出现。鸡出现啄癖与高温、高饲养密度、饲料营养不全面、强光照或不良通风有关。适时有效的断喙是防止啄癖出现的最有效手段。

（三）异食癖

在自然状态下鸡通过自由寻食来满足身体发育和产蛋的各种营养需要，对于身体缺乏的营养物质有优先选择的本能。笼养鸡吃的是人工喂给的饲料，从理论上给予的是全价配合饲料，但有时由于原料、加工工艺或某些原因使饲料中缺乏某种鸡所需要的元素或量不足，鸡就四处寻找。由于寻找的范围仅限于本笼中，除了同伴之外，只有鸡笼和它自己产的鸡蛋，因此，当饲料中含硫氨基酸的含量不足时，鸡就通过啄食羽毛来充当其来源，形成食羽癖；饲料中钙的含量不足会促使鸡形成食蛋癖；钠含量不足，则易形成啄癖。

三、应　激

应激是指家禽受外界环境刺激所产生的非特异性反应，应激使家禽的肾上腺激素分泌增加，使之处于一种紧张状态。引起家禽应激的因素称为应激因子。家禽对应激因子的生理反应可分为紧急反应和一般适应性综合征。紧急反应是交感神经系统活性增加，以及肾上腺激素分泌增加；一般适应性综合征是对应激作用的一种更为长期的反应，包括垂体前叶分泌肾上腺皮质激素，以及促进肾上腺皮质分泌糖皮质类激素。

能够引起家禽应激的因素包括过冷、过热、疾病、噪声、不良通风、营养不良、异物侵入、进攻或受攻击等。笼养对鸡来讲就是较大的应激因子，因而出现一些异常行为。人工授精也会使鸡产生应激，鸡的一生随时都可能受到这些因素的影响而处于应激状态。应激会影响鸡的正常生长发育和生产性能，浪费饲料，影响效益。根据应激的来源不同，可以将应激大致分为生理应激、环境应激和管理应激三种。在生产中这些应激很少单独出现，一般是两种或三种联合起作用。

应激反应的过程分三个阶段：第一阶段称为警觉反应，当鸡体感受到应激因子存在时，产生立即性的对抗反应，这种反应是由于肾上腺髓质部释放出大量激素刺激鸡体将储存的能量释放出来，血糖浓度增加；第二阶段称为抗拒反应，警觉反应的持续时间很短，很快就进入抗拒阶段，此时肾上腺继续分泌激素，抗拒应激因子直到鸡体能够适应新的环境或持续到应激因子消失；第三阶段称为死亡，如果应激因子继续进行，鸡体无法调适到适应的水平，就会死亡而被淘汰。

第二节　家禽的饲养环境控制

家禽的饲养环境可直接影响家禽的生长、发育、繁殖、产蛋、育肥和健康。通过控制家禽的饲养环境，使其尽可能满足家禽的最适需要，充分发挥家禽的遗传潜力，减少疾病的发生频率，降低生产风险和成本。

一、禽舍类型

家禽集约化饲养需要建设禽舍，禽舍的类型成为环境控制的前提。禽舍的类型可以分为开放式、封闭式以及开放和封闭结合式三种。

（一）开放式禽舍

开放式禽舍主要有两种形式：一种是有窗禽舍，根据天气变化开闭窗户，调节空气流通量，控制禽舍温度；另一种是卷帘禽舍，用卷帘布作维护墙，靠卷起和放下卷帘布调节鸡舍内的温度和通风。

开放式禽舍的优点是造价低，节省能源。缺点是受外界环境的影响较大，尤其是光照的影响最大，不能很好地控制禽的性成熟。散养家禽通常采用在禽舍的南北两侧或南面一侧设置运动场，白天家禽在运动场自由运动，晚上休息和采食在舍内进行，冬季为了保温，通常在运动场上方用塑料布搭建保温棚，肉鸭通常采用这种饲养方式。

（二）封闭式禽舍

封闭式禽舍也称密闭禽舍，其通风完全靠风机进行，自然光进不到禽舍内部，禽舍内的采光根据需要人工加光，舍内温度靠加热升温或通风降温。鸭和鹅的集约化饲养程度要显著比鸡低，因此，封闭式禽舍主要用于养鸡，近年来，鸭、鹅采用封闭式禽舍的也越来越多。封闭式禽舍主要满足以下几方面要求，即遮光、天气寒冷时供暖、天气炎热时降温、降低禽舍内的湿度、降低禽舍内的有毒气体浓度、对封闭式禽舍提供足够的流通空气。

由于封闭式禽舍内的环境条件能够人为控制，受外界环境的影响小，可以使禽舍的内部条件尽量维持在接近家禽最适需求的水平，能够满足家禽的最佳生长、减少应激的需要，能够充分发挥家禽的生产性能。环境控制禽舍的缺点是投资大，光照全靠人工加光，完全机械通风，耗能多，对电的依赖性强，单栋饲养量比较大的禽舍基本都采用封闭式禽舍。

（三）开放和封闭结合式禽舍

这种禽舍结合了开放式和封闭式禽舍的优点，禽舍除了安装透明的窗户之外，还安装湿垫风机降温系统。在春秋季节窗户可以打开，进行自然通风和自然光照；夏季和冬季根据天气情况将窗户关闭，采用机械通风和人工光照。夏季使用湿垫降温和纵向通风，加大通风量；冬季减少通风量到最低需要量水平，以利于禽舍保温。

二、禽舍温热环境的控制

（一）热量来源

禽舍内的热量主要来自家禽自身的产热量，产热量的大小和家禽的类型、饲料能量值、环境温度、相对湿度等有关。相同体重的肉鸡由于生长速度快，比蛋鸡产热量高；体重较大的鸡单位体重产热量少；降低禽舍温度能增加家禽的散热量。在夏季需要通过通风将家禽产生的过多热量排出禽舍，以降低舍内温度；在天气寒冷时，家禽所产生的大部分热量必须保持在舍内以提高舍内温度。

（二）环境温度对家禽物质代谢的影响

环境温度对家禽物质代谢的影响主要表现在采食量、饮水量、水分排出量的变化。由表5-1可以看出，随温度的升高，采食量减少、饮水量增加，产粪量减少而呼出水量增加，造成总的排出水量大幅度增加。排出过多的水分会增加鸡舍的湿度，鸡感觉更热。鸡的水分的排出量取决于体重、饲料类型、饲料中营养物质浓度、饲料的含盐量、空气温度和湿度等。水分的排出量对禽舍湿度有影响，水分的排出形式有两种，即呼吸蒸发散热排出的水分和随粪便排出的水分。蒸发散热只增加环境湿度，不提高环境温度，又称为"无感散热"。

表5-1　不同环境温度下鸡的采食量、饮水量和水排出量（100只来航鸡1 d）

项 目	鸡舍温度（℃）						
	4.3	10.0	15.0	21.1	26.7	32.2	37.8
耗料量（kg）	11.8	11.6	11.0	10.0	8.7	7.0	4.8
每千克饲料饮水量（L）	1.3	1.4	1.6	2.0	2.9	4.8	8.4
饮水量（L）	15.3	16.2	17.6	20.0	25.2	33.6	40.3
产粪量（kg）	16.6	16.2	15.3	14.0	12.1	9.7	6.7
粪中含水量（kg）	13.1	13.0	12.4	11.5	10.1	8.2	5.7
呼出水量（kg）	2.1	2.9	5.1	8.8	15.3	25.5	34.5
粪中和呼出的水量（kg）	15.2	15.9	17.5	20.3	25.4	33.7	40.2

（三）环境温度对家禽生产性能的影响

刚孵化出的雏鸡一般需要较高的环境温度，但是在高温和低湿度时也容易脱水。对生长鸡来讲，适宜温度范围（13～25 ℃）对其能够达到理想生产指标很重要，生长鸡在超出或低于这个温度范围时饲料转化率降低。蛋鸡的适宜温度范围更小，尤其在超过30 ℃时，产蛋减少，而且每枚蛋的耗料量增加。在较高环境温度下，大约25 ℃以上，蛋重开始降低；27 ℃时产蛋数、蛋重、总蛋重降低，蛋壳厚度迅速降低，同时死亡率增加；37.5 ℃时产蛋量急剧下降；温度43 ℃以上，超过3 h，鸡就会死亡。

相对来讲，冷应激对育成鸡和产蛋鸡的影响较少。成年鸡可以抵抗0 ℃以下的低温，但是饲料利用率降低，同时也受换羽和羽毛量的影响。雏鸡在最初几周因体温调节机制发育不健全，羽毛还未完全长出，保温性能差，10 ℃的温度就可致死。各种家禽不同的饲养阶段对舍内温度要求不同（表5-2），鸭和鹅对温度的敏感性要比鸡低，对低温和高温（只要有水）的耐受性均比鸡高。

表5-2　禽舍的温度要求

家禽	最佳温度（℃）	最高温度（℃）	最低温度（℃）	备注
蛋鸡				
0～4周龄雏鸡（育雏伞）	22	27	10	育雏伞下温度33～35 ℃，第四周降至21 ℃
整室加热育雏	35	37	32	0～3日龄
育成鸡	18	27	10	
产蛋鸡	18～27	30	8	
肉鸡				
0～4周龄雏鸡	24	30	20	育雏区温度33～35 ℃，第四周降至21 ℃
4～8周龄生长鸡	20～25	30	10	
整室加热育雏	34	36	32	0～3日龄
成年种鸡	18～25	27	8	
鸭				
0～2周龄雏鸭	22	30	18	育雏区温度31～33 ℃，第四周降至21 ℃

（续）

家禽	最佳温度（℃）	最高温度（℃）	最低温度（℃）	备注
4～8周龄生长鸭	20～25	32	8	
整室加热育雏	32	35	28	第一周
成年种鸭	18	30	6	

禽舍内温度是否合适，可以通过雏禽的表现来判断。温度过高，雏禽会远离热源，张嘴呼吸，垂翅；温度过低，雏禽会在靠近热源的地方扎堆、尖叫；温度合适，雏禽表现安详、均匀分布。

（四）空气湿度对家禽散热的影响

湿度对家禽的影响只有在高温或低温情况下才明显，在适宜温度下无大的影响。高温时，鸡主要通过蒸发散热，湿度较大会阻碍蒸发散热，体感温度上升，造成高温应激。低温高湿环境下，鸡失热较多，采食量加大，饲料消耗增加，严寒时会降低生产性能。低湿容易引起雏鸡的脱水反应，羽毛生长不良。鸡只适宜的相对湿度为60%～65%，但是只要环境温度不偏高或不偏低，相对湿度在40%～72%范围内也能适应。

（五）维持适宜温热环境的措施

1. 禽舍结构　环境控制禽舍更适合于环境温度31℃以上时的温度控制。环境控制禽舍墙壁的隔热标准要求较高，尤其是屋顶的隔热性能要求较高。禽舍的外墙和屋顶涂成白色或覆盖其他反射热量的物质有利于降温。较大的屋檐不仅能防雨而且能提供阴凉，对开放式禽舍的防暑降温很有用处。

2. 通风　通风对任何条件下的家禽都有益处，它可以将污浊的空气和水汽排出，同时补充新鲜空气，而且一定的风速可以降低禽舍的温度。风速达到30 m/min，鸡舍可降温1.7℃，风速达到152 m/min，鸡舍可降温5.6℃。封闭式禽舍安装机械通风设备，可以提供鸡群适当的空气流动，并通过对流进行降温。

3. 蒸发降温　在低湿度条件下使用水蒸发方式降低空气温度很有效，主要通过湿帘风机降温系统实现。空气通过湿帘使温度降低的同时湿度也会增加。舍内安装低压或高压喷雾系统，形成均匀分布的水蒸气，起到降温效果。

4. 禽舍加温　高纬度地区冬季为了提高禽舍的温度，需要给禽舍提供热源。热源有热风炉、暖气、电热育雏伞、地炕、火炉等多种形式。

5. 调整饲养密度和足够饮水　减少单位面积的存栏数，能降低环境温度。提供足够的饮水器和尽可能凉的饮水，也是简单实用的降温方法。

三、禽舍空气质量的控制

舍饲家禽的饲养密度较大，大量的家禽饲养在舍内每天产生大量的有害气体。为了排出水分和有害气体、补充氧气并保持适宜温度，必须使禽舍内的空气流通。

（一）禽舍内的有害气体

禽舍内的有害气体包括粪尿分解产生的氨气和硫化氢、呼吸产生的二氧化碳，以及垫料发酵产生的甲烷，另外用煤炉加热燃烧不完全还会产生一氧化碳。这些气体对家禽的健康和生产性能均有负面影响，而且有害气体浓度的增加会相对降低氧气的含量。禽舍内各种气体的浓度有一个允许范围值（表5-3），通风换气是调节禽舍空气环境状况最主要、最常用的手段。

表 5 - 3　鸡舍内各种气体的致死浓度和最大允许浓度

气体	致死浓度（%）	最大允许浓度（%）
二氧化碳	>30	<1
甲烷	>5	<5
硫化氢	>0.05	<0.004
氨气	>0.05	<0.0025
氧气	<6	

（二）通风方式

根据通风的动力，鸡舍通风可分为自然通风、机械通风和混合通风三种。其中机械通风根据鸡舍内气压变化又分为正压通风、负压通风和正压负压混合通风；根据鸡舍内气流运动方向，分为横向通风和纵向通风。

1. 自然通风　依靠自然风的风压作用和鸡舍内外温差的热压作用，形成空气的自然流动，使舍内外的空气得以交换。开放式鸡舍采用自然通风，空气通过通风带和窗户进行流通，适用于饲养量比较少的鸡舍。在高温季节，仅靠自然通风降温效果不理想。

2. 机械通风　依靠机械动力强制进行舍内外空气的交换。一般使用轴流式通风机进行通风。吊扇只起到使鸡感觉凉爽的作用，起不到气体交换的作用，无法改善舍内空气质量。

（1）负压通风：利用排风机将舍内污浊空气强行排出舍外，在舍内造成负压，新鲜空气从进风口自行进入鸡舍。负压通风投资少，管理比较简单，进入鸡舍的气流速度较慢，鸡体感觉比较舒适，成为广泛应用于封闭式禽舍的通风方式。

（2）正压通风：风机将空气强制输入鸡舍，而出风口做相应调节，以便出风量稍小于进风量而使鸡舍内产生微小的正压。空气通常是通过纵向安置等于鸡舍全长的管子而分布于鸡舍内的。全重叠多层养鸡通常要使用正压通风。热风炉加热的鸡舍也是正压通风，不过送入鸡舍的是经过加热的热空气。

（3）正压负压混合通风：在鸡舍的一面墙体上安装输风机，将新鲜空气强行输入舍内；对面墙上安装抽风机，将污浊废气、热量强行排出鸡舍。对高密度饲养鸡舍有时需要使用此法。

（4）纵向通风：风机全部安装在鸡舍一端的山墙（一般在污道一边）或山墙附近的两侧墙壁上，进风口在对面山墙或靠山墙的两侧墙壁上，鸡舍其他部位无门窗或门窗关闭，空气沿鸡舍的纵轴方向流动。封闭式鸡舍为防止透光，在进风口设置遮光罩，在排风口设置弯管或用砖砌遮光洞。进气口风速一般要求夏季 2.5～5 m/s，冬季小于 1.5 m/s。

（5）横向通风：横向通风的风机和进风口分别均匀布置在鸡舍两侧纵墙上，空气从进风口进入鸡舍后横穿鸡舍，由对侧墙上的排风扇抽出。横向通风方式的鸡舍舍内空气流动不够均匀，气流速度偏低，死角多，因而空气不够清新，现在较少使用。

（三）通风量及通风量的计算

1. 通风量　通风量取决于家禽的类型、年龄、体重和外界温湿度（表 5 - 4）。

表 5 - 4　不同气候区域鸡的最大通风量　[m³/(h·kg)]

鸡的种类	体重（kg）	外界可能达到的最高温度		
		中温区（27 ℃）	高温区（>27 ℃）	低温区（15 ℃）
雏鸡		5.6	7.5	3.75
后备鸡	1.15～1.18	5.6	7.5	3.75
蛋鸡	1.35～2.25	7.5	9.35	5.60
肉鸡	1.35～1.80	3.75	5.60	3.75
肉种鸡	2.35～4.45	7.5	9.35	5.60
蛋种鸡	1.35～2.25	7.5	9.35	5.60

2. 通风量的计算 通风量根据热平衡或者有害气体浓度控制要求确定。负压通风的总风量（L）可由下面的公式计算：

$$L（m^3/h）=K_1×j×N$$

式中：K_1 为通风系数，$K_1=1.2\sim1.5$；j 为每只鸡夏季的通风量 $[m^3/(h·只)]$；N 为鸡舍内鸡只饲养总数（只）。

四、光照管理

（一）光照作用的机理

光照不仅使家禽看到饮水和饲料，促进生长发育，还对家禽的繁殖有决定性的刺激作用，即对家禽的性成熟、排卵和产蛋均有影响。一般认为光照作用的机理是：禽类有两个光感受器，一个为视网膜感受器即眼睛，另一个位于下丘脑。下丘脑接受光照变化刺激后分泌促性腺释放激素，这种激素通过垂体门脉系统到达垂体前叶，引起卵泡刺激素和排卵诱导素的分泌，促使卵泡的发育和排卵。

（二）光照的作用

1. 光照对雏鸡和肉鸡的作用 对于雏鸡和肉仔鸡来讲，光照的作用主要是使它们能熟悉周围环境，进行正常的饮水和采食。为了增加肉仔鸡的采食时间，提高增重速度，通常采用每天23 h光照、1 h黑暗的光照制度或间歇光照制度。

2. 光照对育成鸡的作用 通过合理光照控制鸡的性成熟时间。光照减少，性成熟延迟，使鸡的体重在性成熟时达标，提高产蛋潜力；光照增加，缩短性成熟时间，使鸡适时性成熟。

3. 光照对产蛋母鸡的作用 通过增加光照并维持相当长度的光照时间（15 h以上），促使母鸡正常排卵和产蛋，并且使母鸡获得足够的采食、饮水、社交和休息时间，提高生产效率。

4. 光照对公鸡的作用 通过合理光照控制公鸡的体重，适时性成熟。20周龄后，每天15 h左右的光照有利于精子的生产，增加精液量。

5. 红外线的作用 红外线的生物学作用是产生热效应。用红外线照射雏禽有助于防寒，提高成活率，促进生长发育。

6. 紫外线的作用 紫外线照射家禽皮肤，可使皮肤中的7-脱氢胆固醇转化成维生素 D_3，从而调节鸡体的钙磷代谢，提高生产性能。紫外线有杀菌能力，可用于空气、物体表面的消毒及组织表面感染的治疗。

（三）光照颜色

不同的光照颜色对鸡的行为和生产性能有不同的影响（表5-5）。

表5-5 鸡对不同颜色光线的反应

光照颜色	作用					
	性成熟	啄癖	产蛋性能	饲料效率	公鸡配种能力	受精率
红	延迟	减少	略升	略高	稍降	稍降
绿	加快	极少		略低	稍升	稍升
黄	延迟	增加	略降	略低	稍升	稍升
蓝	加快	增加			稍升	稍升

根据鸡对光照颜色的反应，环境控制禽舍于育成期可采用红色光照，于产蛋期采用绿色光照；开放式鸡舍由于自然光属于不同波长的光混合而成的复合白光，所以一般采用白炽灯泡、荧光灯或LED灯作为补充光源。与白炽灯和荧光灯相比，LED灯拥有节能、长寿、环保、防震、无频闪等优点，已全面取代了白炽灯和荧光灯。

（四）光照度

调节光照度的目的是控制家禽的活动性，因此禽舍的光照度要根据家禽的视觉和生理需要而定，过强过弱均会带来不良的后果。光照太强，不仅浪费电能，而且鸡显得神经质，易惊群，活动量大，消耗能量，易发生斗殴和啄癖。光照过弱，影响采食和饮水，起不到刺激作用，影响产蛋量。表5-6列出了不同类型的鸡需要的光照度，其他家禽的光照度也可参照执行。

表5-6 鸡对光照度的需求

项目	年龄	光源功率（W/m²）	光照度（lx）最佳	最大	最小
雏鸡	1～7日龄	4～5	20	—	10
育雏育成鸡	2～20周龄	2	5	10	2
产蛋鸡	20周龄以上	3～4	15	20	5
肉种鸡	30周龄以上	5～6	30	30	10

为了使照度均匀，一般光源间距为其高度的1～1.5倍，不同列灯泡采用梅花分布，注意鸡笼下层的光照度是否满足鸡的要求。使用灯罩比无灯罩的光照度增加约45%。由于禽舍内的灰尘和小昆虫粘落，灯泡和灯罩容易脏，需要经常擦拭干净，坏灯泡及时更换，以保持足够亮度。

（五）光照管理程序

1. 光照管理程序的原则

（1）育雏期第一周或转群后几天可以保持较长时间的光照，以便雏禽熟悉环境、及时喝水和吃料，之后光照时间逐渐减少到最低水平，8周龄以下的雏鸡对光照刺激不敏感。

（2）育成期每天光照时间应保持恒定或逐渐减少，切勿增加，以免造成光照刺激使鸡早熟。

（3）产蛋期每天光照时间逐渐增加到一定小时数后保持恒定，切勿减少。

2. 光照制度 肉鸡、肉鸭等肥育家禽的光照程序比较简单，一般每天23 h光照、1 h黑暗，不足部分用人工光照补充。蛋禽和种禽的光照比较复杂，下面主要介绍蛋鸡的光照制度，其他种禽可参考。

（1）封闭式鸡舍的光照制度：封闭式鸡舍由于完全采用人工光照，所以光照程序比较简单。表5-7列出了褐壳蛋鸡的参考光照制度。增加光照进行光照刺激的时间并不是完全按周龄确定的，当以下任何一项达到时必须对鸡加以光照刺激：平均体重已达20周龄时平均体重标准；产蛋率自然达到5%；体型发育成熟。如果在育成期鸡的体重不达标，就要把最低光照时间从8 h增加到9 h，以增加采食时间。

表5-7 环境控制鸡舍的光照制度

周龄	光照（h）	周龄	光照（h）
1	22	21	12
2	18	22	12.5
3	16	23	13
4～17	8	24	13.5
18	9	25	14
19	10	26	14.5
20	11	27～72	15～16

（2）开放式鸡舍的光照制度：开放式鸡舍利用自然光照，日照时间随季节和纬度的变化而异。我国大部分地区处于北纬20°～45°之间，较适合使用开放式鸡舍的纬度在30°～40°。冬至日

（12 月 21～22 日）日照时间最短，夏至日（6 月 21～22 日）日照时间最长，开放式鸡舍的光照制度应根据当地实际日照情况，遵循光照管理程序原则来确定（表 5 - 8）。

表 5 - 8 开放式鸡舍的光照制度

周龄	光照时间	
	5 月 4 日～8 月 25 日出雏	8 月 26 日至次年 5 月 3 日出雏
0～1	22～23 h	22～23 h
2～7	自然光照	自然光照
8～17	自然光照	恒定此期间最长光照
18～淘汰	每周增加 0.5～1 h 至 16 h 恒定	每周增加 0.5～1 h 至 16 h 恒定

（3）间歇光照制度：间歇光照就是把光照期分成明（L）暗（D）相间的几段，如肉鸡每天的连续光照改为 2 h 光照、2 h 黑暗，每天循环 6 次，简称 6（2L：2D）。也可将蛋鸡光照期的每个小时分为照明（如 15 min）和黑暗（如 45 min）两部分，反复循环。由于间歇光照计划具有节约电能、提高饲料利用率、降低蛋重、提高蛋壳质量等优点，而且对鸡的生产性能无不利影响，所以渐受欢迎。

（4）午夜补光 1 h：在炎热的夏季对增加产蛋鸡的采食量很有作用，1 h 的采食量可以占到总采食量的 20%。总的光照时间不变，维持在 16 h 光照，这种光照程序简称"15+1"光照。

第三节 家禽的饲养方式

家禽的饲养方式指家禽的生活环境，不同的饲养方式需要的房舍和设备不同，对家禽的生产性能影响程度不同。应当根据家禽的不同品种、特点和生产任务选择适宜的饲养方式，使生产效益最优化。

一、放 养

放养是一种比较原始、粗放的饲养方式，目前在我国农村的一些地区还存在放养这种饲养方式。一般选择比较开阔的缓山坡或丘陵地，搭建简易鸡舍，白天鸡自由觅食，早晨和傍晚人工补料，晚上在鸡舍内休息。在南方气候比较温暖的地区，或北方的夏秋季，放养鸡由于可以采食到一些虫和草籽，能够节省饲料，而且鸡肉和鸡蛋的味道鲜美，深受消费者欢迎。

放养鸭和鹅比较普遍。一般选择有水面的河流、湖泊或稻田进行放养，它们可以在水中觅食一些藻类或昆虫幼虫。一些特禽如鸵鸟、鸸鹋也使用放养方式。

但是放养的饲养效率低，容易污染水源，不利于疾病的控制，应根据实际情况控制饲养密度，减少对环境的破坏。

二、半 舍 饲

半舍饲时在禽舍的南北两侧或南侧设有运动场，运动场的面积一般为禽舍饲养面积的 2 倍。种鸭、种鹅使用这种饲养方式较多，一般在运动场的南边设置戏水池，有利于水禽的交配和产蛋。使用半舍饲饲养方式，家禽的采食、产蛋在舍内进行，舍内安装料槽和产蛋窝。家禽可以自由出入运动场活动，充分享受自然光浴，有利于群体行为和护理行为的进行，身体健康，羽毛丰腴漂亮。

鸡使用半舍饲方式时，舍内要安装栖架，鸡晚上在架上休息。冬季舍内地面铺设稻草、麦糠等垫料，夏季可以垫沙。垫料要及时清理，防止潮湿。

半舍饲的饲养密度较小，只能采用地面散养的方式，家禽和粪便不能分离，不能很好驱赶野鸟，不利于疾病的预防。

三、舍　饲

舍饲指家禽整个饲养过程完全在舍内进行，是鸡和肉鸭的主要饲养方式。这种饲养方式有多种类型，主要分为平养和笼养两种。平养指家禽在一个平面上活动，又分为地面平养、网上平养和网地混合平养。

（一）平养

1. 地面平养　又称厚垫料地面平养。直接在水泥地面上铺设厚垫料，家禽生活在垫料上面，肉仔鸡、肉鸭较多采用这种形式。地面平养的优点是设备要求简单、投资少，缺点是饲养密度小、垫料需求量大、家禽接触粪便不利于疾病防治。肉仔鸡地面平养 42 d 出栏时每平方米可饲养 12 只左右，肉鸭每平方米可饲养 4.5 只左右。

2. 网上平养　禽群离开地面，活动于金属或其他材料制作的网面上，又称全板条地面。网面可以是平铺塑料网、金属网或镀塑网，整个网面一般约高于地面 600 mm。家禽生活在网面上，粪便落到网下，不直接接触粪便，有利于疾病的控制。这种方式在平养中饲养密度最大，每平方米可养肉种鸡 4.8 只，每单位空间生产能力较高。肉鸡、肉鸭也经常使用此方式，饲养密度一般为肉鸡 14 只左右、肉鸭 6 只左右。

3. 网地混合平养　所谓网地混合平养就是将鸡舍分为地面和网上两部分。地面部分垫厚垫料，网上部分为板条棚架结构。板条棚架结构床面与垫料地面之比通常为 6∶4 或 2∶1，舍内布局主要采用两高一低（图 5-1）或两低一高形式。两高一低是国内外使用最多的肉种鸡饲养方式，国外蛋种鸡也主要采用这种饲养方式，即沿墙边铺设板条，一半板条靠前墙铺设，另一半板条靠后墙铺设，产蛋箱在板条外缘，排向与舍的长轴垂直，一端架在板条的边缘，一端悬吊在垫料地面的上方，便于鸡进出产蛋箱，也减少占地面积。使用这种板条棚架和地面垫料混合饲养方式，加强了肉种鸡的运动，每只种鸡的产蛋量和种蛋受精率均比全板条型饲养方式高。但饲养密度稍低一些，每平方米饲养肉种鸡 4.3 只。

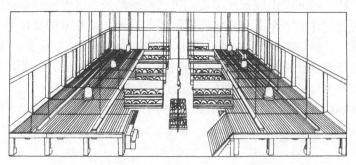

图 5-1　混合地面饲养——两高一低养鸡舍内景

（二）笼养

笼养就是将鸡饲养在用金属丝焊成的笼子中。根据鸡种、性别和鸡龄设计不同型号的鸡笼，有雏鸡笼、育成鸡笼、蛋鸡笼、种鸡笼和公鸡笼等。

笼养的主要优点是：①提高饲养密度。立体笼养饲养密度可比平养增加 3 倍以上，三层阶梯式笼养蛋鸡每平方米可以达到 17 只以上，叠层式笼养饲养密度更大。②节省饲料。鸡饲养在笼中，运动量减少，耗能少，浪费料减少。种鸡人工授精可少养公鸡数。③鸡不接触粪便，有利于鸡群防疫。④蛋比较干净，可消除窝外蛋。⑤不存在垫料问题。

笼养的缺点主要有：①产蛋量比平养可能少一些；②投资较大；③血斑蛋比例高，蛋品质稍差，种蛋合格率低；④笼养鸡猝死综合征影响鸡的存活率和产蛋性能；⑤淘汰鸡的外观较差，骨骼较脆，出售价格较低。

根据鸡笼在笼架上的组装方式，可以将笼养分为全阶梯式笼养、半阶梯式笼养和叠层式笼养。叠层式笼养主要用于机械化鸡场，必须机械化喂料、捡蛋和清粪，饲养层数可达 8 层以上，大大提高了饲养密度。我国大多采用全阶梯式和半阶梯式笼养，鸡笼层数蛋鸡一般采用三层，种鸡采用两层或三层笼养、人工授精。种鸡使用两层笼养，人工授精较容易操作。

笼养鸡的笼地面积要求：白壳蛋鸡 380 cm² 以上，中型蛋鸡 450 cm² 以上，矮小型蛋鸡 360 cm² 以上。

（三）非笼养

非笼养指从动物福利的角度出发，禁止把鸡关在笼中饲养而采取的一种饲养系统。欧洲国家使用的非笼养系统，鸡除了产蛋进入固定的产蛋窝外，其余时间都在用金属网搭成的笼架上。笼架呈阶梯状，最上层是产蛋窝，用塑料帘子遮挡，鸡可以自由出入，内设光照度较低的红色吸引灯，两侧都可以进入，底网有一定角度，产蛋滚入中间的集蛋带，蛋通过传送带输送到鸡舍一端的蛋库。笼架的中间层和下层设料线和水线，有通向地面的梯子，笼架下面有驱鸡灯防止鸡在地面过夜和产蛋，地面铺设加入益生菌的垫料，防止产生臭味。美国的非笼养系统，采用的是每天定时通过喂料把鸡吸引到笼中封闭饲养，产完蛋后定时打开笼门使鸡自由活动一定的时间。此外，还有采用几十只鸡一起饲养的福利笼养，通过提供较大的、具有一定设施（比如栖架、产蛋窝、沙浴和有利于鸡修理喙和脚趾的摩擦垫）的空间，主要是解决一些笼养蛋鸡福利问题。一般每笼鸡群的大小范围 40～110 只。福利笼可以预防因群体较大引起的采食、饮水的竞争行为，以及有时出现的啄羽和扎堆行为。

第四节 家禽的饲养设备

一、环境控制设备

（一）智能环境控制设备

智能环境控制设备可以监控禽舍的环境参数，根据需要开启风机、湿帘等设施，按预定程序控制光照。光照设备主要是光照自动控制器和光源。光照自动控制器能够按时开灯和关灯，其特点是：①开关时间可任意设定，控时准确；②光照度可以调整，光照时间内日光强度不足，自动启动补充光照系统；③灯光渐亮和渐暗；④停电程序不乱等。

（二）通风设备

通风设备的作用是将禽舍内的污浊空气、湿气和多余的热量排出，同时补充新鲜空气。现在一般禽舍通风采用大直径、低转速的轴流风机。目前国产纵向通风的轴流风机的主要技术参数是：流量 31 400 m³/h，风压 39.2 Pa，叶片转速 352 r/min，电机功率 0.75 W，噪声不大于 74 dB。带拢筒的风机效率提高 30% 以上。

（三）湿帘风机降温系统

湿帘风机降温系统的主要作用是夏季空气通过湿帘进入禽舍，可以降低进入禽舍空气的温度，起到降温的效果。湿帘风机降温系统由纸质波纹多孔湿帘、湿帘冷风机、水循环系统及自动控制装置组成。在夏季空气经过湿帘进入禽舍，可降低舍内温度 5～8 ℃。

视频：外挂风机

（李辉 提供）

（四）供暖系统

热风炉供暖系统主要由热风炉、鼓风机、有孔管道和调节风门等设备组成。它是以空气为介质，以煤或油为燃料，为空间提供无污染的洁净热空气，用于禽舍的加温。该设备结构简单，热效率高，送热快，成本低。地暖系统也经常用于鸡舍，尤其是育雏舍的给温。

二、育雏设备

（一）叠层式电热育雏笼

在鸡的饲养过程中，育雏阶段非常重要，雏鸡自身温度调节能力很弱，需要一定的温度和湿度，目前国内外普遍使用笼养育雏工艺。9YCH 电热育雏器是目前国内普遍使用的笼养育雏设备。

电热育雏器由加热育雏笼、保温育雏笼和雏鸡运动场三部分组成，每一部分都是独立的整体，可以根据房舍结构和需要进行组合。如采用整室加热育雏，可单独使用雏鸡运动场；在温度较低的地方，可适当减少运动场，而增加加热育雏笼和保温育雏笼。电热育雏笼一般为四层，每层高度 330 mm，每组笼面积为 1 400 mm×700 mm，层与层之间是 700 mm×700 mm 的承粪盘，全笼总高度 1 720 mm。通常每架笼采用 1 组加热育雏笼、1 组保温育雏笼、4 组运动场的组合方式，外形总尺寸为高 1 720 mm、长 4 340 mm、宽 1 450 mm。

（二）电热育雏伞

在网上或地面散养雏鸡时，采用电热育雏伞可以提高雏鸡体质和成活率。电热育雏伞的伞面由隔热材料制成，表层为涂塑尼龙丝伞面，保温性能好，经久耐用。伞顶装有电子控温器，控温范围 0～50 ℃，伞内装有埋入式远红外陶瓷管加热器，同时设照明灯和开关。电热育雏伞外形尺寸有直径 1.5 m、2 m 和 2.5 m 三种规格，可分别育雏 300 只、400 只和 500 只。另外还有烧煤气或天然气的育雏伞，使用效果也不错。

三、笼具设备

鸡笼设备是养鸡设备的主体。它的配置形式和结构参数决定了饲养密度，决定了对清粪、饮水、喂料等设备的选用要求和对环境控制设备的要求。鸡笼设备按组合形式可分为全阶梯式、半阶梯式、叠层式、复合式和平置式；按几何尺寸可分为深型笼和浅型笼；按鸡的种类分为蛋鸡笼、肉鸡笼和种鸡笼；按鸡的体重分为轻型蛋鸡笼、中型蛋鸡笼和肉种鸡笼。

（一）全阶梯式鸡笼

全阶梯式鸡笼为 2～3 层，上下层之间无重叠或重叠很少（图 5-2）。其优点是：①各层笼敞开面积大，通风好，光照均匀；②清粪作业比较简单；③结构较简单，易维修；④机器故障或停电时便于人工操作。其缺点是饲养密度较低，为 10～12 只/m²。中小规模的养鸡场多采用三层全阶梯式鸡笼。

（二）半阶梯式鸡笼

半阶梯式鸡笼上下层之间部分重叠，上下层重叠部分有挡粪板，按一定角度安装，粪便滑入粪坑或人工推入粪沟。其舍饲密度为 15～17 只/m²，较全阶梯式鸡笼高，但是比叠层式鸡笼低。由于挡粪板的阻碍，通风效果比全阶梯式鸡笼稍差，粪便容易粘到挡粪板上。主要是一些育雏育成鸡采用半阶梯式鸡笼。

（三）叠层式鸡笼

叠层式鸡笼（图 5-3）上下层之间全重叠，层与层之间有输送带将鸡粪清走。其优点是舍饲密度高，三层为 16～18 只/m²，四层为 18～20 只/m²。叠层式鸡笼的层数可以达到 8 层以上，

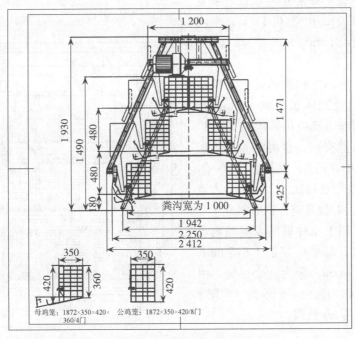

图 5-2 全阶梯式鸡笼（mm）

因此，饲养密度可以大大提高，降低鸡场的占地面积，提高了饲养人员的生产效率。但是其对鸡舍建筑、通风设备和清粪设备的要求较高，我国目前新建的规模化大型蛋鸡养殖场大多采用此种笼具。

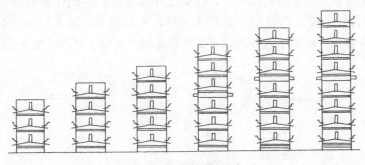

图 5-3 叠层式鸡笼示意图

（四）育成鸡笼

一般育成鸡笼为 3～4 层，6～8 个单笼。每个单排笼尺寸为 1 875 mm×440 mm×330 mm，可饲养 8～18 周龄的育成鸡 20 只。

（五）育雏育成一段式鸡笼

在蛋鸡饲养两段制的地区，普遍使用该鸡笼。该鸡笼的特点是鸡可以从 1 日龄一直饲养到产蛋前（100 日龄左右），减少转群对鸡的应激和劳动强度。鸡笼为三层，雏鸡阶段只使用中间一层，随着鸡的长大，逐渐分散到上下两层。每平方米可饲养育成鸡 25 只。该型号鸡笼有阶梯式和全重叠式，全重叠式自动化程度要求高（图 5-4）。

（六）产蛋鸡笼

我国目前生产的产蛋鸡笼主要有饲养白壳蛋鸡的轻型蛋鸡笼和饲养褐壳蛋鸡的中型蛋鸡笼，另外有少量重型产蛋鸡笼用于饲养肉种鸡。轻型蛋鸡笼一般由 4 格组成一个单排笼，每格养鸡 4 只，单排笼长 1 875 mm、深 325 mm，养鸡 16 只，平均每只鸡占笼底面积 381 cm²。中型蛋鸡笼由 5 格组成一个单笼，每格养鸡 3 只，单笼长 1 950 mm、深 370 mm，养鸡 15 只，平均每只鸡占笼底面积 481 cm²。

（七）种鸡笼

种鸡笼有单层种鸡笼和阶梯式人工授精种鸡笼。单层种鸡笼笼体长 1 900 mm、宽 880 mm、高 600 mm，笼内饲养种鸡 22 只，其中 2 只公鸡，自然交配。也可将 4 个单层种鸡笼合并成种鸡小群笼养，又称"四合一"，可养种鸡 80～100 套（公母比例 1∶10），大笼本交也可以多层层叠，提高鸡舍利用率。

个体鸡笼主要用于原种鸡场或实验鸡场进行个体产蛋记录，每个单笼长 1 875 mm、宽 400 mm、高 320 mm，分为 9 个小笼，每个小笼 1 只鸡。每组鸡笼由 4 个单笼（半架 2 个单笼）组成，可养 36 只鸡。

四、饮水设备

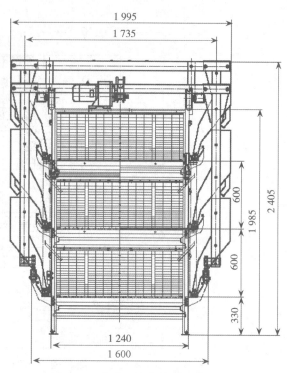

图 5-4　全重叠式育雏育成笼（mm）

视频：鸡乳
头饮水器
（李辉 提供）

饮水设备分为乳头式、杯式、水槽式、吊塔式和真空式（图 5-5、图 5-6）。雏鸡开始阶段和散养鸡多用真空式、吊塔式和水槽式，平养鸡现在趋向使用乳头式饮水器。乳头式饮水器不易传播疾病，耗水量少，可免除刷洗工作，提高工作效率，已逐渐代替长流水水槽，但制造精度要求较高，否则容易漏水。杯式饮水器供水可靠，不易漏水，耗水量少，不易传播疾病，但是鸡在饮水时经常将饲料残渣带进杯内，需要经常清洗。各种饮水系统性能及优缺点见表 5-9。

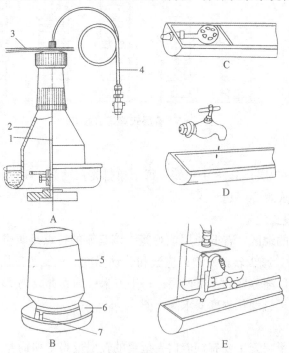

图 5-5　各种饮水装置

A. 吊塔式饮水器　B. 真空式饮水器　C. 浮子阀门式长槽饮水器　D. 长流水式长槽饮水器　E. 弹簧阀门式长槽饮水器
1. 防晃装置　2. 饮水盘　3. 吊攀　4. 进水管　5. 杯体　6. 底盘　7. 出水孔

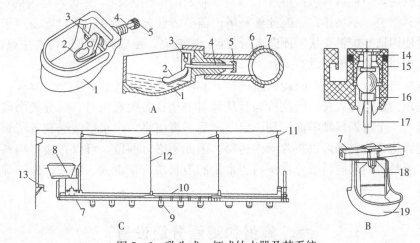

图 5-6　乳头式、杯式饮水器及其系统

A. 杯式饮水器　B. 乳头式饮水器　C. 乳头式自动饮水器系统

1. 杯体　2. 触发浮板　3. 小轴　4. 阀门杆　5. 橡胶塞　6. 鞍形接头　7. 水管　8. 水箱
9. 饮水器（杯式、乳头式）　10. 防晒钢丝　11. 滑轮　12. 升降钢索　13. 减速器及摇把　14. 控水杆
15. 外壳　16. 钢套　17. 顶杆　18. 饮水乳头　19. 接水杯

表 5-9　各饮水设备的主要部件和性能

名称	主要部件及性能	优缺点
水槽	长流水式由进水龙头、水槽、溢流水塞和下水管组成，当供水超过溢流水塞时，水即由下水管流进下水道。控制水面式由水槽、水箱和浮阀等组成。适用于短鸡舍的笼养和平养	结构简单，但耗水量大，疾病传播机会多，刷洗工作量大，安装要求精度大，长鸡舍很难水平，供水不匀，易溢水
真空式饮水器	由聚乙烯塑料筒和水盘组成，筒倒装在盘上，水通过筒壁小孔流入饮水盘，当水将小孔盖住时即停止流出，保持一定水面。适用于雏鸡和平养鸡	自动供水，无溢水现象，供水均衡，使用方便。不适于饮水量较大时使用，每天清洗工作量大
吊塔式饮水器	由钟形体、滤网、大小弹簧、饮水盘、阀门体等组成，水从阀门体流出，通过钟形体上的水孔流入饮水盘，保持一定水面。适用于大群平养	灵敏度高，利于防疫，性能稳定、自动化程度高，但洗刷费力
乳头式饮水器	由饮水乳头、水管、减压阀或水箱组成，还可以配置加药器。乳头由阀体、阀芯和阀座等组成。阀座和阀芯由不锈钢制成，装在阀体中并保持一定间隙，利用毛细管作用使阀芯底端经常保持一个水滴，鸡啄水滴时即顶开阀座使水流出。平养和笼养都可以使用。雏鸡可配各种水杯	节省用水、清洁卫生，只需定期清洗过滤器和水箱，节省劳力。经久耐用，不需更换。对材料和制造精度要求较高。质量低劣的乳头饮水器容易漏水

五、喂料设备

在家禽的饲养管理中，喂料耗用的劳动量较大，因此大型机械化鸡场为提高劳动效率，采用机械喂料系统。机械喂料设备包括储料塔、输料机、喂料机和料槽 4 个部分。

储料塔放在鸡舍的一端或侧面，用来储存该鸡舍鸡的饲料。它由厚 1.5 mm 的镀锌钢板冲压而成。其上部为圆柱形，下部为圆锥形，圆锥与水平面的夹角应大于 60°，以利于排料。塔盖的侧面开了一定数量的通气孔，以排出饲料在存放过程中产生的各种气体和热量。储料塔一般直

视频：自动
给料系统
（李辉 提供）

径较小，塔身较高，当饲料含水量超过 13% 时，存放时间超过 2 d，则储料塔内的饲料会出现结拱现象，使饲料架空，不易排出。因此储料塔内需要安装破拱装置。储料塔多用于大型机械化鸡场，储料塔使用散装饲料车从塔顶向塔内装料。喂料时，由输料机将饲料送往鸡舍的喂料机，再由喂料机将饲料送到料槽，供鸡采食。

视频：蛋鸡
上料
（王宝维 提供）

常用的输料机有以下几种：螺旋式输送机，其叶片是整体式的，生产效率高，但只能作直线输送，输送距离也不能太长。因此将饲料从储料塔送往各喂料机时，需分成两段，使用两个螺旋式输送机，一个将饲料倾斜输送到一定高度后，再由另一个水平输送到各喂料机。塞盘式输料机和螺旋弹簧式输料机可以在弯管内送料，因此不必分两段，可以直接将饲料从储料塔底送到喂料机。喂料机用来向料槽分送饲料。常用的喂料机有塞盘式、链式、螺旋弹簧式、天车式和轨道车式。

六、集蛋和鸡蛋分级设备

视频：蛋鸡
集蛋系统
（王宝维 提供）

自动集蛋设备的使用提高了大型养殖场的效率。大型养殖场的蛋产量较多，捡蛋工作量大，不仅劳动效率低，而且人力资源成本高，一方面对人员走动家禽的产蛋产生影响，另一方面由于禽舍内禽粪较多，含有多种细菌及对人体有害的化学物质，影响工作人员的身体健康。自动鸡舍内集蛋系统包括集蛋机主体（鸡蛋流量控制系统＋升降系统）、集蛋带系统（集蛋带＋传送系统）。

视频：鸡蛋
清洗、分
级系统
（王宝维 提供）

如果是多栋，通常还有中央集蛋系统，包括蛋链、各种步进电机、各种支撑架、电控柜、防雨罩和捡蛋桌。有时还要安装破蛋和裂纹蛋鉴别装置、清洗和风干装置、涂膜装置、喷码装置、装托装置、装箱打包装置等，有些装置可以根据生产需求增加或舍去。

鸡蛋分级设备主要是通过不同硬度的弹片过滤不同重量的鸡蛋，把不同蛋重的鸡蛋分类包装和销售。鸡蛋分级设备可以和集蛋设备联在一起使用，先分级后装托。

七、清粪设备

禽舍内的清粪方式有人工清粪和机械清粪两种。机械清粪常用设备有刮板式清粪机和带式清粪机。刮板式清粪机多用于阶梯式笼养和网上平养；带式清粪机多用于叠层式笼养，阶梯笼也可以在最下层安装带式清粪系统。

视频：刮板
式清粪
（李辉 提供）

通常使用的刮板式清粪机分全行程式和步进式两种。它由牵引机（电动机、减速器、绳轮）、钢丝绳、转角滑轮、刮粪板及电控装置组成。工作时电动机驱动绞盘，钢丝绳牵引刮粪板。向前牵引时刮板式清粪机的刮粪板呈垂直状态，紧贴地面刮粪，到达终点时刮板式清粪机前面的撞块碰到行程开关，使电动机反转，刮板式清粪机也随之返回。此时刮板式清粪机受背后钢丝绳牵引，将刮粪板抬起越过鸡粪，因而后退不刮粪。刮板式清粪机往复行走一次即完成一次清粪工作。刮板式清粪机一般用于双列鸡笼，一台刮粪时，另一台处于返回行程不刮粪，使鸡粪都被刮到禽舍同一端，再由横向螺旋式清粪机送出舍外。

全行程式刮板清粪机适用于短粪沟。步进式刮板清粪机适用于长禽舍，其工作原理和全行程式完全相同。刮板式清粪机是利用摩擦力及拉力使刮板自行起落，结构简单。但钢丝绳和粪尿接触易被腐蚀而断裂。采用高压聚乙烯塑料包覆的钢丝，可以增强抗腐蚀性能，但塑料外皮不耐磨，容易被尖锐物体割破失去包覆作用，因此要求与钢丝绳接触的传动件表面必须光滑无毛刺。

视频：带式
清粪
（李辉 提供）

带式清粪逐渐成为笼养禽舍主流的清粪方式。无论阶梯式笼养还是叠层式笼养都可采用，家禽排粪到传送带上，传送带传动到禽舍污道端，粪落到横向传送带，横向传送带再把粪传送到舍外的待装车辆上运到有机肥厂。带式清粪粪不落地，不搅动，禽舍干净且释放的污浊气体少。带式清粪的关键点是传送带要平衡，否则传送带走偏容易撕裂，另外就是传送带的宽度要大于禽排粪的位置，防止粪落到传送带外面。

第五节　家禽管理中的技术操作

一、断　喙

断喙是防止啄癖的最好和最简单方法，此外断喙使鸡的喙尖钩去掉，可有效防止鸡将饲料扒出料槽而浪费饲料。鸭有时也由于各种原因出现啄癖，如果啄羽严重也需要断喙。

（一）断喙时间

蛋鸡一般在 6～10 日龄进行精确断喙。此时精确断喙可以一直保持较理想的喙型。如果断喙效果不理想，要在转成年鸡舍的前后进行一次修喙。6～10 日龄期间要进行新城疫和法氏囊等病的免疫，要和断喙错开 2 d 以上。如果雏鸡有啄斗并有出血现象，要立即进行断喙。肉鸡或肉鸭的断喙可在 1 日龄进行。

（二）断喙方法

1. 断喙器断喙　精密动力断喙器有直径 4.0 mm、4.37 mm 和 4.75 mm 的孔眼。将喙插入 4.37 mm 的孔眼或其他适宜孔眼断喙，所用孔眼大小应使烧灼圈与鼻孔之间相距 2 mm。上喙断去 1/2，下喙断去 1/3，外观开起来上下齐整。断喙时一手握鸡，拇指置于鸡头部后端，轻压头部和咽部，使鸡舌头缩回，以免灼伤舌头，如果鸡龄较大另一只手可以握住鸡的翅膀或双腿，然后在灼热的刀片上灼烧 2～3 s，以止血和破坏生长点，防止以后喙尖长出。图 5-7 为正确断喙和不正确断喙的雏鸡示意图。

视频：小鸡
的断喙

（宁中华 提供）

A　　　　　　　　　　　　B

图 5-7　断喙切割图
A. 正确的断喙　B. 不正确的断喙

2. 红外线断喙　红外线断喙技术的出现使鸡只喙尖部在喙部组织不受任何剪切的条件下得到处理。由于没有任何外伤，则没有细菌感染的突破口并可大大减少对雏鸡的应激。这种非入侵式的方法采用红外线光束穿透喙部的外表层直至基础组织。尔后数周内雏鸡正常的啄食行为使坚硬的外表层逐渐脱落。大约在四周所有的鸡只都应有圆滑的喙部。

（三）断喙要点

1. 断喙前鸡群健康、无疫情　确保待断喙鸡群健康、无疫情。断喙前 2～3 d 每千克饲料加 2～3 mg 维生素 K。

2. 断喙人员必须有足够的经验　选用合适的孔眼；更换新刀片，通过刀片颜色（避光情况下）判断刀片温度，一般刀片颜色应达到樱桃红色（约 600 ℃）。断喙器位置合适，这样才能避免大量不合格断喙现象出现。

3. 断喙后要供给充足的饮水 观察鸡只饮水是否正常。料槽中饲料应充足，注意鸡只采食量的变化；发现止血效果不理想、喙部仍流血的雏鸡，应及时抓出来重新灼烧止血。

二、剪　　冠

剪冠是为了分开不同的系或性别，以免混乱。高寒地区为防止鸡冠冻伤，或为防止啄伤，有时也剪冠。剪冠一般在 1 日龄雏鸡刚出壳时进行，用手术弯剪沿鸡冠基部由前往后将鸡冠剪掉。

三、断　　趾

对父母代种鸡，为了防止公母混杂或剔除鉴别误差，孵化场需要对公雏做剪冠或断趾处理。对自然交配公鸡还需要将其内侧左右趾尖断去，防止交配时抓伤母鸡，可以用烙铁或断喙器进行断趾。对自然交配公鸡断趾一定要轻，只要把趾甲断去或断去趾甲的生长点即可，断趾太严重会影响公鸡的交配，断趾后注意止血，轻微出血属正常现象。

四、强制换羽技术

换羽是禽类的一种自然生理现象，鸡换羽时一般都停止产蛋，但高产鸡边产蛋边换羽。自然换羽由于不一致，持续时间长达 3～4 个月，产蛋率明显低于第一个产蛋期。

强制换羽是指在产蛋期，通过采用人为控制的方法，使鸡的生理产生剧烈变化，停止产蛋并集中脱去旧的羽毛，换成新的羽毛，开始新的产蛋周期。强制换羽的总目标是延长鸡群利用时限，提高后期产蛋率和鸡蛋质量：①换羽后产蛋率提高 8%～12%；②饲料转化率提高 8%；③蛋壳强度提高 0.2 kg/cm²。

（一）强制换羽的应用价值

1. 作为盈利措施 在发达国家，雏鸡、饲料、人工以及生产资料等生产成本上升，使鸡的培育成本加大，而淘汰鸡、鸡粪的价格很低，每只鸡的盈利很微弱。因此强制换羽延长鸡的产蛋期成为增加盈利的重要措施。

2. 后备鸡跟不上 雏鸡供应紧张时，雏鸡不能按计划购进，造成不能按计划更新鸡群。为了继续提供商品鸡蛋或商品雏鸡，需要对鸡群进行强制换羽。后备鸡在育雏育成阶段由于疾病、管理等原因造成育成率低，后备鸡跟不上，无鸡上笼。这时可以进行强制换羽。

3. 产蛋期遇到较大应激，继续饲养亏损 高产鸡在产蛋阶段由于遭遇较大的应激，如患病等，使产蛋率大幅度下降，而且短期内恢复无望时，可以进行强制换羽。终止第一产蛋期，使鸡恢复体质，希望第二产蛋期获得较高的生产水平，以弥补损失。

4. 当前市场行情不好，换羽等市场回升 养鸡规模的不断扩大和市场经济的作用，使养鸡市场经常出现波动，造成一段时间内养鸡赔钱，有些鸡处于产蛋水平较高的阶段仍然赔钱，这时可考虑进行强制换羽，使鸡休产，等到市场价格上扬时使鸡群恢复产蛋。这种情况需要对市场有较准确的预测，否则赔了夫人又折兵。

5. 其他 我国还存在进口快大型白羽肉鸡和部分蛋鸡品种祖代的场，进口成本高，或遇到进口限制，可以利用强制换羽措施达到延长种鸡利用时限的目标。

（二）强制换羽的基本过程

根据强制换羽的措施不同，强制换羽方法可分为生物学法（激素法）、化学法、畜牧学法（饥饿法）和综合法（畜牧学法和化学法结合）四种。其中畜牧学法是最常使用的方法。强制换羽方案的三要素是停水、绝食和停光，有时三要素同时实施，有时仅实施两个要素。强制换羽的基本过程可分为强制换羽前的准备期、强制换羽实施期（产蛋率迅速下降至休产）、强制换羽恢复期和第二产蛋期四个阶段（图 5 - 8）。

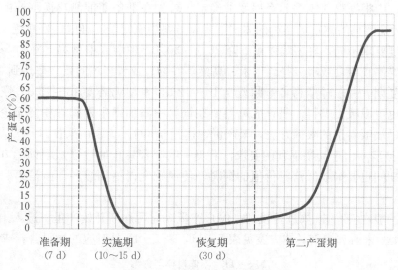

图 5 - 8　强制换羽期别模式图

1. 准备期　是指第一产蛋期末、实施强制换羽前的一周时间，在此期间做好各项准备工作。首先确定换羽时间，制订换羽方案，然后淘汰体重太大、太小和不健康的鸡，选择健康鸡只进行换羽。换羽前进行新城疫等疫病监测，对鸡群进行免疫，进行断喙以防止因饥饿引起啄癖，称重以监测失重效果，准备补钙和恢复期饲料。

2. 实施期　是指从执行强制换羽各项措施的第一天开始到鸡群体重下降了 25%～30% 时或死亡率达 3% 时为止。在此期间，产蛋率迅速下降至鸡群完全停产，鸡的体重迅速减少，羽毛开始脱落。不同的换羽方案实施期停水、停料和光照控制不同，将在换羽方案中叙述。

3. 恢复期　指鸡的体重失重达 25%～30% 之后，恢复喂料，体重逐渐增加，脱掉旧羽换为新羽，产蛋率重新达到 5% 时为止。

4. 第二产蛋期　指鸡群恢复生产，从产蛋率 5% 时起至鸡群淘汰为止。

（三）强制换羽方案

1. 快速换羽　这是以强烈的限饲方式进行的换羽，对鸡的应激比较大。以白壳蛋鸡为例说明鸡的强制换羽方案（表 5 - 10），褐壳蛋鸡、种鸡和肉种鸡也可以实行强制换羽，不过体重越大的鸡限饲时间越长。

表 5 - 10　白壳蛋鸡强制换羽方案

分期	处理日期	天数（d）	饲料	饮水	光照（h/d）	
					封闭式鸡舍	开放式鸡舍
实施期 （共12 d）	第1～3 天	3	停料	停水	8	停止补光
	第4～12 天	9	停料	给水	8	鸡舍遮暗
恢复期 （共30 d）	第13 天	1	30 g/（只·d）育成料	给水	8	停止补光
	第14～19 天	6	每两天增20g至 第19天90 g/（只·d）	给水	8	停止补光
	第20～26 天	7	自由采食育成料	给水	8	停止补光
	第27～42 天	16	自由采食育成料	给水	每天增0.5h	每天增0.5h
产蛋期	第43天～56周	44 周	采食蛋鸡料	给水	16	16～17

采用此方案停水天数应根据季节和鸡的体质灵活掌握。大多数强制换羽方案停水 1～3 d，也有的停水 1～2 d 然后恢复饮水 1～2 d，再停水 1～2 d。但是要注意在酷热的夏天，停水可能会致使鸡大量死亡，一般不采取停水的方法。

绝食的天数应根据鸡的体重下降程度来确定。首先在准备期抽测鸡换羽前的体重，在绝食后 8 d 开始每天抽测鸡的体重，当鸡的体重下降到方案中制定的标准时，停止绝食。不同的鸡种体重下降的幅度要求不同，轻型鸡体重下降 25%～30%，中型或重型鸡下降 25%。如果鸡群的死亡率较高，要停止绝食或喂一些碎玉米、高粱等谷物。或者当鸡的死亡率达到 3% 时，结束实施期，进入恢复期。一般轻型鸡实施期需要 10～12 d，重型鸡需要 13～15 d。恢复期喂料可以喂育成鸡料，也可以喂蛋鸡料，喂育成鸡料要在饲料中添加维生素和骨粉。无论喂何种料，都必须采取逐渐增加喂料量的限饲方法，至产蛋率达到 5% 时改为自由采食。

2. 不停料换羽 由于动物福利的要求，欧美一些国家禁止通过强烈限饲的方法进行强制换羽，因此换羽期间也要饲喂低营养价值的饲料，使换羽变得更加缓和，但是第二产蛋高峰没有快速换羽高。

这种方法一般在 65～68 周进行换羽，停止产蛋 3 周后逐渐开始产蛋、进入第二产蛋期，到 110 周左右淘汰。来航鸡换羽具体方案见表 5-11，表 5-12 是对应的饲料营养成分。

表 5-11 不停料换羽方案

时间	处理方法
换羽前 3～4 d	饲料中的钙含量增加至 5.0%～5.2%
第 1 天	清除料槽中的饲料，换成换羽 1 号料，56～65 g/(只·d)，光照 12 h 或比自然光照长 1 h，保持 3 周
第 6 天或者多几天	体重降低到 1 270 g 时恢复换羽 2 号料
第 21 天	光照增加到 13 h 或比换羽时多 1 h，产蛋率 5% 时换换羽 3 号料
第 28 天	增加 0.5 h 光照
第 35 天	恢复常规光照，至少比 28 d 时长 30 min
大约第 42 天	产蛋率 50% 时按照高峰时管理措施管理，以后按相应的阶段管理

表 5-12 换羽期间的饲料营养

(引自海兰蛋鸡饲养手册，2010)

阶段	蛋白质 (%)	钙 (%)	有效磷 (%)	钠 (%)	氯 (%)	代谢能 (kJ/kg)	甲硫氨酸 (%)	含硫氨基酸 (%)	赖氨酸 (%)	精氨酸 (%)	酪氨酸 (%)
换羽 1	8～10	1.50	0.25	0.05	0.03	6 897～10 450	0.17	0.35	0.40	0.46	0.15
换羽 2	15.50	2.85	0.50	0.16	0.16	11 495～11 724.9	0.42	—	0.70	0.85	0.14
换羽 3	16.50	3.85	0.50	0.17	0.15	12 101.1～12 226.5	0.36	—	0.75	0.88	0.15

复习思考题

1. 解释应激、优胜序列。
2. 笼养鸡为何易发生啄癖？如何防止啄癖？
3. 简述开放式鸡舍和封闭式鸡舍的特点和优缺点。
4. 说出四种主要的鸡的饲养方式及它们都适于养什么类型的鸡。

5. 高温对鸡有什么影响？夏季鸡舍降温有哪些措施？

6. 机械通风有哪些方式？纵向负压通风的好处有哪些？

7. 光照对鸡的作用和间歇光照的优缺点是什么？

8. 制订一个3月21日出雏的蛋鸡开放鸡舍光照程序。

9. 叙述强制换羽的基本过程和方案。

10. 和其他饮水器具相比，乳头式饮水器的优缺点有哪些？

（宁中华）

06 第六章 蛋鸡生产

我国蛋鸡养殖数量自 1985 年跃为世界第一以来，至今一直保持产蛋鸡存栏量世界第一的位置。据国家统计局数据及经验参数测算，2018 年鸡蛋产量 2 659 万 t，是 1985 年的 5.85 倍。2015—2020 年，我国蛋鸡的养殖模式发生较大变化。商品代蛋鸡规模场从接受并普遍采用 6～8 层 H 型笼养发展到探索新型栖架立体散养系统，种鸡立体本交笼养模式快速推进，单场存栏超过百万只的大型规模场不断投产。伴随着养殖模式和规模的变化，配套技术和养殖理念不断创新。

第一节 生理和饲养阶段划分

一、根据生理特点划分阶段

蛋鸡饲养周期较长，从出生至淘汰要经过一年半左右的时间，此间体重从出生时的 35 g 左右到淘汰时的 2 000 g 左右，从生长、发育期到生产、衰退期，鸡的生理发生着较大的变化。为了适时给鸡只提供更好的环境、营养、空间等条件，依据鸡的生理特点划分技术管理阶段。在中华人民共和国农业行业标准《家禽生产性能名词术语和度量计算方法》（NY/T 823—2020）中，将蛋鸡生长阶段划分为三段并给出定义。

1. 育雏期 指雏禽出壳后需要借助于外界给温维持正常生长发育的阶段（0～6 周龄）。在此期间雏鸡免疫系统发育不完善，重点是预防疾病发生。育雏期的鸡要适应环境、快速生长、换掉绒毛、接受多种疫苗注射。雏鸡孵化出壳后 5～10 日龄为生存关键期，由母体传播或孵化期感染造成的问题会影响雏鸡的成活。雏鸡需要精心呵护，给予优质的日粮、严格的环境措施。

2. 育成期 指自育雏期满至接近性成熟的生长阶段（7～18 周龄）。此阶段鸡只快速生长，骨骼、性腺发育，身体各个系统发育完善，完成体成熟，逐渐达到性成熟。要特别关注 16～18 周龄生殖器官快速发育阶段的饲养管理。

3. 产蛋期 从开始产蛋到淘汰的阶段（19 周龄～淘汰）。此阶段鸡只处于生产时期，完成从开始产蛋→产蛋高峰→产蛋渐低的过程。在发达国家，由于后备鸡培育成本高，产蛋鸡后期仍能保持较高的产蛋率，饲养期一般到 90 周龄以上。随着科学技术的进步，各项技术措施不断完善，产蛋期逐渐延长，未来目标是饲养到 100 周龄淘汰。

二、根据饲养模式划分阶段

由于雏鸡和育成鸡都处于生长发育阶段，以体重增加、骨骼和性腺发育为主，处于成本投入期，为此，将处于生长发育阶段的鸡统称为后备鸡（1～126 日龄），在生产中，日龄大的后备鸡也被称为青年鸡。

　　21 世纪开始，蛋鸡规模化场发展迅速，尤其在 2010 年以后，大规模场不断替代养殖户，养殖模式发生了较大变化，在现代化、机械化、智能化设备支撑下，为简化管理难度，节省土地和固定资产投入，蛋鸡整个饲养期在两个类型鸡舍（后备鸡舍和产蛋鸡舍）完成。目前，大型饲养场已根据生物安全需要，把后备鸡舍和产蛋鸡舍分场来布局，即分别建设后备鸡场和蛋鸡场。

　　1. 后备鸡饲养阶段　此阶段的鸡只主要饲养在后备鸡舍，笼具不配备集蛋线。环境控制要能满足雏鸡的需要。

　　2. 产蛋鸡饲养阶段　在产蛋鸡舍饲养，笼具配备产蛋和集蛋设备。鸡舍环控条件要完善，通风设施良好。

第二节　后备鸡的培育

一、培育目标

　　主要目标是健康和体况良好，达到品种预定的体重与体尺标准。骨骼发育良好，无多余脂肪，整齐度高，适时性成熟。

　　1. 成活率高　饲养过程无传染病发生，食欲正常，精神活泼，反应灵敏，羽毛紧凑而富有光泽。1～126 日龄成活率达到 95% 以上。

　　2. 生长发育正常　体重、胫长、胫围等符合品种标准，骨骼良好，胸骨平直而结实，并且没有多余的脂肪。每个品种都有特定的体重和体尺等标准，在衡量发育程度是否正常时，一定要对标标准体重和体尺，保持较高的符合度。

　　胫长：是指跖骨的长度，是踝关节到脚掌中间的垂直距离。是衡量骨骼发育和品种特征的重要指标。一定注意：胫长不是胫骨的长度。正常体型蛋鸡母鸡胫长一般在 7～10 cm 范围内。评价指标以品种标准为参考。

　　胫围：胫部中段的周长。和胫长一起作为品种特征和体况发育状况的评判参数。

　　3. 体重均匀度良好　全群具有良好的体重均匀度，理想的指标是 85% 以上。

　　体重均匀度：鸡群体重均匀度是指抽样群体中体重落入平均体重 ±10% 平均体重范围内鸡只个体数所占抽样样本数的百分比。例如，某鸡群 10 周龄抽样 250 只个体的平均体重为 760 g，760±10% 平均体重范围是：760+（760×10%）=836（g）和 760-（760×10%）=684（g）。在 250 只鸡样本中，体重在此范围内的有 198 只，占称重样品鸡数的百分比是 198÷250=79.2%，即体重均匀度为 79.2%。

　　体重均匀度评判标准：均匀度值在 70%～75% 时为合格，达 76%～80% 为较好，80% 以上为良好，85% 以上为优秀。

　　变异系数也可用来表示体重均匀度，变异系数在 9%～10% 为合格，在 7%～8% 为良好。

二、雏鸡的培育

（一）雏鸡的生理特点和习性

　　1. 生长发育速度快　雏鸡代谢旺盛，生长发育迅速，耗氧量大。例如，蛋鸡商品雏的 6 周龄体重约为初生重的 10 倍。因此，育雏期饲料必须严格按照营养标准予以满足。

　　2. 体温调节机能弱　初生雏鸡的体温调节机能没有发育完善。初生雏鸡绒毛稀而短，保温能力差，体温低于成年鸡 1～3 ℃。3 周龄左右体温调节中枢的机能逐步完善，8 周龄后体温才接近成年鸡。因此，0～6 周龄的雏鸡必须提供适宜的环境温度。

3. 消化机能尚未健全 雏鸡代谢旺盛，生长发育快，但是消化器官容积小、消化功能差。因此，在饲喂上除日粮配方特殊外，在饲喂方式上也要少喂勤添（少量多次）。

4. 抗病能力差 雏鸡对疾病抵抗力很弱，易感染疾病，如鸡白痢、大肠杆菌病、法氏囊病、球虫病、慢性呼吸道病等。育雏阶段要严格控制环境，切实做好防疫隔离。

5. 胆小，群居性强 雏鸡比较敏感，胆小怕惊吓，因此，雏鸡生活环境一定要保持安静，避免有噪声或突然惊吓。在雏鸡舍应增加防护设备，以防鼠、鸟、蛇、猫、犬等的侵害。雏鸡喜欢群居，便于大群饲养管理，有利于节省人力、物力。

6. 羽毛生长更新速度快 雏鸡羽毛生长极为迅速，对温度需求变化大，所以环境温度要适时调整。

（二）雏鸡的饲养管理

1. 养殖方式 中国蛋鸡饲养历史过程经历了不同的雏鸡饲养方式，基本可概括为地面平养、网上平养和笼养三种类型。目前，规模化养鸡场基本采用4～6层叠层笼养，但小养殖户多采用地面平养和阶梯笼养等方式。

2. 准备工作 雏鸡进舍前要做好各项准备，如生产资料的准备，育雏人员的选择和培训，鸡舍消毒、设备维护和舍温预试等。

鸡舍及设备在上批鸡转出舍后应立即清扫、冲洗和消毒，为下次进鸡做好准备。消毒是为了阻断舍内残留的病原微生物继续繁殖而影响下批鸡。鸡舍消毒多采用福尔马林熏蒸法、火焰法等。

3. 供温方法 适宜的环境温度是养好雏鸡的关键，雏鸡需要较高的室温。供温方式主要包括燃油（燃气、电）热风机、锅炉、保温伞供暖等。小养殖户也存在火炕（地下温床）、红外线灯、煤炉供暖等方式。

4. 饲养密度 饲养密度与雏鸡发育和充分利用鸡舍有很大关系。密度过大，雏鸡互相挤压在一起抢食，体重发育不均，易发生啄癖，影响发育和健康；密度过小，鸡舍利用率低，成本高。密度的大小，应根据雏鸡日龄大小、品种、饲养方式、季节和通风条件等进行调整。在标准饲养条件下，笼养适宜饲养密度为：1～2周龄，60只/m²；3～4周龄，40只/m²。

5. 饮水 初生雏鸡初次饮水最好在出壳后24 h左右，过迟会造成雏鸡脱水。

（1）饮水方法与空间：为使雏鸡尽快饮水，可人工辅助熟悉水源，方法是用手抓握雏鸡头部，使其喙部进入水盘或于乳头处饮水2～3次。舍内要按饮水器说明配备足够的饮水器。饮水器要均匀分布，采用乳头式饮水器的鸡舍，4日龄以内要配备真空式饮水器补充饮水，逐渐使雏鸡过渡到用乳头式饮水器饮水。饮水器或水线要经常清洗消毒。

（2）饮水量：雏鸡的需水量因具体情况而异。体重越大，生长越快，环境温度越高，则雏鸡需水量也越多。水的消耗明显受品种、环境温度和其他因素影响，需灵活掌握。雏鸡饮水量可参考表6-1。

表6-1　每百只雏鸡饮水量（L）

周龄	饮水量	
	≤21.2 ℃	32.2 ℃
1	2.27	3.30
2	3.97	6.81
3	5.22	9.01
4	6.13	12.60
5	7.04	12.11
6	7.72	13.22

注：引自王宝维，海兰蛋鸡饲养，1998。

6. 饲喂　要先饮水后喂料。

（1）开食时间：开食是指雏鸡出壳后第 1 次吃料。雏鸡经过运输刚到达目的地后，不要急于饲喂，最好是遮光休息一会，饮水 1～2 h 后再开食；也不要在运输途中饲喂，因为开食后嗉囊变大，在运输中容易因挤压而造成损伤。

雏鸡的质量与其开食时间有很大的关系，雏鸡出壳后，尽早开食，有利于刺激雏鸡消化道发育，培育雏鸡产生好的食欲。

（2）开食和饲喂方法：把浅平开食盘放在笼内，开食盘的大小和数量依据笼的大小而定，以所有雏鸡能同时采食为宜。开食料宜采用专用全价破碎颗粒饲料。要检查雏鸡的嗉囊，以鉴定鸡的采食情况。雏鸡要少喂勤添，以刺激食欲。最初的几天，每隔 3 h 喂 1 次，每天 8 次；以后随着日龄增长逐步减少到每天 4 次。随着雏鸡的生长，待雏鸡能在料槽采食时撤去开食盘。料槽的高度应根据鸡背高度进行调整。

（3）饲料更换：雏鸡生长发育迅速，对营养的需求变化快，要及时调整料号。一般 0～3 周龄使用开食料，3～6 周龄使用雏鸡料。

（4）耗料量：雏鸡营养要全面，耗料量要恰当（表 6-2）。

表 6-2　不同类型雏鸡耗料量

周　龄	日耗料（g/只）	
	白壳蛋鸡	褐壳蛋鸡
1	7	8
2	14	17
3	22	25
4	28	31
5	36	37
6	43	45

7. 及时淘汰鉴别错误公鸡　无论翻肛鉴别还是羽色或羽速自别，都会有一些鉴别错误的鸡只出现。在育雏末期，性别的外貌特征已经出现，为减少饲养成本，在商品代蛋鸡中要及时淘汰出现的公鸡，只保留目标性别鸡只。

（三）雏鸡饲养的环境条件

1. 温度　雏鸡体温调节能力差，温度控制至关重要。

（1）温度控制程序：雏鸡弱小，只披被绒毛，对温度反应十分敏感，因此，雏鸡需要保温培育。1～3 d，采用 34～35 ℃，4～7 d，采用 32～33 ℃，以后每周降低 2～3 ℃，至室温达 20 ℃左右。降温幅度可据季节而定，夏秋季每周降 3 ℃左右，冬春季每周降 2 ℃左右。

（2）看鸡施温：雏鸡对温度反应灵敏。温度适宜时，雏鸡精神活泼、食欲旺盛、饮水适度、羽毛光亮整洁、分布均匀；温度过低时，雏鸡聚集在热源周围或扎堆，发出叫声；温度过高时，小鸡远离热源，张口喘气，饮水增加。温度调节不仅要根据温度表上的读数，还要随时察看雏鸡行为，及时调整舍温。

（3）脱温：随着雏鸡的长大，其机体调节温度的能力加强，需要逐渐降低温度，当育雏室温度降到与室外温差不大时，就可停止加温。脱温要逐渐进行，即用 3～5 d 的时间，逐渐撤离保温设施，防止脱温太快导致雏鸡不适应温度变化而感冒。脱温在鸡群健康无病时进行，避开各种逆境（如免疫、转群、更换饲料等的不良刺激）。

2. 湿度　育雏期适宜的相对湿度为 56%～70%。第 1 周育雏舍内应有较高的湿度，我国南方不加湿就可以达到，北方等地区就要补湿。第 1 周保持适宜的湿度对维持雏鸡正常的代谢活动、卵黄吸收、避免脱水、促进羽毛生长都是必需的。可以采用喷雾或地面洒水进行补湿。

3. 通风　保持室内空气新鲜是雏鸡正常生长发育的重要条件之一。育雏室内氨气浓度应低于 20 mg/m³，二氧化碳浓度应低于 0.5%，硫化氢浓度在 10 mg/m² 以下。二氧化碳浓度达到 7%～8% 时会引起雏鸡窒息。通风换气的目的是满足雏鸡对氧气的需要，排除有害气体和湿气。由于雏鸡需要较高的环境温度，所以要处理好通风和保温的关系。通风时注意防止贼风。

三、育成鸡的培育

（一）育成鸡的生理特点

这一阶段鸡只仍处于生长迅速、发育旺盛的时期，机体各系统的机能逐步发育健全。育成鸡主要生理特点如下：

① 羽毛已经长出成羽，具备了体温自体调节能力。

② 消化能力日趋健全，食欲旺盛；钙、磷的吸收能力不断提高。

③ 骨骼发育和肌肉生长处于旺盛时期，体重增长速度和增幅最大，随日龄的增加增速逐渐下降，脂肪沉积能力随日龄的增长而增强，此阶段适度脂肪沉积对以后的产蛋量有一定的影响。

④ 从 11 周龄起，卵巢卵泡逐渐积累营养物质，卵泡渐渐增大；公鸡 12 周龄后睾丸及副性腺发育加快，精子细胞开始出现；16～18 周龄性器官发育更为迅速，卵巢重量可达 1.8～2.3 g，部分母鸡卵巢出现成熟卵泡。

⑤ 对光照时长的反应非常敏感，如果不限制光照，将会出现过早产蛋等情况。

（二）育成鸡的饲养

1. 日粮过渡　从育雏期到育成期，饲料的更换是一个很大的转折。从 7 周龄的第 1～2 天，用 2/3 的育雏期饲料和 1/3 的育成期饲料混合喂给；第 3～4 天，用 1/2 的育雏期饲料和 1/2 的育成期饲料混合喂给；第 5～6 天，用 1/3 的育雏期饲料和 2/3 的育成期饲料混合喂给；以后喂给育成期饲料。

饲料更换应以 6 周龄的体重和胫长标准为参考值。在 6 周龄末，分别检查雏鸡的体重及胫长是否达到品种标准，如果达到标准，7 周龄后开始更换饲料；如果达不到标准，可继续饲喂育雏期饲料，直到达标为止。

2. 限制饲喂　在育成后期，为避免因采食过多造成产蛋鸡体重过大，可以考虑在能量蛋白质质量上给予限制，也可以从采食数量上进行限制。但目前国内饲养蛋鸡在育成鸡阶段采用限制饲喂技术的案例很少，基本采用自由采食，保证开产前体重达标。

3. 饮水　育成期每只鸡要有足够的饮水位置。要求饮水清洁卫生，每周坚持清刷一次水线。饮水量除与采食量、体重大小有关外，还与气温的高低有关：气温低，饮水量少；气温高，饮水量多。环境温度高时，可通过水线尾端放水来降低饮水的温度。

4. 饲养密度　保持适宜密度，才能使个体发育均匀。适宜密度不仅增加了鸡的运动机会，还可以促进育成鸡骨骼、肌肉和内部器官的发育，从而增强体质。笼养条件下，适宜密度按笼底面积计算，每只鸡笼底面积不低于 300 cm²。

5. 饲喂设备　育成鸡养殖期间一般不再调整密度，料槽、水槽都要以性成熟时的需要来配备。具体可按照设备厂的规定来实施。

（三）育成鸡饲养的环境条件

1. 光照　为控制性成熟，育成期采用恒定的较短光照时间原则。性成熟过早，就会出现脱肛、产小蛋、产蛋高峰持续时间短、后期产蛋率下降快等问题；性成熟晚，则产蛋量减少。因此要控制性成熟，控制好光照时长和强度。特别是 10 周龄以后，光照对育成鸡的性成熟影响越来越大。

2. 通风　育成期饲养密度较大，饲养时间较长，一定要保证通风量。通风不良容易诱发疾病。密闭式鸡舍必须设计良好的排风降温系统，并根据温度调整通风量大小，既要维持适宜的鸡舍温度，又要保证鸡舍内有较新鲜的空气。

3. 温度　育成期良好的环境温度应维持在 18～27 ℃之间，最好在 25 ℃左右。

（四）育成鸡饲养的注意事项

1. 预防啄癖　啄癖是鸡的一种恶习，属于异常行为，是指鸡群中鸡互相啄食，导致外伤、死亡或生产能力下降。根据啄食的对象分为啄肛癖、啄羽癖、啄蛋癖等，由于鸡的习性管理不当比较容易发生。防治啄癖是育成鸡管理的一个重点。防治的方法不能单纯依靠断喙，应当配合改善室内环境、降低光照度和饲养密度、改进日粮营养等。

2. 转入产蛋鸡舍时间　为了不造成卵巢损伤，尽早适应蛋鸡舍环境，育成鸡要在开产前转入产蛋鸡舍。规模化养殖场为了提高产蛋鸡舍利用率，应避免过早被育成鸡占用。目前育成鸡一般在 90～110 日龄之间转入产蛋鸡舍，但由于我国蛋鸡养殖业还存在较大比例的小养殖户，不具备专业化的后备鸡养殖设备，所以还存在 60～70 日龄即转入产蛋鸡舍的情况。

3. 育成末期体重的控制　不同品种都有育成末期的体重标准，培育良好的育成鸡，控制适宜的体重才能适时开产，为产蛋期达到应有的产蛋高峰、产蛋持续性打好基础。白壳蛋鸡 18 周龄体重对早期产蛋性能的影响见表 6-3。

表 6-3　白壳蛋鸡 18 周龄体重对早期产蛋性能的影响

18 周龄体重（kg）	第 1 个蛋重（g）	25 周龄体重（kg）	19～25 周龄生产性能	
			产蛋率（%）	蛋重（g）
1.107	40.7	1.417	48.1	46.9
1.205	42.0	1.511	51.1	48.4
1.281	43.7	1.606	50.7	48.8
1.383	42.5	1.697	53.6	49.7

第三节　产蛋鸡的饲养管理

产蛋期一般从 19 周龄至 72 周龄（目标是 100 周龄）。此阶段的主要任务是创造一个有益于蛋鸡健康和产蛋的最佳环境，使鸡群充分发挥产蛋性能，以最少的投入换取最大的产出，从而获得最佳的经济效益。

一、开产前的准备

商品蛋鸡的饲养方式目前多采用密闭式鸡舍笼养，鸡只进入产蛋鸡舍首先要确定合理的饲养密度，维持好环境控制条件。

（一）鸡舍整理与消毒

鸡只转入前，必须对鸡舍及设备进行彻底清洗和消毒。对供水、供电、通风、供料、清粪等设施，以及鸡舍的防雨和保暖设备等进行维护。做好防鼠、防鸟方案。在鸡舍最后一次消毒前应对供水、供料、供电、清粪系统检查试运行，工作状态正常后才能进行鸡舍的最后一次消毒。

（二）整顿鸡群

鸡群在转入产蛋鸡舍前要进行整顿，严格淘汰病、残、弱、瘦、小的不良个体。符合标准体重和精神面貌的鸡只才能进入产蛋鸡舍。

（三）转群

后备蛋鸡由育成舍转入产蛋鸡舍称为转群。对大型蛋鸡场来说，这是一项任务重、时间紧、用人多的突击性工作，需要周密筹划和全面安排。为了便于管理，有利于控制全场疾病，以提高经济效益，应实行"全进全出"。

1. 转群时间的选择　转群的时间要按照生产计划而定，通常在15~17周龄之间转群。过早转群会影响产蛋鸡舍利用率；晚于18周龄转群，由于部分鸡只临近或已经开产，抓鸡和运动而造成的应激会使已开产的母鸡中途停产，有些造成卵黄落入腹腔而导致卵黄性腹膜炎，增加死亡，整个产蛋期的产蛋量也会受到影响。转群要选择气温适宜的天气进行，避开阴雨天气。炎热季节转群时最好在夜间凉爽时进行，防止高温带来的热应激。

2. 转群前的饲养管理　在转群前2 d内，为了加强鸡体的抗应激能力和促进因抓鸡及运输所导致的鸡体损伤的恢复，应在料中或饮水中添加双倍的多种维生素及电解质，如维生素C、速补-14等，转群当日可以适当增加光照以促进适应新的环境。

3. 转群的组织工作　转群工作量大，时间紧，应组织好人力，做好安排。一般可将人力分成抓鸡、运鸡和放鸡3个专业组。各专业组要配合好，轻拿、轻放，防止运输过程中压死、闷死和刮伤鸡只。

二、产蛋鸡的饲养

（一）产蛋鸡的生理特点

1. 内分泌功能变化较大　性腺激素开始大量分泌，卵巢的重量和体积迅速增大，耻骨间距扩大。性成熟后输卵管迅速发育，短时期内变得又粗又大，长50~60 cm。卵巢在性成熟前，重量只有7 g左右，到性成熟时迅速增长到40 g左右。

2. 器官发育变化不一致　心、肝等器官的重量明显增加，消化器官的体积和重量增加缓慢。

3. 需要的钙量激增　为维持蛋壳对钙的需要量，鸡体内要保持足量的钙和磷以及钙磷比例平衡。

4. 法氏囊的变化　法氏囊是鸡的重要免疫器官，在育雏育成阶段在抵抗疾病方面起到很大作用，但是在接近性成熟时，由于雌激素的影响而逐渐萎缩，开产后逐渐消失，其免疫作用也消失。

（二）饲养管理技术

1. 光照刺激　育成期结束，首先要根据体重或胫长标准判断给予光照刺激开始时间和光照时长增加幅度，促使性腺发育。增加光照的依据主要有三项，其中一项达到标准就要补充光照：①体重达到性成熟体重标准（生产中设定18周龄体重为参考标准）；②胫长达到性成熟时的标准；③产蛋率达到5%。当18周龄体重达到品种标准时，则应在19周或20周开始补充光照。补光的幅度一般为每周增加0.5~1 h，直至增加到每天光照时长16 h。补充光照的具体方法要根据品种特征执行，参照品种饲养管理指南。

视频：蛋鸡
舍灯光
（王宝维 提供）

2. 开产体重的调控　蛋鸡开产体重过小，会引起产蛋高峰不高或产蛋率降低过快。美国Kenton krengen博士认为："在后备母鸡的培育过程中，达到适宜体重可能是一个极为重要的质量因素。体重不足的后备母鸡似乎不太可能达到高峰产蛋率，经常出现高峰后产蛋率下降和降低蛋重的现象，并可能影响终生。"加拿大圭尔夫大学畜牧家禽系约翰·萨姆斯教授认为："开产后体重不足而不是过重是一个全球性的问题。"为此，保证18周龄体重达标至关重要。控制措施见育成鸡饲养管理。

3. 饲料与饲喂

（1）科学更换日粮：蛋鸡的饲养一般分为三个阶段。①产蛋初期。刚开产阶段，一般指见蛋至产蛋率5%，这一阶段时间很短，大约2周（19~20周龄）。这一阶段由育成期饲料改换成产蛋期饲料；也可在鸡群产蛋率达5%时更换。更换的方法有两个：一是设计一个开产前饲料配方，含钙量在2%左右，其他营养水平与产蛋期日粮相同；二是将产蛋期饲料按比例逐渐替换育成期日粮，直到全部改换为产蛋期日粮。群体开产日龄针对蛋用型禽（包括蛋鸭），蛋用型禽群体开产日龄指禽群见蛋后产蛋率首次达到50%时的日龄（肉用型禽应为首次达到5%的日龄），个体开产日龄指个体见蛋当天的日龄。②产蛋高峰期。对于高产蛋鸡指鸡群开产后群体产蛋率维持在90%以上的时段。鸡群开产后，产蛋率迅速上升，高产蛋鸡品种在24~25周龄产蛋率达到90%以上，一般持续4~9个月，此阶段要饲喂高品质日粮，防止透支体能。③产蛋后期。指产蛋率由90%开始下降的阶段（高产蛋鸡产蛋率≤90%）。脂肪沉积加强，产蛋开始下降，蛋重有所增加，蛋壳质量降低。产蛋后期消化道对钙吸收率降低，蛋壳质量下降，应注意晚上熄灯前补充大颗粒钙质饲料。

各个饲养阶段采食量主要由饲料能量水平和鸡舍温度决定。一般轻型蛋鸡产蛋期日采食量106~110 g，中型蛋鸡产蛋期日采食量115~120 g，小型蛋鸡日均采食量90 g。

（2）补充钙质饲料：蛋鸡开产后，钙质饲料的供应直接影响蛋壳的质量。在蛋的形成过程中，前6个小时无钙沉积；从6~12 h约沉积400 mg钙；12~18 h最活跃，约沉积800 mg钙，之后沉积速度较慢；最后6 h内约沉积500 mg钙。蛋壳中累计沉积1.7 g的钙。蛋壳中的钙主要来自消化吸收的钙，饲料钙量不足时动用髓质骨内储存的钙，导致蛋壳质量较差。此外，钙质饲料颗粒大小与比例也影响蛋壳品质。颗粒大于2 mm的石灰石粒存留在消化道内时间较长，溶解度低，在蛋壳形成期间缓慢、均匀地释放出钙。溶解度越低，蛋壳质量则越好。同时，大颗粒石灰石添加比例不同亦对蛋壳质量有影响，大颗粒钙占60%时效果最好，详情参见表6-4。

表6-4　不同比例2~4 mm大小的石灰石对蛋壳质量的影响

大颗粒石灰石比例（%）	蛋壳强度（kg/cm²）	蛋壳重量（g）	蛋壳指数（mg/cm²）	蛋壳厚度（μm）
0	33.6[a]	5.70	78.3	365
20	35.4[ab]	5.80	78.9	365
40	38.0[a]	5.75	79.7	368
60	38.2[d]	5.88	80.8	374
80	36.9[cd]	5.70	79.1	364
100	36.1[bc]	5.89	81.4	370

注：同列数据上标字母不同代表差异显著（$P<0.05$），上标字母相同代表差异不显著（$P>0.05$）。

（3）其他：除了注意钙质饲料的补充之外，产蛋期应适当增加微量元素，对增强蛋壳强度、降低蛋的破损率效果较好。产蛋鸡食物在消化道中的排空速度很快，仅4 h就排空1次，因此晚间熄灯前需补喂1~1.5 h料，以便为鸡夜间形成鸡蛋准备充足的营养。整个产蛋期以自由采食为宜，日喂2~3次，每次喂料不宜过多，夜间熄灯之前无剩余饲料。

4. 饮水　由于蛋鸡摄入的是高能量高蛋白日粮，代谢强度大，因此饮水量较大，饮水量一般是采食量的2~2.5倍，饮水不足会造成产蛋率急剧下降。在产蛋及熄灯之前各有一饮水高峰，尤其是熄灯之前的饮水与喂料往往被人们所忽视。夏天饮用凉水有利于产蛋，应注意加强水塔或水箱中水的循环，最好直接采用深层地下水。为了保证饮水质量与卫生，可安装水净化器。

5. 密度　轻型蛋鸡每只鸡占笼底面积380~400 cm²，重型蛋鸡每只鸡占笼底面积420~450 cm²，目前为了改善蛋鸡饲养条件，每只鸡占笼底面积达到 520 cm^2 左右。

三、产蛋鸡的管理

蛋鸡饲养人员除了喂料、捡蛋、清粪、打扫卫生和消毒以外，最重要的工作是观察和管理鸡群，及时发现和解决生产中的问题，以保证鸡群健康和高产、稳产。

1. 观察鸡群　观察鸡群的目的是了解鸡群的健康、采食状况和生产情况。根据设计的光照制度，在早晨开灯后观察鸡群的精神状态、采食和粪便情况。如发现精神委顿、羽毛不整、冠脚干瘪和粪便发绿（稀白或带血）等现象，说明鸡已经有病，应马上挑出淘汰处理。如发现有死鸡应当报知技术员做好诊断，以便及时控制疫情。

夜间关灯后，要仔细倾听鸡只的动静，如有无呼吸异常声音，当发现有咳嗽、打呼噜、甩鼻和打喷嚏鸡只应及时抓出进行隔离或淘汰，防止扩大感染和蔓延。要注意观察鸡群有无啄癖现象，一旦发现要及时挑出，对啄癖现象发生严重的鸡群，应果断进行断喙。还要注意观察环境温度的变化情况，尤其是冬（特别是晚上）夏季节要经常查看温度记录及通风、光照和供水系统，发现问题及时解决。及时淘汰低产、停产、病、弱、残鸡。

2. 减少应激　蛋鸡对环境的变化非常敏感，尤其是轻型蛋鸡更为明显，任何环境条件的变化都能引起应激反应。如抓鸡、注射、免疫、断喙、换料、停水、停光、生人进入鸡舍、异常声音、新颜色、飞鸟等，都可以引起鸡群的惊恐而发生应激反应，影响鸡的采食量和产蛋率乃至健康状况，严重时还会导致鸡群发病死亡。所以饲养员要固定，尽量使光照、温度、通风、供水、供料和集蛋等控制系统正常。

3. 采取综合性卫生防疫措施　注意保持鸡舍的环境卫生，经常洗刷水槽、料槽，定期消毒。产蛋前期至高峰期除了做好日常饲养管理工作外，还应特别注意因繁殖机能旺盛、代谢强度大、产蛋率和自身体重增加等原因而出现抵抗力降低的特点，要定期认真做好消毒和抗体效价的检测工作。

4. 四季环境条件管理

（1）春季：春季大自然气温波动性较大，要特别注意气候的变化，以便采取相应措施。应加强疫病检测工作，并根据需要及时做好疫苗免疫工作。遇到大风降温天气，要及时关闭门窗和通风孔，并在保证通风换气的同时注意保温。

（2）夏季：夏季饲养管理的主要任务是防暑降温。研究表明，30 ℃左右时，鸡的产蛋率、蛋重和体重均无显著降低，而耗料量和料蛋比却显著下降；34～35 ℃时则各指标均显著或极显著下降。环境温度越高，持续时间越长，下降幅度越大，恢复也越慢。当环境温度超过 35 ℃时鸡就会发生热昏厥而中暑。夏季要采取有效的降温措施。

（3）秋季：天气逐渐变凉，日照时间逐渐变短。要做好防寒保暖工作，夜间关闭部分窗户（尤其是北面），以防鸡感冒。

（4）冬季：气温低，是疫病高发期。要做好防寒保暖工作，防止贼风袭击。一般来说，低温对鸡的影响不如高温影响严重，但温度过低会使产蛋量和饲料转化率降低。在做好保温的前提下，应处理好鸡舍通风换气和保温的关系。

5. 定期观察寡产鸡比例和状态　及时分析产蛋率较低原因，一种是鸡只轮流间歇产蛋造成的，一种是部分鸡一直不产蛋造成的。第二种情况说明出现了一定比例的寡产鸡。寡产鸡特征：鸡冠干涩、发育不良、腹小而硬、耻骨间距1～2指。如果寡产鸡持续存在，建议定期淘汰，节省饲料成本。

6. 灭鼠及防止其他野鸟的危害　据统计，一只老鼠每年可吃掉9～11 kg饲料。老鼠不仅吃掉饲料还传播疾病，因此必须定期捕杀老鼠，可采取投药、料仓储料和门窗加防护网等多种方式灭鼠。建议和专业灭鼠公司合作开展灭鼠工作。要配备防鸟设施，不得使鸟进入舍内，以防止疾病的传播。

7. 做好生产记录　生产记录的内容很多，主要包含如下内容：日期、鸡龄、存栏数、产蛋量、存活数、死亡数、淘汰数、耗料、蛋重、体重、用药和免疫等。管理人员必须经常检查鸡群的实际生产记录，并与该品种（配套系）鸡的性能指标相比较，找出不足，及时纠正和解决饲养管理中存在的问题。

四、延长产蛋期技术

延长产蛋周期可弥补现代养殖模式下的成本增加问题。延长产蛋周期的条件：首先要保证较高的产蛋率，第二要保障鸡蛋品质，第三要保障鸡只健康。

国际背景下，"蛋鸡饲养期到 100 周龄，饲养期内产下 500 个鸡蛋"是近年蛋鸡养殖领域的发展目标，围绕该目标已经开展了大量的配套技术研究。实现该目标的配套技术主要有以下几个。

1. 品种培育　改进选育方法，加大产蛋后期产蛋力持续性的选择强度，改善后期蛋品质。

2. 饲料营养技术　研究营养配置和改进饲料添加剂种类等技术，保证鸡肠道和输卵管健康、年轻态。

3. 防疫与保健技术　在生物安全方面提供更好的保健效果，保证鸡只健康。

4. 良好饲养环境的创建　加强禽舍和设备的投入，营造环境控制能力强大的饲养空间，为蛋鸡提供更加适宜的环境条件。

五、产蛋率标准曲线

产蛋曲线是以每周的饲养日产蛋率作纵坐标、周龄作横坐标形成的曲线，能直观反映出鸡群的产蛋状态，曲线的波动能反映产蛋期的浮动状态。产蛋率标准曲线是指饲养多批产蛋鸡后，依据大量的正常实际产蛋曲线制定出的该品种标准曲线。若饲养管理良好，则鸡群的实际生产状况同标准曲线相同或相近。

1. 正常产蛋曲线的特点　开产最初的 5～6 周产蛋率迅速增加，达到产蛋高峰后，能够维持3～4 周的高峰产蛋率，以后则平稳下降，直到 72 周龄产蛋率仍然可维持在 85％左右，正常的产蛋曲线比较平滑。产蛋高峰同年产蛋量高度相关。高峰产蛋率指产蛋率数值最高一周的产蛋率，能达到 96％～98％。产蛋高峰持续时间指产蛋率 90％（含）以上的维持时间，一般在6～10 个月。

2. 异常产蛋曲线　产蛋期内，受到严重应激、疾病或其他因素影响，使产蛋水平迅速下降，经过对鸡群医治或调整，产蛋又恢复正常。此情况绘制的产蛋曲线可能出现一至几个波浪，波浪越多，说明饲养期出现的问题越多。产蛋高峰前发生波折，影响将极为严重，可能造成偏离标准曲线较大的现象。

3. 对标　对产蛋鸡的监管过程就是产蛋率的对标过程。要每周分析产蛋率和标准曲线的吻合或偏离情况，及时分析原因，采取补救措施。

六、蛋重的控制

由于品牌蛋对蛋重有较严格的要求，为此，蛋重越来越得到重视。影响蛋鸡蛋重的因素很多，但是有实际意义和能够通过人为方式进行控制的因素主要有如下几个。

1. 开产日龄 蛋鸡的开产日龄直接影响整个产蛋期的蛋重。蛋鸡开产越晚，产蛋初期和全期所产的蛋就越大。根据法国伊莎褐壳蛋鸡的资料，开产日龄延迟 1 d，蛋重平均增重 0.15 g。目前，运用延长补充光照和限制饲喂等饲养管理措施可以调控鸡的开产日龄，以生产蛋重适宜的蛋，而年总蛋重不降低。

2. 开产母鸡体重 开产体重是决定蛋重的重要因素。达到蛋重标准的一个最重要的因素是母鸡达到性成熟时的体重。体重不仅是影响产蛋初期，而且是影响整个产蛋期蛋重的重要因素。表 6-5 说明，在产蛋期喂同一日粮，对 18 周龄体重小的母鸡来说，整个产蛋期体重也轻，蛋重明显也小。因此，在产蛋后期控制蛋重，应尽早降低日粮的蛋白质水平，以限制体重的增长。

表 6-5 母鸡体重对蛋重的影响

18 周龄体重（g）	日产蛋率（%）		蛋重（g）		67 周龄体重（g）
	19~25 周龄	61~67 周龄	19~25 周龄	61~67 周龄	
1 107	48.1	66.7	46.9	62.2	1 750
1 205	51.0	64.4	48.4	64.2	1 825
1 281	50.7	68.3	48.8	64.6	1 970
1 283	53.6	69.0	49.7	65.8	2 045

注：引自杨宁，现代养鸡生产，1991。

3. 日粮中亚油酸含量 亚油酸参与脂肪代谢，通过它对卵黄和蛋重大小产生影响。日粮中保证最大蛋重的亚油酸水平，一般为 1.5%。

4. 日粮中蛋白质水平 蛋白质水平或者更准确地说蛋白质进食量是影响蛋重的主要营养因素。试验表明，当伊莎褐壳蛋鸡产蛋早期体重低于标准体重时，将日粮中蛋氨酸添加量由原标准的每天每只 410 mg 增加到 450 mg，能够明显提高蛋重。

综上，蛋重是一个可以调控的生产指标。可以通过控制母鸡的开产日龄、体重以及蛋白质、能量等营养物质的进食量来控制蛋的大小，以满足市场需要，并取得更大的经济效益。

七、饲料对蛋品质的影响

除了对品种的遗传改良外，饲料是改善蛋品质的重要途径。蛋品质指标主要包括蛋壳质量、卵黄颜色等。饲料对蛋品质的影响主要有以下几个方面。

1. 选择适宜的钙质提高蛋壳质量 适宜的钙来源有利于蛋壳质量。钙质的区别主要在于颗粒大小不同，因而溶解性不同，在消化道滞留时间不同。贝壳粉的溶解度小于石灰石，有助于改善蛋壳质量。增加饲粮中的贝壳粉比例，能保证在夜晚即不采食时，胃肠道中能持续释放钙，以满足蛋壳形成需要，改善蛋壳质量。

2. 微量元素锌、铜和锰对蛋壳质量有影响 锌影响碳酸酐酶活性而影响蛋壳质量。铜和锰缺乏影响蛋壳膜的形成、蛋壳的形态、厚度和鸡蛋产量。锰在合成蛋白质-黏多糖过程中起着重要作用，该物质影响蛋壳钙化作用的启动。铜、锰的吸收位点与钙相同，因而高钙降低铜和锰的吸收。在高钙饲粮中添加有机铜和锰，可改善蛋壳质量。

3. 卵黄着色取决于饲粮中的氧化型类胡萝卜素在卵黄中的沉积 提高卵黄着色的方法有两种：一是添加人工合成色素或天然色素提取物；二是使用富含叶黄素的饲料原料，如黄玉米、玉米蛋白粉、草粉和苜蓿粉。

4. 棉酚对蛋品质的影响 产蛋禽饲粮中使用大量棉籽粕时，棉酚可与卵黄 Fe^{2+} 结合形成复合物，使卵黄色泽降低，在储藏一段时间后，卵黄产生黄绿色或暗红色，甚至出现斑点；据 Waldrop 和 Goodner（1973）报道，饲粮中含游离棉酚 50 mg/kg 时，卵黄即会变色。

5. 饲料对禽蛋风味有影响 产蛋鸡摄入菜籽粕后，芥子碱的代谢产物三甲胺在卵黄中沉积，含量达 4 μg/g 以上时即可使鸡蛋产生明显的鱼腥味。因白壳蛋鸡肝、肾中有三甲胺氧化酶，可将三甲胺氧化，除去腥味，但褐壳蛋鸡体内缺乏这种酶，三甲胺可直接进入卵黄从而产生腥味蛋。鱼粉用量过多也会导致腥味蛋产生。饲粮中辣椒粉用量达到 0.4％～1.0％时，卵黄可能产生轻微的苦涩味等。

八、特色蛋鸡

中国是一个多民族国家，各民族传统美食文化差异较大。自 20 世纪 90 年代初期，国内地方特色蛋鸡开始受到人们重视，并以每年 10％～30％的速度增长。巨大的市场空间和丰厚的利润，促使地方特色蛋鸡的育种和生产快速发展，目前我国地方特色鸡蛋产量已占鸡蛋总量的 12％以上，且呈明显的区域性消费特征。

（一）特色蛋鸡和特色鸡蛋

通常将含有我国地方鸡血统并以地方鸡特征为育种目标的蛋用型和肉蛋兼用型地方品种、培育品种和配套系称为土蛋鸡或仿土蛋鸡，不同地区又有草蛋鸡、柴鸡、笨鸡等称谓。2012 年 12 月，农业部办公厅印发的《全国蛋鸡遗传改良计划（2012—2020）》正式将这些概念统称为地方特色蛋鸡。

1. 地方特色蛋鸡 地方特色蛋鸡是相对于高产蛋鸡而言的，可以是品种、品系和配套系，多为蛋肉兼用，具备以下基本特征：①产品指标，包括淘汰母鸡体型外貌、体重、肉品质以及鸡蛋的蛋重、蛋形、蛋壳颜色、卵黄比例、蛋品风味等，符合地方传统消费习惯；②品种具有区域特异性，性能指标需求多样化；③产蛋数相对于地方鸡种有大幅度提高，但明显低于高产蛋鸡。根据血统来源和制种模式，可划分为两大类：一类是分布于全国各地的蛋用或蛋肉兼用的地方鸡种或它们之间的杂交配套组合及外来的特色鸡种（如贵妃鸡等），也称为土蛋鸡。该类品种产蛋量低，集约化、规模化生产成本高，散养、规模小、产业化程度低、形不成大的产业及产品优势。另一类是地方品种通过导入高产蛋鸡血缘选育出的新品种（系）以及它们之间与高产品系的杂交配套组合，也称为仿土蛋鸡。考虑蛋重、蛋壳颜色等因素，高产蛋鸡血缘一般不超过 50％。该类品种产蛋性能高，蛋品质较好，蛋形、蛋壳颜色等与土鸡蛋相似。此外，国内外培育的高产粉壳蛋鸡品种在产蛋前期也常作为仿土蛋鸡来用。

2. 特色鸡蛋 特色鸡蛋应具备以下特征：①蛋壳以浅褐色、粉色或绿色为主，有光泽。其中，粉壳蛋由于不同区域的市场需求不同，其深浅可从粉褐到粉白，绿壳蛋全国的市场要求一样，均以纯绿为宜。②蛋重较小，平均（或 43 周龄）蛋重 46～54 g。③卵黄比例大，一般超过 30％。④淘汰鸡体重 1.75 kg 以下。此外，丝羽乌骨鸡、贵妃鸡由于药用和观赏性，加上其蛋品的特色，作为地方特色鸡蛋也日益受到消费者青睐。

（二）地方特色蛋鸡饲养管理

1. 地方特色蛋鸡生产性能 由于地方特色蛋鸡大多来源于我国肉蛋兼用型地方品种，对繁殖性能选育时间短、强度小，为此产蛋高峰较低，最高产蛋率 85％、年产蛋 240 个左右，40 周龄后产蛋率明显下降。多数还存在就巢行为。和高产蛋鸡相比，产蛋性能和饲料利用率较低。

2. 饲养管理 其饲养管理同前面蛋鸡生产。为了使淘汰时母鸡羽毛完好并获得更好的经济价值，应注意以下几点：一是要注意控制蛋重，使蛋重控制在 52 g 以下。二是灵活把握淘汰时机，当产蛋高峰过后（300 日龄左右）即可及时淘汰。一般情况下，此时母鸡的产蛋可维持前期整个费用，养殖户可赚到一只淘汰母鸡的利润，不仅收入可观，而且缩短了饲养周期，减低了养殖风险。

第四节 蛋种鸡的饲养管理

饲养种鸡的主要任务是获取受精率和孵化率高的合格种蛋，以便使每只母鸡提供更多的健康母雏鸡。而种鸡所产母雏的多少、质量的优劣取决于种鸡各阶段的饲养管理及鸡群净化程度。2015年以前，我国较大规模蛋种鸡饲养场生产种蛋模式主要以人工授精为主，2015年之后，随着商品代百万只以上大规模场的增加，父母代种鸡场的规模也逐渐扩大，人工授精工作面临的困难凸显，为此叠层本交笼饲养模式逐年增加并成为种蛋生产未来趋势。

一、蛋种鸡的饲养管理要点

蛋种鸡与商品代蛋鸡饲养的主要区别是增加了种公鸡的培育。后备种鸡饲养与商品代蛋鸡后备期相比较饲养管理方法雷同。产蛋期蛋种鸡在我国主要有两种饲养方式，一种是和商品代蛋鸡雷同的叠层笼养或阶梯笼养模式，另一种是叠层本交笼模式。

1. 种公鸡的数量 人工输精模式下，应用的种公鸡和母鸡比例为 1∶30；自然交配应用的种公鸡和母鸡比例为 1∶（8～10）。

2. 种公鸡的选择 蛋用种公鸡在留种时要比实际应用的多留 20% 左右的数量以供选择和替换。

（1）第一次选择：6～8 周龄时选留个体发育良好的鸡只，淘汰外貌有缺陷个体，如胸、腿、喙弯曲，体重过轻和雌雄鉴别误差的公鸡亦应淘汰。

（2）第二次选择：在转入产蛋鸡舍前进行，在 16～17 周龄时，选留体形体重符合标准、外貌符合本品种特征要求的公鸡。

（3）第三次选择：在种公鸡应用前一周根据精液品质选择。选择精液颜色乳白色、精液量多、精子密度大、活力强的公鸡。

（4）在公鸡应用过程中，还要根据体况和精液品质的变化定期进行淘汰和更换。

3. 种公鸡的饲养 从出雏开始，要进行性别鉴定并实施与母鸡分饲。在后备期，光照方案和饲料可按照种母鸡的进行。采用人工授精技术时，在转入产蛋鸡舍时将公鸡转入单体笼内饲养，可以饲喂专门的种公鸡料，也可以饲喂母鸡料；采用自然交配时，要注意和母鸡的混群方法。为便于输精，建议公鸡和母鸡饲养在同一栋鸡舍，采用相同的光照程序。

4. 自然交配公母鸡混群和公鸡替换方法 在种鸡转入产蛋鸡舍时，公母鸡的混群方式对种蛋受精率至关重要，要采用让公鸡先占位的方式。

（1）混群：一定先转入公鸡后转入母鸡，应用的公鸡要一次性转齐，不能增补。

（2）公鸡的替换：在自然交配期间，一个小笼内出现有问题（如病弱）的公鸡后，为了不影响受精率，保证公母配比，需要更换公鸡。此时，一定把全笼的鸡抓出，重新放入挑好的规定数量的公鸡，再把母鸡放入笼内。

5. 成年公鸡的饲料营养 中国农业科学院饲料研究所霍启光等（1991）试验表明，笼养 29～36 周龄中型蛋鸡的公鸡，用代谢能 11.53 MJ/kg、蛋白质 12.5%、赖氨酸 0.55%、含硫氨基酸 0.45%、钙 1.0% 的饲粮进行饲喂，对繁殖性能和体重不产生有害影响。繁殖期种公鸡的营养需要量比母鸡低。采用代谢能 10.9～12.1 MJ/kg、蛋白质 11%～12% 的饲粮，对公鸡的繁殖性能无不良影响。研究报道，繁殖期种公鸡钙用量 1.0%～3.7%、磷用量 0.65%～0.80% 均未见对繁殖性能有不良影响。如果单独配制种公鸡饲料，建议钙用量为 1.5%。在生产实际中，公鸡可以和母鸡饲喂同种饲料。

二、种蛋管理

在种鸡体重与体况发育正常的情况下，一般在高产蛋鸡25周龄或者在蛋重达到50 g时，开始留用种蛋。由于产蛋后期种蛋利用率较低，因此，种鸡生产种蛋周龄一般为25～66周龄。

1. 种蛋的收集与消毒 应该定时收集种蛋，一般每日集蛋2～4次。集蛋时要将脏蛋、特小或特大蛋、畸形蛋和破蛋、裂纹蛋剔出。蛋壳上有一定数量的微生物，如果有害细菌进入蛋内会感染胚胎，从而使雏鸡发病。因此要及时对种蛋进行消毒。常用的种蛋熏蒸消毒方法是：甲醛35 mL/m³，高锰酸钾17.5 g/m³，水35 mL/m³，将药品和水按比例放入搪瓷或陶瓷容器内自然蒸发30 min即可。消毒也可采用其他药品或方法。

2. 种蛋的储藏 种蛋的储藏时间从产出之日算起不应超过7 d，超过10 d出雏率及雏鸡质量会受到严重影响。储藏7 d以内环境温度在15～18 ℃，相对湿度70%～80%，通风良好，室内无异味。若种蛋储藏超过7 d，可适当降低环境温度，以12 ℃为宜，从而保持较高的孵化率。

3. 种蛋受精率 指入孵蛋中受精蛋占的百分比。正常种蛋受精率应达到92%以上，最高可达到98%。保持较高受精率可采取如下措施：一是选择繁殖力强的公鸡，并保持健康水平；二是确定适当的公母比例；三是种蛋保存时间不宜超过7 d；四是人工授精方式下定期检查公鸡精液品质，一次采精量要在30 min内输完，保证输精量和操作到位；五是自然交配方式下检查有效公母比例，保证公鸡数量和质量，合理更换公鸡。

三、提高种蛋合格率的措施

种蛋合格率是指统计期内种母鸡所产符合本品种要求的种蛋数占总产蛋数的百分比。高产蛋鸡品种19～72周龄种蛋合格率在90%左右。

影响种蛋合格率的参数主要是蛋重、破蛋、污蛋、畸形蛋等。合格种蛋蛋重以52～68 g为宜，蛋重过大、过小均影响孵化率。提高种蛋合格率的措施有以下几点。

（1）种禽质量：种禽要健康，日龄合理。鸡群一旦发病，畸形蛋、软皮蛋比例就会增加。产蛋期间尽量减少疫苗免疫的次数，以降低软皮蛋的比例。为了减少双黄蛋，要按照标准培育好青年鸡，使开产体重、开产日龄、胫长达到标准。

（2）全程蛋重均匀，提高初产时种蛋合格率：初产蛋重与鸡的日龄成正相关，因此可以采取适当推迟性成熟的办法增加初产种蛋蛋重，以提高初产种蛋合格率。

（3）选择质量优良的笼具，并加强管理，减少破蛋、脏蛋：优质笼具的破蛋率很低，一般可控制在2%以内，质量差的鸡笼破蛋率可超过5%。笼底网的坡度合适，一般在8°左右。

（4）饲料合理，减少畸形蛋等。

四、蛋种鸡和商品代蛋鸡饲养管理差别

1. 饲养的鸡群 商品代蛋鸡只饲养母鸡，而蛋种鸡场还要饲养配套公鸡。

2. 饲养方式和饲养密度 都采用叠层笼养或阶梯笼养方式，但蛋种鸡笼底面积和笼层高度要大于商品代蛋鸡。在人工授精生产种蛋模式下，蛋种鸡生产母鸡笼和商品代蛋鸡笼类似，但要配备专门的种公鸡笼；在叠层本交笼生产种蛋模式下，蛋种鸡和商品代蛋鸡叠层笼有较大差异。饲养密度商品代蛋鸡要高于蛋种鸡。

3. 环境要求有差异 种鸡场内外环境条件要求更加严格，生物安全体系级别更高，主要是控制外源细菌和病毒的侵入，种鸡场应建立严格的卫生防疫制度。蛋种鸡对光照、温度、湿度、

通风等要求和商品鸡基本相同。

4. 营养配方有差别　为使胚胎正常发育，种鸡需要有利于胚胎发育的营养物质。满足产蛋的维生素和微量元素需要量可能难以满足胚胎发育的需要。提高种鸡日粮中的维生素和微量元素水平可增加种蛋中这些营养物质的含量。高水平的核黄素、泛酸和维生素 B_{12} 对孵化率特别重要。

5. 对蛋重及蛋色的要求　商品代鸡蛋和种蛋都重视蛋重的一致性，为了孵出体重适中、均匀度较好的雏鸡，种鸡场也引入了商品代鸡蛋蛋重的分级设备。商品代鸡蛋除了对蛋重分级外，对有色壳蛋还采用了蛋壳颜色的分级。

复习思考题 ◆

1. 雏鸡的生理特点是什么？
2. 如何根据雏鸡的表现判断温度的合适性？
3. 简述体重均匀度的概念、计算方法、评价及提高均匀度的措施。
4. 后备鸡的培育目标是什么？
5. 我国蛋鸡主要的饲养方式是什么？
6. 进入产蛋期增加光照时间的依据是什么？
7. 简述产蛋的标准曲线及其意义。
8. 同品种饲养过程中影响蛋重大小的因素有哪些？
9. 简述蛋鸡适时开产的重要性。
10. 蛋种鸡和商品代蛋鸡饲养的异同点有哪些？
11. 简述影响种蛋受精率的因素。
12. 提高种蛋合格率的措施有哪些？
13. 本交笼饲养种鸡公母鸡混群及更换公鸡的方法是什么？
14. 简述强制换羽的作用、实施方法及注意事项。

（王宝维　徐桂云　康相涛）

第七章　肉鸡生产

我国目前养殖的肉鸡主要有三种类型，即快大型白羽肉鸡、黄羽肉鸡和小型白羽肉鸡（小白鸡）。

快大型白羽肉鸡是指白羽、早期生长速度快、饲料报酬高、屠宰后适合生产分割产品的肉鸡。目前国际市场以及我国饲养的快大型白羽肉鸡引进品种（配套系）有 AA＋、罗斯 308、科宝以及哈伯德。在良好饲养条件下，这种类型的肉鸡 6 周龄出栏体重可达 2.9 kg，饲料转化率为 1.6。现代快大型白羽肉鸡是世界各地鸡肉的主要来源。

黄羽肉鸡是指羽毛呈现黄色的肉鸡，广义的黄羽肉鸡包括地方品种鸡，以及由地方品种鸡培育的黄羽、麻羽、黄麻羽、红羽、褐羽、黑羽、丝羽、白羽等羽色配套品种。目前国内市场典型黄羽肉鸡配套系有天露黑鸡、岭南黄鸡、良凤花鸡、新广黄鸡、雪山鸡、新广青脚麻鸡、凤翔青脚麻鸡、墟岗黄鸡、天露黄鸡、温氏青脚麻鸡、金陵花鸡等。按生长速度，黄羽肉鸡分为快速型、中速型和慢速型三类。黄羽肉鸡在世界肉鸡生产中所占的比重较小，然而，在中国的情况却大不相同，黄羽肉鸡是我国鸡肉生产的主体之一，在我国南方一些地区，黄羽肉鸡的饲养量居主导地位。

小型白羽肉鸡（小白鸡）泛指利用快大型白羽肉鸡与蛋鸡、黄羽肉鸡杂交生产出的一类肉鸡。典型的类型如 817 肉鸡，是以快大型白羽肉鸡父母代父系公鸡作父本、商品代褐壳蛋鸡作母本杂交生产的肉鸡。用于生产 817 肉鸡的父本、母本不固定。WOD168 配套系是另一类典型的小型白羽肉鸡，是以快大型白羽肉鸡专门化品系作父本、白羽褐壳蛋鸡专门化品系作母本杂交生产的肉鸡。用于生产 WOD168 肉鸡的父本、母本是固定的。小型白羽肉鸡（小白鸡）生产是我国肉鸡生产的一大特色。

本章主要讲述快大型白羽肉鸡和黄羽肉鸡生产相关知识。

第一节　快大型白羽肉仔鸡生产

一、生产计划

肉用仔鸡场在经营伊始，首先应确定鸡群规模、年生产批次、采取何种管理方式等。即首先应因地制宜地确定经营和饲养管理方案，然后再规划鸡舍，安排设备等各方面的投资等。

（一）饲养规模

肉仔鸡单位饲养量的收益微薄，必须靠规模效益取胜。肉仔鸡饲养管理全过程基本实现了机械化、自动化，为大规模饲养提供了可能。在我国现时条件下，除进雏和仔鸡出场需有人协助外，直接饲养人员一人可养 1 万～2 万只或更多，年可出栏肉仔鸡 5 万～10 万只。饲养场应结合持有的资金、场地、技术、饲料和市场条件确定饲养规模。

视频：快大型白羽肉仔鸡生产（李辉 提供）

（二）鸡群周转与隔离

鸡群周转采用"全场全进全出"制，或"整舍全进全出"制。前者即在一个鸡场中同一时间内只养同一日龄的肉仔鸡；全部肉鸡在同一时间内入场，同一时间内出场；一批鸡出场后留一定空闲和休整时间，可充分清扫、消毒，杜绝疫病的循环或交叉感染。近年来由于隔离和疫病控制的进步，已有可能在一个鸡场中同一时期内饲养几批肉仔鸡。这样也要做到整栋鸡舍全进全出，生产者可根据鸡场的条件决定鸡群周转方式。

二、鸡舍和设备

（一）鸡舍

肉鸡舍有密闭式和开放式两种，建哪种鸡舍可因地制宜，以获得良好经济效益为准。南方夏季炎热，用密闭式鸡舍时设水帘并用纵向通风，则可大大降低舍内温度，北方更应注意鸡舍保温性能，力求冬暖夏凉。鸡舍天棚、墙壁要便于冲洗和消毒，设有风机或排气孔。鸡舍跨度最好有 12 m，因为多数自动喂料装置适于这一宽度，这样的宽度对于密闭舍也容易维持正常的通风。舍内应隔成小圈，每圈容鸡数不超过 2 500 只。

在每批鸡出场后应彻底清扫消毒肉鸡舍，以切断病原的循环感染。首先将育雏伞、料槽、饮水器吊起或拆除，清除粪便和旧的垫料，用高压水冲洗地面及所有的设备，彻底干净后再喷洒消毒液，然后晾干，空舍 7～14 d。如前一批鸡曾经患病，则鸡舍应用福尔马林熏蒸，关严门窗，提高舍温至 25 ℃，经 24 h 熏蒸后打开门窗或开动风机排出气味。

为节省能源，可采用部分鸡舍育雏法，即用塑料布帘将鸡舍隔成两或三部分，一部分设置育雏器，3 周龄前所有雏鸡均集中在这部分培育，每平方米地面可容纳 30 只鸡，3 周龄后随雏鸡的发育，御寒能力增强，需要活动的面积增大，将间壁撤掉，使肉鸡疏散，用这种方法比单用育雏舍然后转群能减少环境变化的应激，有利于雏鸡的发育、节省转群时间和劳动支出，也比通常一开始就分散在整个鸡舍的培育方法节省能源消耗。

（二）设备和用具

1. 肉鸡笼养设备 肉鸡笼养一般采用 3～6 层叠层式鸡笼，按照生产实际需要可将鸡笼分成规格不同的单元。鸡笼笼底一般采用承重能力强、表面光滑、漏粪率高、易拆卸材质制作。鸡笼内配套盘式自动喂料系统和乳头式自动饮水系统。此外，笼具配套有自动清粪系统和出鸡系统，自动清粪系统可实现鸡粪定期清理，改善舍内空气质量，出鸡系统可减少出鸡时鸡只的损伤，节约劳动力。除了笼具以外，笼养肉鸡舍还配有全自动环境控制器，可通过温度传感器、湿度传感器、压力传感器、有害气体传感器等装置对鸡舍环境进行监测，根据监测情况适时启动加热、通风等装置，保证鸡舍内环境稳定。

2. 保温伞和围栏 一台直径 2 m 的伞型育雏器可容鸡 500 只。热源可用电热丝、红外线灯泡、远红外线或天然气，可因地制宜。保温伞设有自动控温装置，可根据雏鸡不同日龄调温，稳定可靠，而且伞内外有一定温差，雏鸡可根据需要选择合适的温域，有利于雏鸡生长发育。因此，保温伞是平养时较理想的育雏器。在煤炭便宜的地方，也可用火炕、烟道育雏，降低生产成本。育雏初期为防止雏鸡远离热源而受凉，在保温伞周围可使用厚纸板或苇席制成的围栏。围栏高 45～50 cm，其与保温伞边缘的距离，依育雏季节、雏龄而异，一般为 70～150 cm。围栏通常从第 2 天起扩大，至 6～7 d 即可撤除。

3. 饲料盘和料槽、料桶 育雏初期用饲料盘，10 日龄以后更换成料槽或料桶。一个边长 42 cm、高 4 cm 的方形饲料盘可供 60 只雏鸡使用。长形料槽每只鸡应占 5 cm 的吃食位置。直径 38 cm 的圆形饲料盘（容量 14 kg）或悬吊式料桶，每 100 只鸡需 3 个。料桶由人工填料，舍内设吊车输送。长形料槽可人工加料或链式自动送料。

4. 饮水器 育雏初期用手提式饮水器（容量 4 L），每 100 只鸡需 1 个；10 日龄以后用吊式钟形自动饮水器，每 125 只鸡 1 个，长槽饮水器每只鸡应占 2 cm 的饮水位置。

三、饲　养

（一）营养需要量

肉仔鸡要求高能高蛋白水平的饲料，日粮各种营养物质应齐全、充足且比例平衡适当，任何微量成分的缺乏与不足都会导致肉仔鸡出现病理状态。在这方面，肉仔鸡比蛋用雏鸡更为敏感，反应更为迅速。各鸡种肉仔鸡营养需要量有所不同，但大同小异，可参照执行表 7-1 中标准。

表 7-1　肉仔鸡营养标准（以每千克饲粮为基础）

营养成分	前期料 (0~10 d)	中期料 (11~24 d)	后期料[1] (25 d~上市)	后期料[2] (25 d~39 d)	后期料[2] (40 d~上市)	后期料[3] (40 d~上市)
粗蛋白质（%）	23.0	21.5	19.5	19.5	18.3	17.0~18.0
能量（MJ/kg）	12.55	12.97	13.39	13.39	13.39	13.49
矿物质						
钙（%）	0.96	0.87	0.79	0.78	0.75	0.72~0.74
可利用磷（%）	0.480	0.435	0.395	0.390	0.375	0.360~0.370
镁（%）	0.05~0.50	0.05~0.50	0.05~0.50	0.05~0.50	0.05~0.50	0.05~0.50
钠（%）	0.16~0.23	0.16~0.23	0.16~0.20	0.16~0.20	0.16~0.20	0.16~0.20
氯（%）	0.16~0.23	0.16~0.23	0.16~0.23	0.16~0.23	0.16~0.23	0.16~0.23
钾（%）	0.40~1.00	0.40~0.90	0.40~0.90	0.40~0.90	0.40~0.90	0.40~0.90
氨基酸						
赖氨酸（%）	1.44 (1.28)	1.29 (1.15)	1.16 (1.03)	1.15 (1.02)	1.08 (0.96)	1.02~1.08 (0.91~0.96)
甲硫氨酸＋胱氨酸（%）	1.08 (0.95)	0.99 (0.87)	0.91 (0.80)	0.90 (0.80)	0.85 (0.75)	0.81~0.85 (0.71~0.75)
甲硫氨酸（%）	0.56 (0.51)	0.51 (0.47)	0.47 (0.43)	0.47 (0.43)	0.44 (0.40)	0.42~0.44 (0.38~0.40)
苏氨酸（%）	0.97 (0.86)	0.88 (0.77)	0.78 (0.69)	0.78 (0.68)	0.73 (0.64)	0.69~0.73 (0.61~0.64)
缬氨酸（%）	1.10 (0.96)	1.00 (0.87)	0.90 (0.78)	0.89 (0.78)	0.84 (0.73)	0.82~0.86 (0.71~0.75)
异亮氨酸（%）	0.97 (0.86)	0.89 (0.78)	0.81 (0.71)	0.80 (0.70)	0.75 (0.66)	0.71~0.75 (0.63~0.66)
精氨酸（%）	1.52 (1.37)	1.37 (1.23)	1.22 (1.10)	1.21 (1.09)	1.14 (1.03)	1.09~1.05 (0.98~1.04)
色氨酸（%）	0.23 (0.20)	0.21 (0.18)	0.19 (0.16)	0.18 (0.16)	0.17 (0.15)	0.16~0.17 (0.15)
亮氨酸（%）	1.58 (1.41)	1.42 (1.27)	1.27 (1.13)	1.26 (1.12)	1.19 (1.06)	1.12~1.19 (1.00~1.06)

（续）

营养成分	前期料 （0～10 d）	中期料 （11～24 d）	后期料[1] （25 d～上市）	后期料[2] （25～39 d）	后期料[2] （40 d～上市）	后期料[3] （40 d～上市）
微量元素						
铜（mg/kg）	16	16	16	16	16	16
碘（mg/kg）	1.25	1.25	1.25	1.25	1.25	1.25
铁（mg/kg）	20	20	20	20	20	20
锰（mg/kg）	120	120	120	120	120	120
硒（mg/kg）	0.30	0.30	0.30	0.30	0.30	0.30
锌（mg/kg）	110	110	110	110	110	110
维生素[4]						
维生素 A（IU/kg）	12 000	10 000	9 000	9 000	9 000	9 000
维生素 D_3（IU/kg）	5 000	4 500	4 000	4 000	4 000	4 000
维生素 E（IU/kg）	80	65	55	55	55	55
维生素 B_1（mg/kg）	3.2	2.5	2.2	2.2	2.2	2.2
维生素 B_2（mg/kg）	8.6	6.5	5.4	5.4	5.4	5.4
维生素 B_{12}（mg/kg）	0.017	0.017	0.011	0.011	0.011	0.011
最低需要量						
胆碱（mg/kg）	1 700	1 600	1 500	1 500	1 450	1 400～1 450
亚油酸（%）	1.25	1.20	1.00	1.00	1.00	1.00

注：引自 www.aviagen.com/tech‑center。

表中括号内为可消化部分。

1. 上市体重在 1.70～2.40 kg 的营养标准；2. 上市体重在 2.50～3.00 kg 的营养标准；3. 上市体重>3.10 kg 的营养标准；4. 玉米基础配方饲料。

要保证添加剂的质量并随时注意鸡群表现，如有代谢病征兆，则应及时检查添加剂的质量和添加量，调整用量或对症补充某些缺乏的成分，甚至更换添加剂。

（二）饲粮配合

由于肉仔鸡饲粮能量水平较高，饲粮当以含能量高而纤维低的谷物为主，不宜配合较多的含能量低而纤维高的糠麸类。由于谷物一般蛋白质含量较低，氨基酸不平衡，故饲粮中应配以适量的油饼类和添加适量的氨基酸。谷物和油饼中的钙、磷、钠等矿物质含量低，利用率差，因此饲粮中还应配以贝壳、骨粉、食盐等矿物质。谷物和油饼中所缺乏的微量矿物质和维生素类可用成品的添加剂予以补充。饲料原料质量和营养成分的含量直接影响所生产饲料的质量，配合饲粮时应注意饲料的品质和含水量，不能教条地计算营养成分。不能喂发霉变质的饲料。饲料种类的选择可因地制宜，但必须满足营养需要，同时注意饲料成本。肉仔鸡饲养期短，饲粮的配合应尽可能保持稳定，如需要改变时，必须逐步更换，急剧变换饲粮会造成消化不良，影响肉仔鸡生长。

（三）饲养

1. 饲养方式 肉仔鸡的饲养方式有平养和笼养两种模式。平养又有地面平养和网上平养两种方式。具体见第五章。

2. 进雏和开食 雏鸡必须来自健康高产的父母代种鸡。种鸡无白痢、支原体病，种蛋大小符合标准，孵化场清洁卫生。雏鸡站立平稳，活泼健壮，发育整齐，脚的表皮富有光泽。进雏前 1～2 d 调好育雏器和育雏舍的温度，在育雏器的周围间隔地摆放好饲料盘和饮水器，圈好围

视频：雏鸡
入舍
（李辉 提供）

栏，饮水器装满清水，使水温逐渐升高一些。雏鸡孵出后尽快运到育雏舍。雏鸡运至鸡舍后分别放到各育雏器附近。先饮水，2～3 h后开始喂料。如果雏鸡孵出时间较长或雏体软弱，可在开食前的饮水中加入一定量的补液盐，有利于雏鸡恢复体力和生长，也可喂饮速补一类的水溶性维生素和微量元素。雏鸡一开食即喂仔鸡前期的全价饲料，不限量，自由采食。

3. 饲喂 肉仔鸡可任其自由充分采食，每天加料4次。投料可刺激鸡的食欲，增加采食量。但每次添料不要超过料槽深度的1/3，过多会被刨出而浪费。料槽高度随鸡龄增长而调整，应保持与鸡背同一水平，以免啄出饲料。肉鸡最好喂颗粒饲料，颗粒饲料营养完善，可促进采食，减少浪费，有利于增重。料槽必须够用而且分布均匀，采食位置不足或摆放位置不当会影响鸡的采食，导致生长缓慢、发育不整齐。饲养人员应每天记录喂料量，鸡采食量的突然变化常常反映出患病或管理失误，应立即查明原因，采取改进措施。

4. 饮水 水在调节鸡的体温、输送营养物质、排出代谢废物等方面起重要作用。因而新鲜、清洁而充足的饮水，对肉鸡正常生长至关重要。鸡的饮水量取决于环境温度及采食量（表7-2）。

表7-2　肉仔鸡每1 000只每日饮水量（L）

周龄	环境温度		
	10 ℃	21 ℃	32 ℃
1	23	30	38
2	49	60	102
3	64	91	208
4	91	121	272
5	113	155	333
6	140	185	384
7	174	216	425
8	189	235	450

注：引自杨山，李辉，现代养鸡，2002。

当鸡患病和产生应激时，饮水量往往在采食量减少一两天以前就减少了，必须随时注意饮水量的变化，以便及时发现问题、采取措施，为此，设有自动饮水器的鸡舍最好安装水表，并记录每天的饮水量。一只鸡每吃1 kg料要饮2～3 kg水，气温越高饮水量越多。育雏开始使用小型饮水器，在雏鸡4～5日龄时将小型饮水器放在吊塔式自动饮水器附近，当7～10日龄鸡习惯用大型自动饮水器时，再将小型饮水器撤掉。饮水器数量要够用，饮水器的边缘与鸡背保持相同的水平，以防饮水时外溅。

5. 肉仔鸡的生长和耗料标准 肉用仔鸡的生长速度、饲料消耗和饲料效率受很多因素，诸如品种、营养水平、环境、疫病等影响。生产肉仔鸡既要争取高的生长速度和良好的饲料效率，也要注意生产成本和最终经济效益。现代肉仔鸡在正常的饲养管理条件下生长和耗料标准如表7-3所示。

表7-3　肉仔鸡生长和耗料标准

周龄	体重（g）[1]			累计采食量（g）			饲料转化率		
	公鸡	母鸡	混养	公鸡	母鸡	混养	公鸡	母鸡	混养
1	207	208	208	166	175	170	0.80	0.84	0.82
2	527	511	519	555	542	548	1.05	1.06	1.06

（续）

周龄	体重（g）[1]			累计采食量（g）			饲料转化率		
	公鸡	母鸡	混养	公鸡	母鸡	混养	公鸡	母鸡	混养
3	1 018	951	985	1 222	1 144	1 183	1.20	1.20	1.20
4	1 651	1 495	1 573	2 199	2 004	2 102	1.33	1.34	1.34
5	2 376	2 093	2 235	3 476	3 102	3 290	1.46	1.48	1.47
6	3 136	2 700	2 918	5 005	4 392	4 702	1.60	1.63	1.61
7	3 885	3 282	3 583	6 715	5 813	6 270	1.73	1.77	1.75
8	4 588	3 817	4 203	8 534	7 307	7 931	1.86	1.91	1.89

注：引自 www.aviagen.com/tech-center。

1. 非空腹带料体重。

6. 肉仔鸡饲养的关键技术

（1）加强早期饲喂：肉仔鸡生长速度快，相对生长强度大，前期生长稍有受阻则以后很难补偿，这与蛋用雏鸡有很大差别。在实际饲养时一定要使出壳后的雏鸡早入舍、早饮水、早开食。

（2）保证采食量：虽然日粮的营养水平高，但若采食量上不去，吃不够，则肉鸡的饲养同样得不到好的效果。保证采食量的常用措施有：①保证足够的采食位置和充足的采食时间；②高温季节采取有效的降温措施，加强夜间饲喂，必要时采用凉水拌料；③检查饲料品质，控制适口性不良原料的配合比例；④采用颗粒饲料；⑤在饲料中添加香味剂。

四、管　理

（一）密度

肉仔鸡适合于高密度饲养，但究竟密度多大为好，要根据具体情况而定。在地面垫料上饲养密度应低些，在网上饲养密度可高些，笼养的密度可以更高些；通风条件好，密度可高些；夏季舍温高，则饲养鸡数应少些。环境控制鸡舍，地面平养到出场时承载量可达每平方米35 kg活重，若出场体重为2.5 kg，则每平方米可容鸡14只；笼养每平方米笼底可承重50 kg，按照出栏体重2.5 kg计算，每平方米笼底可容鸡20只。

（二）温度

雏鸡出生后体温调节能力很差，必须提供适宜的环境温度。开始育雏时保温伞边缘离地面5 cm处的温度以34～35 ℃为宜。温度低则雏鸡不活泼，影响采食和生长。从第2周起伞温每周降低2～3 ℃，到第6周降至20～21 ℃为止，以后保持这一温度（表7-4），或从35 ℃开始，每天降低0.5 ℃至第30天时降到20 ℃。

表7-4　肉仔鸡对温度的要求

周龄	温度（℃）	周龄	温度（℃）
1～3 d	35～33	4	26～23
4～7 d	33～32	5	23～21
2	32～29	6	21～20
3	29～27		

注：引自杨山，李辉，现代养鸡，2002。

需要注意的是：①脱温后舍内温度以保持在20 ℃左右为好；②温度下降太快，雏鸡不适应，易诱发其他疾病，影响增重；下降太慢，影响采食量，也不利于增重，还会影响羽毛的生长。

育雏温度应保持平稳，并随雏龄增长适时降温。育雏人员每天必须认真检查和记录温度变化，细致观察雏鸡的行为，根据季节和雏鸡表现灵活掌握。

（三）湿度

育雏第一周舍内相对湿度保持在60%～65%，因此时雏体含水量大，舍内温度又高，湿度过低容易造成雏鸡脱水，影响鸡的健康和生长。两周以后雏鸡体重增大，呼吸量增加，应保持舍内干燥，注意通风，避免饮水器漏水，防止垫料潮湿。尽量避免高温高湿和低温高湿的恶劣环境出现。

（四）光照

肉仔鸡的光照制度有两个特点：一是光照时间较长，目的是延长采食时间；二是光照度小，弱光可降低鸡的兴奋性，使鸡保持安静的状态。保证肉仔鸡光照制度的这两个特点，则有利于提高其生长速度和饲料效率。

1. 光照时间 第一种方案是在进雏后的头2 d，每天光照24 h，从第3天起实行23 h光照，即在晚上停止照明1 h。这1 h黑暗只是让鸡群习惯，一旦黑夜停电不致引起鸡群骚乱、集堆压死。第二种方案是施行间歇光照法，在开放式鸡舍，白天采用自然光照，从第二周开始实行晚上间断照明，即喂料时开灯，喂完后关灯；在全密闭式鸡舍，可实行1～2 h照明、2～4 h黑暗的间歇光照制度。这种方法不仅节省电费，还可促进肉鸡采食，鸡生长快，腿脚结实。环境控制鸡舍可参考试用。

2. 光照度 光照度在育雏初期要强一些，以便于采食饮水，而后逐渐降低，以防止鸡过分活动或发生啄癖。育雏头两周每平方米地面2～3 W，两周后0.75 W即可。例如头两周每20 m² 地面安装1只40～60 W灯泡，以后换上15 W灯泡。如鸡场装有电阻器可调节光照度，则0～3 d用25 lx照度，4～14 d用10 lx，15～35 d从10 lx减至5 lx，35 d以后为5 lx。开放式鸡舍要考虑遮光，避免阳光直射和过强。

（五）通风

肉仔鸡饲养密度大，生长速度快，所以通风尤为重要。通风的目的是排除舍内的氨气、二氧化碳等有害气体，空气中的尘埃和病原微生物，以及多余的水分和热量。肉仔鸡舍的氨气含量以不超过15.2 mg/m³ 为宜。环境控制鸡舍每小时每千克体重通风量要求3.6～4 m³。在不影响舍温的前提下应尽量多通风。

（六）疫病防治

根据当地疫病流行情况和鸡群抗体效价检查情况进行免疫接种。尽量减少药物的使用，必须使用时应注意停药期。肉仔鸡平养最易发生球虫病，一旦患病，会损害鸡肠道黏膜，妨碍营养吸收，采食量下降，严重影响鸡的生长和饲料效率。如遇阴雨天或鸡粪便过稀，应在饲料中加药预防。如鸡群采食量减少，出现便血，则应立即投药治疗。预防、治疗球虫病时，必须注意药物残留问题。在出场前1～2周停止用药。预防球虫病必须从管理上入手，要严防垫料潮湿，发病期间每天清除垫料粪便，以清除球虫卵囊发育的环境条件。

（七）出场

肉仔鸡出场时应妥善处理，因为即便生长良好的肉鸡，出场送宰后也未必都能加工成优等的屠体。据调查，肉仔鸡屠体等级下降有50%左右是因碰伤造成的，而80%的碰伤是发生在肉仔鸡运至屠宰加工厂的过程中，即出场前后发生的。因此，肉仔鸡出场时要尽可能防止碰伤，这对保证肉仔鸡的商品合格率非常重要。应有计划地在出场前4～6 h使鸡吃光饲料，吊起或移出料槽和一切用具，饮水器在抓鸡前撤除。为减少鸡的骚动，最好在夜晚抓鸡，舍内安装蓝色或红色灯泡，使光照减至最小限度，然后用围栏圈鸡捕捉。抓鸡、入笼、装车、卸车、放鸡的动作要轻巧敏捷，不可粗暴丢掷。肉仔鸡屠宰前停食8～10 h，以排空肠道，防止粪便污染屠宰加工厂。但是，宰前停食时间越长、失重率越大，处理得当时失重率为1%～3%。据测定从停食到屠宰间隔 20 h 比间隔 8 h 的掉膘率高 3%～4%。因此，为减少失重和死亡而造成的损失，应尽可能采取措施，缩短抓鸡、装运和在屠宰加工厂的候宰时间。

五、肉仔鸡饲养管理的其他要点

（一）实行公母分群饲养制

公、母雏生理基础不同，因而对生活环境、营养条件的要求和反应也不同。主要表现为：生长速度不同，4 周龄公鸡比母鸡体重大 10%，7 周龄时大 18%（表 7-3）；沉积脂肪的能力不同，母鸡比公鸡易沉积脂肪，反映出对饲料要求不同；羽毛生长速度不同，公鸡长羽慢，母鸡长羽快，表现出胸囊肿的严重程度不同。公母分群后采取下列饲养管理措施。

1. 分期出售 母鸡在 40 日龄以后，体脂和腹脂蓄积程度较公鸡严重，饲料利用效率相应下降，经济效益降低。因此，母鸡应尽可能提前上市。

2. 按公母调整日粮营养水平 公鸡能更有效地利用高蛋白质饲料，中、后期日粮蛋白质含量可分别提高至 21%、19%；母鸡则不能利用高蛋白质日粮，而且将多余的蛋白质在体内转化为脂肪，很不经济，中、后期日粮蛋白质含量应分别降低至 19%、17.5%。

3. 按公母提供适宜的环境条件 公鸡羽毛生长速度慢，前期需要稍高的温度，后期公鸡比母鸡怕热，温度宜稍低；公鸡体重大，胸囊肿比较严重，应给予更松软更厚些的垫草。

（二）防治几种非传染性疾病

1. 胸囊肿 是肉鸡胸部皮下发生的局部炎症，是肉仔鸡常见的疾病。它不传染也不影响生长，但影响屠体的商品价值和等级。应该针对产生原因采取有效措施。

（1）尽力使垫草干燥、松软，及时更换黏结、潮湿的垫草，保持垫草应有的厚度。

（2）减少肉仔鸡卧地的时间。肉仔鸡一天中有 68%～72% 的时间处于卧伏状态，卧伏时体重的 60% 左右由胸部支撑，胸部受压时间长、压力大，胸部羽毛又长得晚，故易造成胸囊肿。应采取少喂多餐的办法，促使鸡站起来进行吃食活动。

（3）若采用铁网平养或笼养时，应加一层弹性塑料网。

2. 腿部疾病 随着肉仔鸡生产性能的提高，腿部疾病的严重程度也在增加。引起腿病的原因是各种各样的，归纳起来有以下几类：遗传性腿病，如胫骨软骨发育异常、脊椎滑脱症等；感染性腿病，如化脓性关节炎、鸡脑脊髓炎、病毒性腱鞘炎等；营养性腿病，如脱腱症、软骨症、维生素 B_2 缺乏症等；管理性腿病，如风湿性和外伤性腿病。预防肉仔鸡腿病，应采取以下措施。

视频：腿病
（李辉 提供）

（1）完善防疫保健措施，杜绝感染性腿病。

（2）确保微量元素及维生素的合理供给，避免因缺乏钙、磷而引起的软脚病，缺乏锰、锌、胆碱、尼克酸、叶酸、生物素、维生素 B_6 等所引起的脱腱症，缺乏维生素 B_2 而引起的卷趾病。

（3）加强管理，确保肉仔鸡合理的生活环境，避免因垫草湿度过大、脱温过早以及抓鸡不当而造成的腿病。

3. 腹水症 其发生与缺氧、缺硒及长期使用某些药物有关。控制肉鸡腹水症发生的措施如下。

（1）改善环境条件，特别是在饲养密度大的情况下，应充分注意鸡舍的通风换气。

（2）适当降低前期料的蛋白质和能量水平。

（3）防止饲料中缺硒和维生素 E。

（4）发现轻度腹水症时，应在饲料中补加维生素 C，用量是 0.05%。有人经试验后认为，肉仔鸡 8～18 日龄时给料量控制在正常采食量的 80% 左右，可防止腹水症的发生，且不影响肉仔鸡最终上市体重。

4. 猝死症 其症状是一些增重快、体大、外观正常健康的鸡突然狂叫，仰卧倒地死亡。剖检常发现肺肿、心脏扩大、胆囊缩小。导致猝死症的具体原因不详。一般建议：在饲粮中适量添加复合维生素；加强通风换气，防止密度过大；避免突然的应激。

第二节 快大型白羽肉种鸡的饲养管理

一、育雏期的饲养管理

（一）接雏准备工作

1. 鸡舍的准备 现代养鸡业面临的最大威胁仍然是疾病。鸡群周转必须实行"全进全出"制，以达到防病和净化的要求。当上一批育雏结束转群后，应对鸡舍和设备进行彻底的检修、清洗和消毒。消毒工作结束后铺上垫料，重新装好设备，进鸡前锁好鸡舍（或场区），空舍隔离至少3周，待用。尽早启动供热系统，寒冷季节通常需预热约24 h。鸡只在短时间内受凉，也会影响成活率、均匀度和生产性能。如果鸡舍用甲醛熏蒸消毒，应至少在进鸡前3 d加温排风，保证进鸡前彻底排除甲醛气体。

视频：鸡舍
清洗
（李辉 提供）

2. 饲养面积和饲喂设备 根据生产计划、饲养管理方式及雏鸡适宜的饲养密度，准备足够的饲喂和饮水设备（参考表7-5）。为每500只1日龄雏鸡准备一台电热育雏伞。

表7-5 肉种鸡饲养、采食和饮水面积

	日龄	母鸡	公鸡
		饲养面积	
垫料平养（只/m²）	1～3	40	40
	4～6	25	25
	7～9	10	10
	10～140	4～8	3～4
	141及之后	3.5～5.5	3.5～5.5
		采食面积	
链式料槽（cm/只）	0～35	5	5
	36～70	10	10
	71～140	15	15
	141～之后	15	20
圆形料盘（cm/只）	0～35	4	5
	36～70	8	9
	71～140	10	11
	141及之后	10	13
		饮水面积	
钟型饮水器（cm/只）	0～105	1.5	1.5
	106～140	1.5	1.5
	141～之后	2.5	2.5
乳头式饮水器（只/个）	0～140	8～12	8～12
	141及之后	6～10	6～10
杯式饮水器（只/个）	0～140	20～30	20～30
	141及之后	15～20	15～20

注：引自 www.aviagen.com/tech-center。

准备好接雏工具，如计数器、记录本、剪刀、电子秤、记号笔、饲料、药品等。如果1日龄雏鸡需要免疫，则应准备好免疫用苗和相关工具。

（二）接雏

引进种鸡时要求雏鸡来自相同日龄种鸡群，并要求种鸡群健康，不携带垂直传播的支原体病、白痢、副伤寒、伤寒、白血病等疾病。引进的雏鸡群要有较高而均匀的母源抗体。出雏与入舍间隔时间越长对鸡产生的不良影响越大。最理想的是出雏后6～12 h内将雏鸡安放于鸡舍保温伞下。冷应激对雏鸡以后的生长发育影响较大，冬季接雏时尽量缩短低温环境下的搬运时间。将雏鸡小心从运雏车上卸下并及时运进育雏舍，检查鸡数，随机抽两箱鸡称重，掌握1日龄鸡平均体重。雏鸡到育雏舍后先饮水2～3 h，然后再喂料。若从出壳到育雏舍运输时间过长，雏鸡就会脱水或受到较大的应激，这时在饮水中加葡萄糖的同时可以加一些多维、电解质和预防量的抗生素。公雏出壳后在孵化厅还要进行剪冠、断趾处理，受到的应激较大，因此，运到鸡场后要细心护理。

（三）温度管理

肉种鸡的育雏温度控制基本同肉仔鸡。为防止雏鸡远离料槽和饮水器，可使用围栏。围栏应有50 cm高，与保温伞边缘的距离为60～150 cm。每天向外逐渐扩展围栏，当鸡群达到7～10日龄时可移走围栏。

过冷的环境会引起雏鸡腹泻及导致卵黄吸收不良；过热的环境会使雏鸡脱水。育雏温度应保持相对平稳，并随雏龄增长适时降温，这一点非常重要。通过细心观察雏鸡的行为表现，可判断保温伞或鸡舍温度是否适宜。雏鸡应均匀地分布于适温区域。如果鸡扎堆或拥挤，即说明育雏温度不适合或者有贼风存在。育雏人员每天必须认真检查和记录育雏温度，根据季节和雏鸡表现灵活调整育雏温度。

（四）饲喂管理

在公母分开的情况下把整栋鸡舍分成若干个小圈，每圈饲养500～1 000只。此模式的优点是能够控制好育雏期鸡体重和生长发育均匀度，便于管理和提高成活率。育雏料除要求全价平衡营养外，还需加工精细、颗粒大小适宜、均匀、适口性好。饲料盘里的饲料不宜过多，原则上少添勤添，并及时清除剩余废料。母鸡前两周自由采食，采食量越多越好，第三周开始限量饲喂，要求第四周末体重达420～450 g。公鸡前四周自由采食，采食量越多越好，让骨骼充分发育。对种公鸡来说前四周的饲养相当关键，其好坏直接关系公鸡成熟后的体型和繁殖性能。白羽肉种鸡饲养标准（以Aviagen数据为例）见表7-6。

表7-6　白羽肉种鸡饲养标准（以每千克饲粮为基础）

营养成分	育雏料 (0～28 d)	育成料 (29～133 d)	预产料 (134 d～5%产蛋率天数)	产蛋1期料 (5%产蛋率天数～245 d)	产蛋2期料 (246～350 d)	产蛋3期料 (351 d以后)	产蛋期公鸡料[1]
粗蛋白质（%）	19.00	14.00～15.00	14.50	15.00	14.00	13.00	11.50
能量（MJ）	11.70	11.70	11.70	11.70	11.70	11.70	11.30
矿物质							
钙（%）	1.00	0.90	1.20	3.00	3.20	3.40	0.70
可利用磷（%）	0.45	0.42	0.35	0.35	0.33	0.32	0.35
钠（%）	0.18～0.23	0.18～0.23	0.18～0.23	0.18～0.23	0.18～0.23	0.18～0.23	0.18～0.23
氯（%）	0.18～0.23	0.18～0.23	0.18～0.23	0.18～0.23	0.18～0.23	0.18～0.23	0.18～0.23
钾（%）	0.40～0.90	0.40～0.90	0.60～0.90	0.60～0.90	0.60～0.90	0.60～0.90	0.60～0.90
氨基酸							

（续）

营养成分	育雏料 （0~28 d）	育成料 （29~133 d）	预产料 （134 d~5% 产蛋率天数）	产蛋1期料 （5%产蛋率天 数~245 d）	产蛋2期料 （246~350 d）	产蛋3期料 （351 d以后）	产蛋期 公鸡料[1]
赖氨酸（%）	1.06 (0.95)	0.68 (0.61)	0.60 (0.54)	0.67 (0.60)	0.62 (0.56)	0.58 (0.52)	0.49 (0.44)
甲硫氨酸+胱氨酸（%）	0.84 (0.74)	0.63 (0.55)	0.59 (0.52)	0.67 (0.59)	0.65 (0.57)	0.59 (0.54)	0.48 (0.42)
甲硫氨酸（%）	0.51 (0.46)	0.38 (0.35)	0.36 (0.33)	0.41 (0.37)	0.40 (0.36)	0.36 (0.35)	0.31 (0.28)
苏氨酸（%）	0.75 (0.66)	0.54 (0.48)	0.49 (0.43)	0.55 (0.49)	0.53 (0.47)	0.51 (0.47)	0.38 (0.33)
缬氨酸（%）	0.80 (0.71)	0.64 (0.57)	0.53 (0.47)	0.63 (0.56)	0.60 (0.53)	0.57 (0.51)	0.42 (0.37)
异亮氨酸（%）	0.70 (0.62)	0.56 (0.50)	0.48 (0.43)	0.56 (0.50)	0.54 (0.48)	0.51 (0.45)	0.39 (0.34)
精氨酸（%）	1, 17 (1.05)	0.84 (0.76)	0.77 (0.69)	0.88 (0.79)	0.86 (0.77)	0.80 (0.72)	0.58 (0.52)
色氨酸（%）	0.19 (0.16)	0.16 (0.14)	0.15 (0.13)	0.16 (0.14)	0.15 (0.13)	0.14 (0.12)	0.09 (0.08)
亮氨酸（%）	1.23 (1.11)	0.84 (0.76)	0.83 (0.75)	1.04 (0.94)	1.00 (0.90)	0.96 (0.86)	0.58 (0.52)
微量元素							
铜（mg/kg）	16	16	16	10	10	10	10
碘（mg/kg）	1.25	1.25	1.25	2.00	2.00	2.00	2.00
铁（mg/kg）	40	40	40	50	50	50	50
锰（mg/kg）	120	120	120	120	120	120	120
硒（mg/kg）	0.30	0.30	0.30	0.30	0.30	0.30	0.30
锌（mg/kg）	110	110	110	110	110	110	110
维生素[2]							
维生素A（IU/kg）	10 000	10 000	10 000	11 000	11 000	11 000	11 000
维生素D_3（IU/kg）	3 500	3 500	3 500	3 500	3 500	3 500	3 500
维生素E（IU/kg）	100	100	100	100	100	100	100
维生素B_1（mg/kg）	3	3	3	3	3	3	3
维生素B_2（mg/kg）	6	6	6	12	12	12	12
维生素B_{12}（mg/kg）	0.02	0.02	0.02	0.03	0.03	0.03	0.03
最低需要量							
胆碱（mg/kg）	1 400	1 300	1 200	1 050	1 050	1 050	1 000
亚油酸（%）	1.00	1.00	1.25	1.25	1.25	1.25	1.00

注：引自 www.aviagen.com/tech-center。

表中括号内为可消化部分。

1. 公鸡育雏期和育成期饲料营养标注与母鸡相同；2. 玉米基础配方饲料。

（五）饮水管理

雏鸡入舍前，要检查并确保整个饮水系统工作正常，并进行卫生检测确保饮水干净。育雏期鸡舍温度较高，并且饮水中添加了葡萄糖、复合维生素等营养物质，这些条件正适于细菌、病毒的生长繁殖，所以饮水系统的消毒和饮水的及时更换直接关系雏鸡的健康。一般要求育雏前3 d每4 h清洗1次饮水器和更换饮水，以后每天擦洗2次。水箱每周清洗1次。每月要监测1次饮水卫生。使用乳头式饮水器可提高饮水卫生，切断疾病传播，降低鸡舍垫草湿度，降低劳动强度，是现代化大鸡场应具备的饮水设施。

（六）光照管理

肉鸡生长速度快，需进行限制饲喂以保证应有的繁殖性能。为实现这一目的，必须从育雏期开始就有一个合理的光照程序予以配合（表7-7、表7-8）。

表7-7　肉种鸡环境控制（密闭）式鸡舍光照计划

日龄	光照总时数（h）	光照度（lx）
1～2	23	
3	19	育雏区域：80～100
4	16	鸡舍：10～20
5	14	
6	12	
7	11	育雏区域：30～60
8	10	鸡舍：10～20
9	9	
10～146	8	10～20
147～160	12	
161～174	13	
175～188	14	30～60
189～之后	15[1]	

注：引自 www.aviagen.com/tech-center。

1. 如果产蛋水平上升得不满意，应在15 h光照的基础上进一步加光。可分2次增加，每次0.5 h。

表7-8　肉种鸡开放、半开放式鸡舍光照计划

| 日龄 | 10日龄自然光照时间（h） | | | | | | | 光照度（lx） |
| | 9 | 10 | 11 | 12 | 13 | 14 | 15 | |
	育雏期光照时间（h）							
1	23	23	23	23	23	23	23	
2	23	23	23	23	23	23	23	
3	19	19	19	19	19	19	19	育雏区域：80～100
4	16	16	16	16	16	16	16	
5	14	14	14	14	14	14	15	
6	12	12	12	12	13	14	15	
7	11	11	11	12	13	14	15	育雏区域：>60～80
8	10	10	11	12	13	14	15	
9	9	10	11	12	13	14	15	

（续）

日龄	育成期光照时间（h）							光照度（lx）
10～146	自然光照							自然光照强度
日龄	147 日龄（21 周龄）自然光照时间（h）							光照度（lx）
	9	10	11	12	13	14	15	
	产蛋期光照时间（h）							
147～153	12	13	14	14	14	14	15	人工补充
154～160	13	14	14	14	14	14	15	光照度 60
161～之后	14	14	14	14	14	14	15	

注：引自 www. aviagen. com/tech－center。

（七）垫料管理

肉种鸡地面育雏要注意垫草管理。要选择吸水性能好、稀释粪便性能好、松软的垫料，如麦秸、稻壳、木刨花。其中软木刨花为优质垫料，麦秸、稻壳比例为 1：3 的垫料效果也不错。垫料可根据当地资源灵活选用。育雏期因为鸡舍温度较高，所以垫草比较干燥，可以适当喷水以提高鸡舍湿度，有利于预防呼吸道疾病。

（八）湿度和通风管理

一般要求鸡舍相对湿度为 50%～60%。通风换气不仅提供鸡只生长所需的氧气和调节鸡舍内温、湿度，更重要的是排除舍内的有害气体、羽毛屑、微生物、灰尘，改善舍内环境。鸡舍内的二氧化碳浓度不应超过 0.3%，氨气浓度不应高于 15.2 mg/m³，否则鸡的抗病力降低，性成熟延迟。通风换气量除了考虑雏鸡的日龄、体重外，还应随季节、温度的变化而调整。育雏前期鸡的个体较小，鸡舍内灰尘和有害气体相对较少，所以通风显得不是十分重要。随着鸡只生长应逐渐加大通风量。

（九）断喙

为减少饲料浪费和啄伤的发生，肉种鸡要求精确断喙。断喙通常在雏鸡 5～8 日龄时进行。为保证断喙的质量，断喙时应使用专用设备（断喙器）。具体断喙方法见第五章。

二、育成期的饲养管理

白羽肉种鸡育成期一般指 4 周龄末育雏结束到 24 周龄末产蛋开始这一时期（不同品种略有差异）。育成期是肉种鸡生长发育的关键阶段，有持续时间长、工作量大、管理难度大等特点。

（一）饲养面积

育成期饲养面积、采食面积、饮水面积的需要请参见表 7-5。现代白羽肉种鸡通常在垫料地面上平养育成。公鸡的饲养密度不宜过大，否则影响公鸡的体格（尤其影响脚趾、脚掌、胫骨、龙骨的发育）和睾丸发育，最后影响繁殖性能。

（二）饲喂、饮水及垫料管理

要求饲喂系统能尽快将饲料传送到整个鸡舍（可用高速料线和辅助料斗），这样所有鸡可以同时得到等量的饲料，从而保证鸡群生长均匀。在炎热季节，要在清晨凉爽时喂料。

对限制饲喂的鸡群要保证有足够的饮水面积，同时需适当控制供水时间以防垫料潮湿。在喂料日，喂料前和整个采食过程中保证充足饮水，然后每隔 2～3 h 供水 20～30 min。在停料日，每 2～3 h 供水 20～30 min。限饲日供水时间不宜过长，防止垫料潮湿。限制饮水需谨慎进行，在高温炎热天气或鸡群处于应激情况下不可限水。天气炎热可适当延长供水时间。肉种鸡饮水量见表7-9。

表7-9 每100只肉种鸡一日饮水量（21℃）

周龄	饮水量（L）	周龄	饮水量（L）
1	1.9	12	18.5
2	3.8	13	20.1
3	5.7	14	21.2
4	8.3	15	22.3
5	11.4	16	23.1
6	12.1	17	24.2
7	13.2	18	25.0
8	15.1	19	25.7
9	15.9	20	26.5
10	17.0	21～产蛋结束	27.2
11	17.8		

注：引自杨山，李辉，现代养鸡，2002。

良好的垫料管理是获得高生产性能、高成活率不可缺少的条件。除选择吸水性好、松软的优质垫料外，还要保持垫料干燥，特别注意饮水器下有无潮湿。如有必要可将潮湿结块的垫料移出鸡舍，并补充新鲜干燥的垫料。在高湿度情况下，垫料的厚度十分重要。保持垫料厚度的重要性是因为：①可增加垫料吸水能力；②提高垫料产生的热量，以排除舍内过多的水分；③垫料产生的热量，可杀灭某些细菌、球虫卵囊及其他致病菌。

（三）通风管理

育成期鸡群密度大，鸡舍内产生的灰尘和氨气、二氧化碳等有害气体多，所以通风很重要。通风影响鸡舍温度、垫料湿度、鸡舍内空气新鲜程度等多个方面，所以配备有效而合理的通风系统是有必要的。常用的通风方式见第五章。

夏季育成鸡舍通风越大越好，水帘降温密闭式鸡舍风速要求 50～100 m/min，每只鸡至少需要 0.007 m³/min 的新鲜空气。炎热季节中当气温超过 30 ℃时，为保证鸡只舒适，通风量每千克体重至少为 0.092 m³/min。在宽度等于或小于 10 m 的鸡舍，两侧墙壁上都应安置进气口以利于空气流通。进气口大小应可以调节，同时风向导板应能完全闭合。应该使气流在鸡舍内流动方向适宜，且风速足够。气流以 30°～45°角度进入鸡舍后，可与舍内空气混合而不产生贼风。冬季鸡舍保温和通风要协调好，温度低影响鸡群生长发育或生产性能，通风不好容易发生呼吸道疾病，影响鸡群健康和成活率，应在保证舍温的前提下尽量多通风。

（四）光照管理

正确运用光照时间、光照强度和限制饲喂措施，是保证肉种鸡饲养成功的关键。光照刺激对肉种鸡性成熟非常重要，在遮黑式鸡舍中光照度要求在 10 lx 以下，鸡能找到料槽和饮水器即可。如果鸡舍有漏光现象要及时补封，达到完全遮黑程度。20 周龄以前不需要太长的光照刺激，这一时期可采用自然渐减或人工渐减或恒定时间的光照方案。育成期不能随意改变光照时间和光照强度。光照计划因鸡舍形式而异，具体参见表7-7和表7-8。

（五）限制饲喂

因为白羽肉种鸡具有吃得快、吃得多、消化快、吸收好、增重快等特点，如果在育成期对种鸡群不采取限制饲喂，那么种鸡就会超重过肥，种鸡产蛋性能就无法发挥。所以，肉种鸡育成期必须采用有效的限饲程序来控制体重。限饲还可使性成熟适时化、同期化；减少产蛋初期产小蛋和后期产大蛋的数量，提高种蛋合格率；减少产蛋期的死亡率和淘汰率；提高种蛋受精率、孵化率和雏鸡品质；节省饲料消耗；从而全面提高种鸡饲养的经济效益。

目前世界各地普遍采用限制饲料供给量的方法来控制鸡的体重。喂料量应根据每周鸡群平均体重来决定。但不能对每一周的体重变化做出过分反应，也就是说不能只看周末体重超标就减料或体重不够就加料，要连续看三周的体重变化和走势来决定喂料量的改变。应从实践中逐渐积累成功的经验，健全饲喂程序。

鸡群达到 2～4 周龄时可开始实施限饲程序。限饲的方法有：每天限饲；隔日饲喂，即将鸡 2 d 的饲料 1 d 喂给，每隔一天喂一次料，适合于 3～8 周龄的鸡群；喂四限三（4/3），即鸡 7 d 的饲料分喂 4 d，适合于 3～12 周龄鸡群；喂五限二（5/2），即鸡只 7 d 的饲料分喂 5 d（停料日不可连续进行），适合于 8～16 周龄鸡群；喂六限一（6/1），即鸡 7 d 的饲料分喂 6 d，适合于 14～18 周龄鸡群；喂二限一（2/1），即鸡只 3 d 的饲料分喂 2 d，可在 6 周龄以后作为隔日饲喂或 5/2 饲喂的一种过渡方法。实际操作时可参考育种公司提供的饲养管理手册进行。鸡场管理人员应根据鸡群生长、健康状况及饲料质量等方面的情况灵活掌握限饲程序。采用限制饲喂方法让鸡群每周稳定而平衡生长，在实践中要注意以下几点。

1. 准确掌握鸡群体重 白羽肉种鸡育成期每周的喂料量是参考品系标准体重和实际体重的差异来决定的，所以掌握鸡群每周的实际体重显得非常重要。

育成期每周末称一次体重，根据实际体重来决定下一周的喂料量和喂料方法。因为鸡群数量多，不可能每只鸡都称重，所以只能用样品体重来代表全群实际体重，因此样品的代表性很重要。圈鸡以前在整个鸡舍安静地走动，使鸡群个体分布均匀，不加任何选择地把围起来的鸡全部称完，不能称一部分放一部分。如果分圈饲养，则应每圈单独称重。根据鸡群规模，抽取 3%～5% 的鸡称重。鸡群规模较小时，需增大抽样比例，抽样数最小为 50 只。称重时要注意所使用的秤必须标准（有必要每次称重前校准），挂秤应悬挂于称鸡者眼睛水平的高度。一般在限饲日空腹称重，如果遇到喂料日应在喂料前称重。每周定期（如星期三）定时（相同时刻）称重，每周的采样点要更换。如果突然有一周称重后平均体重和标准体重相差很大，很可能是秤不准或采样少，要重新称重。称重抓鸡切忌过分粗暴，准确的抓鸡方法是先从鸡的后部抓住一只腿的胫部，然后将两腿并在一起，用手握住胫部提起。肉种鸡体重大，不要只提一条腿，不准用铁钩子钩鸡腿，以免发生损伤。总之，一定要做到轻抓轻放。

2. 体重均匀度 体重均匀度是衡量品种质量（种雏质量）及各阶段饲养管理成绩好坏的一个重要综合指标。鸡群体重均匀度指体重在鸡群平均体重 ±10% 范围内的个体所占的比例。均匀度差时，则强壮的鸡抢食弱小鸡的日粮，结果强壮的鸡变得过肥，而弱小的鸡变得瘦弱，两者都不能发挥它们应有的产蛋性能。如果育成期鸡群体重均匀度差，则种鸡产蛋期产蛋率低，鸡只总产蛋数少，种蛋大小不齐，所繁雏鸡均匀度差，生产效益不高。有人在生产实践中总结，育成期体重均匀度每增减 3%，每只鸡平均产蛋数相应增减 4 枚。1～8 周鸡群体重均匀度要求在 80%，最低 75%。9～15 周鸡群体重均匀度要求在 80%～85%。16～24 周鸡群体重均匀度要求在 85% 以上。

肉用种鸡体重均匀度较难控制，管理上稍有差错，就会造成鸡只间采食量不均匀，导致鸡群体重均匀度差。因此，在管理上要保证足够的采食和饮水位置，饲养密度要合适。另外，饲料要混合均匀（中小鸡场自己配料时应特别注意），注意预防疾病，尽量减少应激因素。

（六）饲料营养

无论采用什么样的限饲方法，均不能忽略日粮的营养浓度。即对于种鸡体重、体格发育均匀度的控制来说，必须实现喂料量和饲粮营养水平的最佳结合。种鸡在育成期结束时不仅要求体重符合要求，还要有一定的营养积蓄，以便为以后生产性能的正常发挥奠定足够的物质基础。

使种鸡达到体重标准和足够的营养积累并不容易，这受育雏期、育成期的饲养管理、限饲

程序、体重控制和饲料质量等诸多因素的影响。白羽肉种鸡父母代母鸡、公鸡体重参见表 7 - 10、
表 7 - 11。

表 7 - 10　白羽肉种鸡父母代母鸡体重和耗料量

日龄	周龄	体重（g）	每周增重（g）	日喂料量（g/只）
7	1	115	75	23
14	2	215	100	28
21	3	330	115	32
28	4	450	120	35
35	5	560	110	39
42	6	660	100	42
49	7	760	100	45
56	8	870	110	49
63	9	980	110	51
70	10	1 090	110	54
77	11	1 200	110	58
84	12	1 300	100	62
91	13	1 400	100	66
98	14	1 500	100	70
105	15	1 610	110	75
112	16	1 740	130	80
119	17	1 880	140	85
126	18	2 020	140	90
133	19	2 160	140	96
140	20	2 300	140	101
147	21	2 460	160	106
154	22	2 640	180	111
161	23	2 800	160	116
168	24	2 950	150	122
175	25	3 090	140	129
182	26	3 220	130	139
189	27	3 330	110	153
196	28	3 420	90	167
203	29	3 490	70	167
210	30	3 540	50	167
217	31	3 580	40	167
224	32	3 610	30	167
231	33	3 630	20	167
238	34	3 650	20	167
245	35	3 670	20	167
252	36	3 690	20	166
259	37	3 710	20	166

（续）

日龄	周龄	体重（g）	每周增重（g）	日喂料量（g/只）
266	38	3 730	20	166
273	39	3 750	20	165
280	40	3 770	20	165
287	41	3 790	20	165
294	42	3 810	20	164
301	43	3 830	20	164
308	44	3 850	20	164
315	45	3 870	20	163
350	50	3 970	20	162
385	55	4 070	20	160
420	60	4 170	20	158
448	64	4 250	20	157

注：引自 www.aviagen.com/tech-center。

表 7-11　白羽肉种鸡父母代公鸡体重和耗料量

日龄	周龄	体重（g）	每周增重（g）	日喂料量（g/只）
7	1	150	110	35
14	2	320	170	42
21	3	525	205	48
28	4	755	230	52
35	5	945	190	56
42	6	1 130	185	60
49	7	1 280	150	63
56	8	1 420	140	66
63	9	1 545	125	69
70	10	1 670	125	72
77	11	1 795	125	75
84	12	1 920	125	78
91	13	2 045	125	81
98	14	2 170	125	84
105	15	2 295	125	88
112	16	2 420	125	92
119	17	2 560	140	96
126	18	2 715	155	101
133	19	2 875	160	106
140	20	3 035	160	111
147	21	3 195	160	115
154	22	3 355	160	120
161	23	3 515	160	123

（续）

日龄	周龄	体重（g）	每周增重（g）	日喂料量（g/只）
168	24	3 675	160	127
175	25	3 825	150	134
182	26	3 960	135	136
189	27	4 035	75	137
196	28	4 090	55	139
203	29	4 120	30	140
210	30	4 150	30	141
217	31	4 180	30	141
224	32	4 210	30	142
231	33	4 240	30	143
238	34	4 270	30	144
245	35	4 300	30	144
252	36	4 330	30	145
259	37	4 360	30	145
266	38	4 390	30	146
273	39	4 420	30	146
280	40	4 450	30	147
287	41	4 480	30	147
294	42	4 510	30	148
301	43	4 540	30	148
308	44	4 570	30	149
315	45	4 600	30	149
350	50	4 750	30	152
385	55	4 900	30	154
420	60	5 050	30	156
448	64	5 170	30	158

注：引自 www. aviagen. com/tech-center。

三、开产前的饲养管理

开产前特指 18~24 周龄，这是育成期向产蛋期过渡的阶段。这一时期要增加营养摄入量，以便满足生长和生殖器官发育的需要，为产蛋做好充分准备。如果育成鸡和产蛋鸡在不同鸡舍饲养，那么育成结束后 18 周龄做转群工作。一般转群的同时做鸡白痢沙门菌、支原体普检。

开产前种母鸡增重很快，每周增重 150 g 左右；体内各脏器生长发育很快，尤其是生殖器官。因此应饲喂产前专用饲料，要求粗蛋白质含量 15.6%~15.8%、代谢能 11.93 MJ/kg。此时除按要求对种鸡进行正常的饲养管理外，还要在鸡舍和设备等方面为产蛋做好准备。

（一）鸡舍和喂饮设备

肉种鸡产蛋期一般采用"两高一低的棚架、垫料地面混合"的管理方式，即如果鸡舍宽度 12 m，两边各架设 4 m 的棚架，中间有 4 m 的垫料地面。每平方米饲养种鸡 5 只（含公鸡）。建议应有棚架坡道以帮助鸡轻易地上下棚架。沿棚架每隔 8~10 m 安放一个坡道。沿棚架建造台阶，以方便工作人员上下棚架之用。

使用链式饲喂器时，饲料应保证在 5 min 内传送到整栋鸡舍。为达到这个目的，可使用高速料线（18～36 m/min）。如使用悬挂式料桶，最好用铰链控制其同时升降，注意争取在各个料桶内添置等量的饲料。

实践证明，肉种鸡采用笼养人工授精，搞好限制饲喂也可取得很好的生产成绩，不仅增加单位房舍面积鸡的饲养量，而且有利于种蛋管理。拥有技术和条件的鸡场可以采用。

（二）光照系统

在鸡背水平高度上光照度至少应达到 30 lx，光照时长逐渐达到 16～17 h。建议使用直径 25～30 cm 的反光罩将光线反射到鸡身上。保持灯泡清洁并及时更换坏灯泡。应使用测光仪具体测量舍内光照强度，因为光照强度可因鸡舍内所用灯泡种类、房舍建筑材料的反射能力和电路功率等因素而有所差异。鸡舍内灯泡布局要均匀，以便为鸡提供均匀一致的光照，尽可能避免在鸡舍内形成较暗的地方。安装灯泡时应保持 1.5 的比例，这是指灯泡之间的距离应是灯泡到鸡的背部高度的 1.5 倍。通常灯泡距地面高度为 2.4～2.5 m，要为工人在灯泡下工作提供足够的空间。当鸡舍内架设三排或三排以上灯泡时，每排灯泡应交错排列，最外排灯泡到房舍墙壁距离为灯泡间距的 1/2。为了得到较高的受精率，公鸡比母鸡提前一周给光照刺激。这样公鸡性成熟比母鸡稍提前，开产初期种蛋受精率明显提高。

（三）产蛋箱

鸡群需要足够的产蛋箱，以保证其充裕的产蛋空间。应为每 4 只母鸡提供 1 个产蛋窝，每个产蛋窝应有 35 cm 宽、35 cm 深。产蛋箱侧壁上应有孔洞使产蛋箱中空气流通。顶部设计成三角形并加金属条以防鸡栖息；箱后应有挡板，当两排产蛋箱背靠背安装时，以防母鸡从一边挪到另一边；底部应可拆卸以便清洗。在开产前 2～3 周（一般 22 周龄）放置产蛋箱，在产蛋箱中铺上其前挡板 1/3 高度的垫料。

（四）混群

一般在 20 周龄左右时进行，把留种公鸡均匀地放入母鸡舍内。一般要求在较弱光线下混群，以减少公鸡因环境改变而产生的应激。公鸡放入母鸡舍后开始两周感到陌生而胆怯，需要细心管理，尽快建立起它们的首领地位。如果公母鸡都转入新鸡舍，应提前一周转入公鸡，然后再转入母鸡。这样做对公鸡的健康和产蛋期繁殖性能的提高都有好处。为防止公鸡体重过大造成不能正常交配而影响受精率，一些厂家发明了多种公母分饲系统。目前应用最广泛的方法是在料槽上安装隔鸡栅，这样母鸡因其头部相对较小仍可采食，而头部相对较大的公鸡则无法从料槽中采食。使用这种限制采食系统时隔鸡栅尺寸要适宜，且要注意维修，保证限制公鸡而不限制母鸡采食。公鸡用悬挂式料桶饲喂，8 只公鸡一个料桶，用滑轮和钢丝绳把料桶悬挂起来，母鸡因体小够不到料桶无法从中采食。配合隔鸡栅再使用鼻签可进一步防止公鸡偷吃母鸡料。

四、产蛋期的饲养管理

一般从 22 周龄开始增加光照，到 25 周龄鸡群产蛋率就能达到 5%。肉鸡群产蛋率达到 5% 的日龄（周龄）称为群体开产日龄（周龄）。种鸡产蛋期多采用每天限饲方案，每天早上一次投给定量的饲料。

（一）喂料量

鸡群开产后，要考虑以下几个因素来决定喂料量。

1. 产蛋率　种母鸡开产后喂料量的增长率应先于产蛋率的增长，这是因为鸡需要足够的营养来满足生殖系统快速生长、发育的需要，且卵黄物质的积累也需要大量的营养。鸡群的均匀度水平直接决定鸡群达产蛋高峰的快慢。若鸡群产蛋率上升快（每天上升 3%～4%），产蛋率到

30%时应给予高峰料。对于开产后产蛋率上升较慢（每天 1%～2.5%）的鸡群，高峰料最好在产蛋率达 35%～40%时再给。

2. 采食时间 这是鸡群进入产蛋期后确定喂料量所必须考虑的一个因素。采食时间的长短直接反映喂料量是否过多或不足。每天应记录采食时间，作为管理鸡群的指标之一。一般种鸡应在 2～4 h 之内吃完其每日的饲料配额。若采食用时少，说明需要饲喂更多的饲料，反之说明喂料量过多。当然，要注意气温、隔鸡栅尺寸和饲料本身等均影响采食时间的长短。

3. 舍温 这是影响采食量的主要因素之一。舍温应保持在 21～25 ℃。一般来说舍温低于 20 ℃时，每低于 1 ℃，每只鸡每天就需增加 0.021 MJ 能量。夏季天热时一定要在早晨凉爽时喂料。

4. 体重 鸡每天摄取的大部分营养主要用于维持需要。因此，体重越大的鸡需要的饲料量也就越多。如果鸡群超过其标准体重，那么在产蛋期就应增加其喂料量，在实际生产中鸡每超过标准体重 100 g，每天每只鸡需增加 0.033 MJ 能量。

产蛋期也需要每周称重，并进行详细记录以完善饲喂程序。大量研究证明，鸡如果在到达产蛋高峰期前没有得到足够的体重增长和营养积蓄，则无法取得良好的产蛋高峰且不能维持较长的高峰期。

（二）减料

产蛋高峰期后，种鸡增重速度下降，同时产蛋量也减少。减料主要是用以防止产蛋高峰期后母鸡过肥从而导致产蛋量、种蛋受精率和孵化率下降。减料可于周产蛋率连续两周没有增长后开始。减料量应根据产蛋率、采食时间、舍内环境温度及鸡的体重等因素来决定。

产蛋高峰期后减料应果断进行，但也不可马虎从事。开始每周每只鸡减料 1～2 g。例如：鸡群喂料量为 170 g/（只·d），减料后第一周喂料量应为 168～169 g/（只·d），第二周则为 167～168 g/（只·d）。任何时间进行减料后 3～4 d 内必须认真关注鸡群产蛋率，如产蛋率下降幅度正常（一般每周 1%左右），则第二周可以再一次减料，如果产蛋率下降幅度大于正常值，同时又无其他方面的影响（气候、缺水等）时，则需恢复原来的喂料量，并且一周内不要再尝试减料。由于采食时间是喂料量是否适当的特征，因此采食时间过长，也需要进行减料。另外环境因素也是进行减料时必须考虑的重要因素，特别是处于气候多变的季节（如夏秋之交时）。如果预计气温将降低，则应较为缓慢地减料。如果预计气温升高，减料幅度可稍大一些。鸡的体重也是判断减料量是否合适的重要特征，产蛋高峰期后鸡群体重每周增加 10～15 g 为正常，如果减料后体重下降，说明减料过多，如果鸡的体重仍大幅度上升，则证明减料不够。

（三）种蛋的管理

种鸡场的最终目的是生产出更多的合格种蛋。为此，种鸡场产蛋鸡舍要进行特殊管理。

1. 产蛋箱垫料 蛋产出后首先接触蛋窝垫料，因此，要始终保持垫料的干燥清洁。应使用优质垫料，推荐使用软木刨花或稻壳。使用麦秸时，则切断后麦秸长度不应超过 0.5 cm。垫料不许有寄生虫、霉菌等微生物，另外尘土、粉末不能太多。产蛋箱垫料每 2 d 补充一次，每月彻底更换一次。

2. 种蛋收集 开产时经常巡视鸡群，正常情况下每天至少捡蛋 4 次，产蛋率高时增加捡蛋次数。产蛋箱里的种蛋和地面脏蛋分开捡、分开装，捡完脏蛋必须洗手消毒。一般早晨第一遍蛋较多，要求捡蛋速度快。禁止入孵蛋窝里的脏蛋和地面蛋。有的种鸡场把脏蛋擦净后当种蛋用，这是不正确的。

3. 种蛋质量的量化管理 种鸡开产后会出现多种类型的蛋。通常可分为四种：合格种蛋、脏蛋（包括粘粪便、粘垫草、粘蛋黄、粘蛋白、粘血斑的蛋和地面蛋、栖架蛋）、破蛋（包括蛋壳有裂纹的蛋和完全破裂的蛋）、畸形蛋（包括大蛋、小蛋、形状不规则的蛋、软壳蛋）。四种蛋在鸡群的不同年龄段、不同的鸡舍管理条件下所占的比例不同。各种鸡场根据自己的条件，总结出适合本场的各种类型蛋的正常比例非常重要，它对种鸡场的管理有很大的参考意义。脏蛋占合格种蛋的比例低，说明种蛋的卫生质量好；脏蛋占合格种蛋的比例超标，说明种蛋的卫生质量差。因为脏蛋多数是从蛋窝中捡出来的，它们污染同窝的其他种蛋，也可通过捡蛋人员的手污染其他种蛋。脏蛋多说明蛋窝不干净、鸡群拉稀、鸡舍潮湿、捡蛋方法不当等。一般脏蛋占合格种蛋的比例不能超过 0.8%，如果超过 0.8% 就要寻找原因以便及时改进。如果脏蛋占合格种蛋的比例达 1%～1.5%，那么鸡场、鸡舍管理存在严重的问题，这将会给鸡场的生产造成很大损失。

如果产蛋前期小蛋多，可能是由于育成期母鸡体重小；如果产蛋高峰期双黄蛋多，可能是由于育成期母鸡超重或鸡群受到的应激大；畸形蛋的比例高，则可能是鸡群发生传染病（传染性支气管炎、减蛋综合征、新城疫、流感）的预兆。

各种鸡场应根据实际情况，认真统计生产数据，总结出种蛋管理量化指标。通过指标监督生产和预见鸡场管理中出现的问题，增加产品数量，保证产品质量，以取得满意的经济效益。

4. 种蛋的消毒、保存和运输　捡出的蛋应即刻进行消毒。种鸡场要设立种蛋库房。库房要配备供暖设备、降温设备和加湿器。运输种蛋的车最好带空调或是保温车，防止夏天运输种蛋"冒汗"、冬天运输种蛋冻裂。在孵化厅内入孵的种蛋必须具备以下条件：种蛋至少 54 g；种蛋表面清洁、无污染；蛋壳颜色正常；蛋壳质量良好；种蛋形态正常。

第三节　黄羽肉仔鸡生产

黄羽肉鸡品种（配套系）包括仿土鸡与土鸡两种类型，它们有各自的特点，分别满足不同的消费层次。仿土鸡配套系由于引入了经长期系统选育的国外快大型肉鸡品系的血统，生产性能较高、生产成本较低，但肉质一般，适合大众化消费；而土鸡配套系主要由我国地方品种选育而成，其选育程度相对较低，商品鸡生长速度相对较慢，饲养日龄长、生产成本较高，但其肉质优良，通常满足较高层次的消费需求。目前，仿土鸡的饲养量远多于土鸡。我国黄羽肉鸡品种（配套系）繁多，生产性能差异较大，但其饲养管理要点基本一致。本书以中速型黄羽肉鸡为例进行介绍。

一、生产性能

中速型黄羽肉鸡指一般饲养至 60～90 d，公鸡体重达 2.0 kg 左右，母鸡体重达 1.6 kg 左右的黄羽肉鸡配套系。表 7-12 显示中速型黄羽肉鸡商品代公鸡和母鸡的生产性能。一般而言，各育种公司饲养管理手册上的生产性能指标是在较好生产条件下所测得的数据。

表 7-12　中速型黄羽肉鸡商品代仔鸡的体重、饲料转化率和成活率

周龄	体重（g）		饲料转化率		成活率（%）
	公	母	公	母	
1	110±10	110±10	1.4:1	1.4:1	100.0
2	220±20	220±20	1.5:1	1.5:1	99.7
3	400±50	400±50	1.6:1	1.6:1	99.7
4	550±70	550±70	1.7:1	1.7:1	99.5
5	800±90	800±90	1.8:1	1.8:1	99.5
6	1 100±100	850±100	1.8:1	2.0:1	98.7

（续）

周龄	体重（g）		饲料转化率		成活率（%）
	公	母	公	母	
7	1 400±120	1 050±100	1.9：1	2.1：1	98.7
8	1 650±150	1 250±150	2.0：1	2.2：1	98.0
9	1 800±200	1 450±150	2.1：1	2.3：1	98.0
10		1 550±170		2.5：1	98.0
11		1 700±170		2.7：1	98.0
12		1 850±200		2.8：1	98.0
13		1 950±200		2.9：1	98.0
14		2 080±230		3.0：1	98.0

注：1～5周龄公、母混养，所以表中6周龄前的公、母鸡生产性能数据完全相同。6周龄后公、母分开饲养，公、母数据各不相同。

二、营养需要

中速型黄羽肉鸡商品代仔鸡营养需要量见表7-13。表7-13中将黄羽肉鸡的整个生长期分为三个阶段，即雏鸡阶段、中鸡阶段和大鸡阶段。

表7-13　中速型黄羽肉鸡商品代仔鸡营养需要量（以88%干物质为基础）

营养成分	雏鸡料（1～30 d）	中鸡料（31～60 d）	大鸡料（≥61 d）
代谢能（MJ/kg）	12.38	12.60	12.82
粗蛋白质（%）	21	17.5	16
钙（%）	0.92	0.76	0.70
总磷（%）	0.67	0.55	0.49
钠（%）	0.22	0.16	0.14
氯（%）	0.22	0.16	0.14
赖氨酸（%）	1.10	0.97	0.83
甲硫氨酸+半胱氨酸（%）	0.79	0.72	0.61

注：引自《黄羽肉鸡营养需要量》（NY/T 3645—2020）。

三、饲养管理

（一）雏鸡的饲养管理

1. 准备工作

（1）制订育雏计划，包括品种、数量、时间以及饲料、疫苗、药品、器具和免疫程序等。

（2）计划进鸡的鸡舍、场地及其一切用具设备需进行严格的清洗、消毒。育雏前1周做好用具设备的维修保养。

（3）接雏前2 d放入垫料，安装好消毒过的器具，进雏前1 h舍内升温到32～35 ℃，以确保雏鸡进舍时温度适宜。可以选择刨花、锯末、甘蔗渣、谷壳、稻草及麦秆等作为垫料。无论选择何种垫料，必须新鲜干燥、吸湿性能好，避免使用陈腐或发霉的垫料。

（4）备好育雏期饲料、药物、疫苗等物品及生产日报等有关记录表格。

2. 接雏 应选择健康的雏鸡，其标准是：精神活泼，两眼有神，羽色符合品种（配套系）标准，绒毛整洁，脐部收缩良好，外观无畸形或缺陷，肛门周围干净，两脚站立着地结实，行走正常，握在手中饱满、挣扎有力，体重达到 30 g 以上。鸡苗进舍后，尽快放到水源和热源处，使之立即饮水，以清洁雏鸡肠胃，促进卵黄吸收。一般情况，应在饮水 2～3 h 后及时投喂开食料（天冷时，饲料盘和饮水器应放近热源处），引诱雏鸡采食。开食料应多次投放，一次投喂饲料不要太多，以免浪费饲料。

3. 雏鸡的饲养管理 中速型黄羽肉鸡的雏鸡是指出壳至 30 日龄的鸡只。

（1）饲养密度：饲养密度受以下四个方面因素的影响。一是每单位面积饲养的鸡只数；二是每只鸡占有的采食位置；三是每只鸡占有的饮水位置；四是通风条件。因此，确定饲养密度必须考虑上述四个方面的因素。一般情况下，利用地面或网上平养时每平方米养 20 只左右，多层笼养（配合负压通风系统）时每平方米养 40～60 只。

（2）温度：育雏温度一般应随季节、早晚时间、品种、数量、日龄和育雏器种类不同而异，总的要求是雏鸡感到舒适。前 3 d，育雏温度一般为 33～35 ℃，4～7 日龄时可降至 32～34 ℃，以后每周降低 2～3 ℃，直至育雏器温度与室温相同时停止供温，但室温应稳定在 20 ℃左右。

（3）湿度：室内空气过于潮湿或干燥，对雏鸡生产均不利。一般以相对湿度 60% 为宜。育雏初期湿度宜大些，后期宜小些。一般 1～7 日龄保持 60%～65% 较好，以后保持在 55%～60%。南方湿度大，要特别注意防潮。用火坑育雏和冬季用煤炉供温时，要注意防止育雏舍空气干燥。鸡舍湿度太小可能造成灰尘过多，而空气中灰尘含量过高可能会引起雏鸡的呼吸道疾病。

（4）通风换气：要正确处理好通风换气与保温的关系。鸡舍通风换气有多种功能：它能给鸡只提供足够的氧气，排走二氧化碳和其他有害气体，控制鸡舍湿度等。因此，在保证鸡舍温度的情况下，应尽量多通风。

（5）光照：适宜的光照程序能保证雏鸡采食和饮水充足，促进生长发育。目前，多数鸡场在 1～7 d 时采用 23 h 光照、1 h 黑暗的光照程序，以防止鸡只在突然停电时受到惊吓、堆集，造成窒息死亡。光照度为 40 lx，即每平方米 3.2 W 白炽灯泡，有助于雏鸡开始进食、饮水和熟悉周边环境。2 周龄开始，光照时间为每天 24 h，光照度为 20 lx。灯泡应经常清洁，避免因灯泡脏而影响光照强度。

（6）饲喂：采用少量多次饲喂的方法。育雏阶段每天加料 5～6 次，每次加的量少一些，让鸡全部吃干净，料桶空置一段时间后再加下一次饲料。这样可以引起鸡群抢食，刺激食欲。

（7）断喙：6～10 日龄进行断喙，用专用断喙器将上喙切去二分之一，下喙切去三分之一，可预防啄癖，减少饲料浪费。目前生产上也广泛采用自动断喙器在 1 日龄雏鸡出雏时进行断喙。断喙前后 2～3 d 内在饮水中加水溶性复合维生素及抗生素类药物以减少应激反应。

（二）中鸡的饲养管理

中速型黄羽肉鸡的中鸡是指 31～60 日龄阶段的鸡只。

1. 饲养密度 地面或网上平养为每平方米 15 只左右，笼养为每平方米 25～35 只。

2. 饲料更换 及时将雏鸡料更换为中鸡料，雏鸡料应分 3 d 过渡到中鸡料，即第 1 天喂 2/3 雏鸡料及 1/3 中鸡料，第 2 天喂 1/2 中鸡料及 1/2 雏鸡料，第 3 天喂 2/3 中鸡料及 1/3 雏鸡料，第 4 天全部喂中鸡料。

3. 公母分饲 中鸡要强弱分群、公母分群饲养。对公鸡要增加垫料厚度，提高日粮蛋白质及赖氨酸水平，因公鸡生长速度较快，对饲料营养要求更高。

（三）大鸡的饲养管理

中速型黄羽肉鸡的大鸡是指 61 日龄至上市阶段的鸡只。

1. 饲养密度 地面或网上平养为每平方米 8 只左右，笼养为每平方米 12～15 只。

2. 饲料更换 由中鸡料更换为大鸡料应逐渐进行，一般用 3 d 时间将中鸡料逐步过渡到大鸡料。鸡群饲养后期可在饲料中添加 1%～2% 的动物油或植物油以提高日粮代谢能，促进鸡体内脂肪沉积，增加羽毛光泽度。饲养后期注意选用富含叶黄素的饲料原料（如优质黄玉米、玉米蛋白粉、苜蓿粉、松针粉、草粉等）配合日粮，以增强鸡体的色素沉积，从而使三黄特征更加明显。

第四节 黄羽肉鸡种鸡的饲养管理

我国各黄羽肉鸡育种公司育成的黄羽肉鸡配套系类型众多。虽然各公司不同配套类型种鸡的生产性能存有差异，但饲养管理要点基本相同。黄羽肉鸡父母代种鸡的饲养管理可分三阶段进行，即育雏期的管理、育成期的管理和产蛋期的管理。另外，种公鸡的饲养管理也需特别注意。

一、种鸡生产性能

只有在育雏期、育成期和产蛋期进行良好的饲养管理，才有可能使种鸡发挥好其遗传潜力，获得良好的生产性能。表 7-14 为黄羽肉鸡父母代种鸡主要生产性能指标。

表 7-14 黄羽肉鸡父母代种鸡主要生产性能指标

项目	指标	项目	指标
开产体重（kg）	2.0～2.1	种蛋平均合格率（%）	95～97
开产周龄（达 5% 产蛋率）	23～24	种蛋平均受精率（%）	90～93
产蛋高峰周龄	28～30	种蛋平均孵化率（%）	86～90
产蛋高峰产蛋率（%）	80～85	育雏育成期成活率（%）	94～96
66 周龄入舍母鸡产蛋数（枚）	170～180	产蛋期死亡率（%）	5～8
66 周龄提供的雏鸡数（只）	130～140		

二、育雏期的饲养管理

黄羽肉鸡父母代种鸡育雏期指出生至 6 周龄。

（一）育雏期的管理目标

雏鸡的抗病力差、消化能力弱、对外界环境敏感、适应性差，在管理上要求精心细致。

育雏期的管理目标：一是要保证高的育雏成活率，5 周龄成活率要达到 97% 以上；二是要保证雏鸡的正常生长发育，5 周龄末体重必须达到 600 g；三是要保证良好的体重均匀度，5 周龄时的体重均匀度应达到 75% 以上。

（二）育雏期的管理

1. 育雏方式 目前黄羽肉种鸡育雏期多采用笼养方式，平养应用较少，只要管理得当，均可获得良好的生产成绩。在平养时，建议采用网上平养，这对保证鸡群健康、提高成活率有利。

2. 初生雏的处理及对雏鸡质量的要求 雏鸡出壳 24 h 内注射马立克病疫苗；进行雌雄鉴别，鉴别率要求达 95% 以上；父系公鸡断趾，以区别父系公鸡与母本鉴别错误公鸡，否则鉴别错误公鸡可能被误留为种公鸡。雏鸡培育质量直接影响今后的生产性能表现，需要特别注意精心管理。雏鸡除了要求体重达标和均匀度好、外观和精神状态良好外，还要求净化禽白血病、白痢等疾病，不发生脐炎，具有高而均匀的母源抗体。

3. 育雏温度 温度是育雏的首要条件，必须严格而正确地把握。第一周育雏温度为 $32\sim35\,℃$，以后每周降低 $2\sim3\,℃$，至 6 周龄时达 $18\sim20\,℃$。

4. 饲养密度 饲养密度是指每平方米饲养面积容纳的鸡数。饲养密度与鸡群的生长发育、鸡舍环境、均匀度、鸡群健康密切相关。但是，饲养密度也不是一成不变的，它应随着鸡舍条件，特别是通风条件、饲养季节而有所变化。适宜的饲养密度见表 7-15。

表 7-15　种鸡育雏育成期不同饲养方式下的饲养密度

周龄	地面平养（只/m²）	网上平养（只/m²）	笼养（只/m²）
1~6	10	12	40~50
7~12	6	7	25
13~23	5	6	20~25

其他未提及的管理措施和条件请参考白羽肉鸡部分。

（三）育雏期的饲养

育雏期自由采食，以促进其体况的充分发育，务必达到各周龄推荐的标准体重（表 7-16）。

表 7-16　父母代母鸡育雏期的标准体重

周龄	体重（g）	每周增重（g）	饲喂方式
1	100	65	
2	200	100	
3	320	120	自由采食
4	460	140	
5	640	180	
6	800	160	

三、育成期的饲养管理

黄羽肉鸡父母代种鸡育成期从第 7 周开始，到 23 周龄左右开产时结束。育成期管理与育雏期有很强的连贯性。这段时期饲养管理的好坏，决定了鸡在性成熟后的体质、产蛋性能和种用价值。在育成期，鸡对外界环境有较强的适应能力，消化能力、抗病力也有所增强，在正常的饲养管理条件下，鸡较少死亡。种鸡在育成期需进行限制饲喂。

（一）种母鸡的限饲方案

父母代种母鸡推荐的限饲方案如表 7-17 所示。

表 7-17　黄羽肉鸡父母代种母鸡育成期的限饲方案

周龄	体重（g）	每周增重（g）	每日喂料量（g）	每周喂料量（kg）	育成期累计耗料（kg）
7	880	80	48	0.336	0.336
8	950	70	48	0.336	0.672
9	1 020	70	48	0.336	1.008
10	1 080	60	50	0.350	1.358

（续）

周龄	体重（g）	每周增重（g）	每日喂料量（g）	每周喂料量（kg）	育成期累计耗料（kg）
11	1 130	50	50	0.350	1.708
12	1 180	50	51	0.357	2.065
13	1 230	50	52	0.364	2.429
14	1 280	50	53	0.371	2.800
15	1 340	60	56	0.392	3.192
16	1 400	60	60	0.420	3.612
17	1 470	70	65	0.455	4.067
18	1 550	80	70	0.490	4.557
19	1 630	80	76	0.532	5.089
20	1 720	90	82	0.574	5.663
21	1 820	100	88	0.616	6.279
22	1 930	110	94	0.658	6.937
23	2 050	120	100	0.700	7.637

（二）限制饲喂时的注意事项

1. 限饲开始时间　黄羽肉鸡种鸡与白羽肉鸡种鸡相比，生长速度相对较慢，母鸡限饲应在5～7周龄开始进行，此前自由采食。

2. 选择与淘汰　在育雏结束时，结合转群，将少数羽色发麻、发白、发黑和胫发白等外观不符合要求的个体淘汰。将生长发育不良、体重过小和体格较弱的鸡移出或淘汰，因为这些鸡经不起强烈的限饲，即使存活下来，也是不合格的种母鸡，产蛋少，浪费饲料。

3. 体重和均匀度的控制　体重称量和喂料量的确定方法与白羽肉鸡相同。父母代种鸡各周龄的体重均匀度应在75%以上，越高越好。

四、产蛋期的饲养管理

黄羽肉鸡父母代种鸡产蛋期从23周龄左右开产开始，到66周淘汰时结束。产蛋期管理的主要任务是为种鸡繁殖提供一个舒适稳定的环境，保证其营养需要，充分发挥其遗传潜力，生产出尽可能多的合格种蛋。

（一）产蛋期的管理

1. 饲养方式　黄羽肉鸡父母代种鸡产蛋期多为笼养。黄羽肉鸡父母代种鸡笼养能获得好的生产性能，且管理方便，因而得到普遍的应用，建议有条件的鸡场采用笼养方式。

2. 转群　开产前期应及时将鸡转入产蛋舍，转群时要注意减少鸡的应激，并且根据鸡的体重、体型和鸡冠发育情况进行严格挑选。

3. 光照管理　光照是影响肉种鸡性器官发育和产蛋的重要因素之一。光照制度合理，可使种鸡适时开产，产蛋数增加，反之则可能使种鸡提前或延迟产蛋。提前开产的鸡，产蛋小，产蛋高峰低，波动大，受精率低，且易发生脱肛。开产延迟时，产蛋高峰也低，产蛋少，受精率差，每只鸡生产的雏鸡少。

目前，黄羽肉种鸡密闭式鸡舍饲养还处于试验阶段，没有成熟的密闭式鸡舍光照程序。以下列出的是黄羽肉种鸡开放和封闭结合式鸡舍的光照程序。

黄羽肉鸡种鸡19周龄至产蛋期的光照，依18周龄末的自然光照时间而定：

（1）如果18周龄末时自然光照少于10 h，则19和20周龄时每周各增加1 h，然后每周增加

0.5 h 至达 16 h 为止，以后保持下来。

（2）如果 18 周龄末自然光照在 10～12 h 之间，则于 19 周龄增加 1 h，然后每周增加 0.5 h 至达 16 h 为止，以后保持下来。

（3）如果 18 周龄末自然光照达 12 h 及以上时，则于 21 周龄开始每周增加 0.5 h 至达 17 h 为止，以后保持下来。

上例光照程序只作为参考。如果种鸡性成熟比预期的时间提前，即应减缓增加光照的时间，如果种鸡体重已达标准而性成熟迟缓则应加快增加光照时间。补光时间宜安排在早晚。如冬季天阴舍暗，日间也要适当补光，以保证光的质量和强度。产蛋期光照度要求每平方米地面达 2.7 W。

4. 其他环境控制　种鸡舍环境控制的基本要求是温度适宜，地面干燥，空气新鲜。鸡舍的适宜温度是 15～25 ℃，夏季最好控制在 30 ℃以下，冬季保持在 15 ℃以上。

（二）种母鸡产蛋期的限饲方案

1. 限饲方案　黄羽肉鸡父母代种母鸡产蛋期的限饲方案如表 7 - 18 所示。

表 7 - 18　黄羽肉鸡父母代种母鸡产蛋期的限饲方案

周龄	产蛋率（%）	体重（g）	日喂料量（g）	周龄	产蛋率（%）	体重（g）	日喂料量（g）
23		2 050	100	45	66	2 560	115
24	10	2 150	106	46	65	2 570	114
25	35	2 230	112	47	64	2 580	113
26	50	2 300	118	48	63	2 590	112
27	65	2 350	124	49	62	2 600	112
28	75	2 380	128	50	61	2 610	112
29	80	2 400	128	51	61	2 610	112
30	85	2 410	128	52	60	2 620	112
31	83	2 420	127	53	59	2 620	112
32	80	2 430	126	54	58	2 630	112
33	79	2 440	126	55	57	2 630	112
34	78	2 450	125	56	56	2 640	112
35	77	2 460	125	57	55	2 640	112
36	76	2 470	124	58	54	2 650	112
37	75	2 480	123	59	53	2 650	112
38	74	2 490	122	60	52	2 650	112
39	73	2 500	121	61	51	2 650	112
40	72	2 510	120	62	50	2 650	112
41	71	2 520	119	63	50	2 650	110
42	69	2 530	118	64	49	2 650	110
43	68	2 540	117	65	48	2 650	110
44	67	2 550	116	66	48	2 650	110

2. 母鸡产蛋期管理要点

（1）从 20 周龄开始至开产前（23～24 周龄），将育成期饲料转换为产蛋前期料。

（2）在开产后的第 5～6 周（28～29 周龄）喂料量应达到最高。

（3）产蛋高峰后的 4～5 周内，喂料量不要减少，因为虽然产蛋数减少，但蛋重仍在增加，故鸡对能量的实际需要量仍然保持与高峰期的需要量相仿。

（4）当鸡群产蛋率下降到 70% 时，应开始逐渐减少饲料量，以防母鸡超重。

（5）每次减料的同时，必须观察鸡群的反应，当产蛋率有异常下降时，需恢复到原来的喂料量。

五、种公鸡的管理

（一）黄羽肉鸡种公鸡的管理要点

1. 淘汰误鉴公鸡　目前各育种公司提供的雏鸡一般用翻肛法鉴别雌雄，正常情况下有 5% 左右的鉴别错误。因此，应将误鉴父本的母雏和母本的公雏淘汰。父本公雏出雏后，应在孵化场进行断趾，最好不要剪冠，因为冠的发育好坏是后期选择种公鸡的一个重要标准。将未断趾的公鸡和断趾的母鸡全部淘汰。

2. 育雏育成期公母鸡宜分开饲养　雏公鸡体型相对较小，如公母混养，不利于公鸡的生长发育，以致性腺发育延迟，而且不利于公母鸡各自限饲方案的实施。

3. 严格选种　目前各黄羽肉鸡育种公司育种品系的选育程度并不高，个体间还存有较大的差异。因此，在配种前应严格地对公鸡个体进行选择，选择健康、发育良好、体重达标、冠大而鲜红、三黄特征明显的公鸡留种，并对入选公鸡的精液品质进行检查，选择精液量大、密度高、活力强、畸形率低的个体留种。

4. 公鸡留种比例　黄羽肉鸡种鸡基本采用笼养人工授精，每 100 只母鸡在育雏期、育成期和产蛋期配套的公鸡分别为 10、5～6、3～4 只。

5. 在配种期应采用公母分饲技术　其目的是保证公鸡适当的体况和配种能力。分开饲养的公鸡应喂公鸡标准饲料，尽量避免使用产蛋鸡料。

（二）黄羽肉鸡种公鸡的限饲方案

黄羽肉鸡种公鸡也需进行限饲。黄羽肉鸡父母代种公鸡的限饲方案如表 7-19 所示，其限制饲喂管理要点与种母鸡相同。

表 7-19　黄羽肉鸡父母代种公鸡的限饲方案

周　龄	体重（g）	日喂料量（g）	周龄	体重（g）	日喂料量（g）
1	90		16	2 210	79
2	190		17	2 340	83
3	320		18	2 470	87
4	440	自由采食	19	2 600	91
5	600		20	2 750	95
6	830		21	2 890	99
7	980		22	3 020	103
8	1 130		23	3 150	107
9	1 280	58	24	3 250	111
10	1 430	60	25	3 300	115
11	1 560	63	30	3 400	115
12	1 690	66	40	3 430	115
13	1 820	69	50	3 460	115
14	1 950	72	60	3 490	115
15	2 080	75	66	3 520	115

六、种鸡饲养标准

表 7-20 为中速型黄羽肉鸡父母代种母鸡各饲养阶段推荐的营养需要量。表 7-20 中未列出的营养成分请参考农业行业标准 NY/T 3645—2020。

表 7-20 中速型黄羽肉鸡父母代种母鸡饲粮营养需要量（以 88% 干物质为基础）

营养成分	0～6 周	7～18 周	19～开产	开产～66 周
代谢能（MJ/kg）	12.16	11.29	11.44	11.44
蛋白质（%）	19.0	15.0	16.0	16.0
亚油酸（%）	1	1	1	1
钙（%）	0.92	0.76	2.15	2.93
磷（%）	0.67	0.55	0.55	0.59
甲硫氨酸（%）	0.37	0.25	0.34	0.37
甲硫氨酸＋半胱氨酸（%）	0.66	0.44	0.58	0.63
精氨酸（%）	0.96	0.63	0.95	1.03
赖氨酸（%）	0.91	0.60	0.72	0.78
维生素 A（IU）	10 000	9 000	9 000	11 000
维生素 D（IU）	2 600	2 200	2 200	2 800
维生素 E（IU）	45	25	25	30
维生素 K（mg/kg）	2.7	2.0	2.0	2.1
维生素 B_2（mg/kg）	5	4.2	4.2	9
维生素 B_{12}（μg/kg）	15	10	10	17
泛酸（mg/kg）	9	7	7	12
烟酸（mg/kg）	30	22	22	25

注：引自《黄羽肉鸡营养需要量》（NY/T 3645—2020）。

◆ **复习思考题** ◆

1. 肉仔鸡和肉种鸡主要的生产性能指标有哪些？
2. 肉仔鸡光照管理有什么特点？
3. 肉仔鸡饲养管理要点有哪些？
4. 如何预防快大型肉仔鸡的几种非传染性疾病？
5. 简述肉种鸡育雏期、育成期、产蛋期的饲养管理目标。
6. 简述肉种鸡限制饲喂的意义和方法。
7. 肉种鸡光照管理为何很重要？
8. 如何提高肉种鸡的繁殖性能？
9. 简述黄羽肉鸡饲养管理特点。
10. 如何保证肉种鸡生产出量多质优的雏鸡？
11. 肉种鸡场和商品鸡饲养场如何获得良好的生产效益？

（李　辉）

08 第八章 鸭 生 产

我国的养鸭业历史悠久，在春秋战国时期就有养鸭和食用鸭肉、鸭蛋的记载。20 世纪 80 年代以来，我国养鸭业迅速发展。目前，我国已是世界上养鸭最多的国家，肉鸭出栏量约占世界总量的 3/4，蛋鸭生产量占世界总量的 4/5 以上。我国鸭肉产量约占禽肉产量的 1/3，鸭肉是仅次于猪肉和鸡肉的第三大肉类，鸭蛋产量已占禽蛋总量的近 20%。鸭的生产已是家禽生产中极为重要的组成部分。鸭的生产，主要可分为肉鸭生产和蛋鸭生产两部分，肉鸭生产又包括大型肉用仔鸭、麻羽肉鸭（简称"麻鸭"）、番鸭和骡鸭生产等。

第一节 大型肉用仔鸭生产

视频：肉鸭的养殖（王继文 提供）

大型肉用仔鸭是指以北京鸭为基础培育的、用配套系生产的白羽商品肉鸭，采用集约化方式饲养，批量生产的肉用仔鸭，这是当前肉鸭生产的主要类型。

一、生产特点

1. 生长迅速，饲料转化率高 在家禽中，大型肉用仔鸭的生长速度最快，7 周龄活重可达 3.4~3.8 kg，为其初生重的 50 倍以上，远比麻鸭类型品种或其杂交鸭生长速度快（表 8-1）。

表 8-1 大型肉用仔鸭生长速度和饲料转化率

	周龄			
	4	5	6	7
活重（g）	2 000~2 300	2 500~2 800	3 000~3 300	3 400~3 800
饲料转化率	(1.6~1.8)∶1	(1.9~2.2)∶1	(2.1~2.3)∶1	(2.3~2.5)∶1

2. 产肉率高，肉质好 大型肉用仔鸭的胸腿肌特别发达，据测定，6 周龄时胸腿肌可达 600 g 以上，占全净膛重的 26%。大型肉用仔鸭因其肌间脂肪多、肉质细嫩等特点，是加工烤鸭、板鸭和煎、炸鸭食品与分割肉生产的主要原料（表 8-2）。

表 8-2 大型肉用仔鸭屠宰性能

周龄	全净膛率（%）	腿肌率（%）	胸肌率（%）	腹脂率（%）	皮脂率（%）
6	75~78	11~13	15~17	0.8~1.5	18~25
7	76~79	12~15	16~18	1.2~1.8	22~30

3. 生产周期短，可全年批量生产 大型肉用仔鸭由于早期生长特别迅速，生产周期极短，资金周转快，这对经营者十分有利。目前，商品肉鸭上市体重一般在 3.0 kg 以上，大型肉用仔

鸭在 38～40 日龄即可满足市场需求，这样大大加快了资金周转，提高了鸭舍和设备的利用率。由于大型肉鸭采用舍饲，打破了生产的季节性，可以全年批量生产。

4. 采用全进全出制，建立产销加工联合体 大型肉用仔鸭的突出特点是早期生长快，饲料转化率高。但超过 8 周龄以后，其增重减缓，饲料转化率随之下降。当前，活鸭销售或冻鸭的屠宰日龄以 6 周龄左右为主，生产分割鸭肉则以 7～8 周龄屠宰为主。因此，大型肉用仔鸭的生产采用分批全进全出的生产流程，根据市场的需要，在最适屠宰日龄批量出售，以获得最佳经济效益。为此，必须建立屠宰、冷藏、加工和销售网络，以保证全进全出制的顺利实施。

二、饲养方式和设施设备

养鸭生产历史悠久，经历了多种养殖模式的发展。传统上，养鸭业作为副业，往往利用公共水域、田边地头进行散养放牧，由于养殖规模小，也不存在较为明显的生态安全问题，符合当时社会经济发展的需要。20 世纪 90 年代后，养鸭业进入快速发展阶段，成为我国特色产业和农村经济发展的支柱产业之一。随着规模化养殖的发展和水资源保护力度的加大，传统水面养鸭方式已不符合时代的要求，逐渐退出行业，地面平养、发酵床平养、网上平养、立体多层笼养等节水饲养方式得以不断发展。目前，网上平养和立体多层笼养是大型肉用仔鸭生产的两种主要模式。

1. 网上平养 肉鸭的网上平养是在离地面 60～70 cm 高处搭设网架，在网架上再铺设塑料网片、网板等，鸭群在网上生活，鸭粪通过网眼间隙落到网下。网下粪便一般有 3 种处理方式：第一种是粪便直接落在硬化处理后的地面，堆积一个饲养期，在鸭群出栏后一次性清除；第二种是在网下架设刮粪装置，定期刮粪；第三种是在网下设置发酵床，利用原位发酵原理处理肉鸭粪污，也称为上网下床方式或发酵床网养。网上平养鸭舍最好采用全封闭式结构，通过湿帘结合机械负压通风换气，鸭舍长度不超过 80 m。典型的鸭舍构造长×宽×高分别为 70 m×14 m×3 m，两侧山墙头分别安装通风机和降温湿帘，南北长墙则安装卷帘控制自然通风。图 8-1 显示了发酵床网养鸭舍的示意图，采用双列式鸭舍，中间为走道，网床护栏高 1.0～1.5 m，网下设两列宽 2.85～3.0 m 的发酵床，铺设厚度为 0.4～0.5 m 的稻壳、木屑、菌糠混合基质，安装自动翻耙系统进行发酵床翻耙。

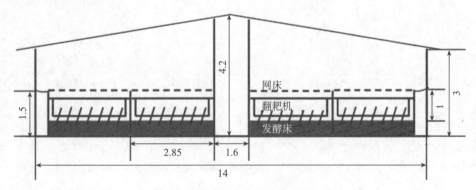

图 8-1 发酵床网养鸭舍立面图（m）

2. 立体多层笼养 肉鸭立体多层笼养模式以肉鸡立体笼养模式为借鉴改造而成（图 8-2）。鸭舍长 80～100 m，宽 14 m；屋脊高 4 m；舍内布置 6 列鸭架，每列三层，每层平均高度为 0.7 m，单组笼具的长、宽均为 1 m，净高 65 cm。整个鸭舍为全封闭式，在不同季节分别采用侧窗自然通风和湿帘结合机械负压通风 2 种通风方式。每层笼下方由履带式传送带输送清理鸭粪，使得肉鸭不与粪便接触。立体多层笼养模式中供水、加料、光照、通风采用全自动化或半自动化人工控制，极大地提高了肉鸭生产和人工效率。

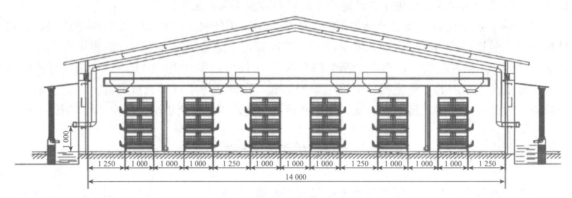

图 8-2　立体多层笼养鸭舍立面图（mm）

三、饲养标准

国家现代水禽产业技术体系侯水生研究员团队在总结整理试验研究数据、收集参考国内外大量研究文献及相关标准的基础上，结合国内肉鸭生产实际情况制定了我国第一个肉鸭饲养标准——《肉鸭饲养标准》（NY/T 2122—2012），并于 2012 年 5 月 1 日正式颁布实施。大型肉用仔鸭的饲养标准参照《肉鸭饲养标准》（NY/T 2122—2012）中"商品代北京鸭营养需要量"（表 8-3）、"商品代北京鸭体重与耗料量"（表 8-4）。

表 8-3　大型肉用仔鸭（北京鸭）营养需要量

营养指标	育雏期（0~2 周）	生长期（3~5 周）	肥育期（6~7 周） 自由采食	肥育期（6~7 周） 填饲
鸭表观代谢能（MJ/kg）	12.14	12.14	12.35	12.56
鸭表观代谢能（kcal/kg）	2 900	2 900	2 950	3 000
粗蛋白质（%）	20.0	17.5	16.0	14.5
钙（%）	0.90	0.85	0.80	0.80
总磷（%）	0.65	0.60	0.55	0.55
非植酸磷（%）	0.42	0.40	0.35	0.35
钠（%）	0.15	0.15	0.15	0.15
氯（%）	0.12	0.12	0.12	0.12
赖氨酸（%）	1.10	0.85	0.65	0.60
甲硫氨酸（%）	0.45	0.40	0.35	0.30
甲硫氨酸＋胱氨酸（%）	0.80	0.70	0.60	0.55
苏氨酸（%）	0.75	0.60	0.55	0.50
色氨酸（%）	0.22	0.19	0.16	0.15
精氨酸（%）	0.95	0.85	0.70	0.70
异亮氨酸（%）	0.72	0.57	0.45	0.42
维生素 A（IU/kg）	4 000	3 000	2 500	2 500
维生素 D_3（IU/kg）	2 000	2 000	2 000	2 000
维生素 E（IU/kg）	20	20	10	10
维生素 K_3（mg/kg）	2.0	2.0	2.0	2.0

（续）

营养指标	育雏期 （0～2周）	生长期 （3～5周）	肥育期（6～7周）	
			自由采食	填饲
维生素 B_1 （mg/kg）	2.0	1.5	1.5	1.5
维生素 B_2 （mg/kg）	10	10	10	10
烟酸（mg/kg）	50	50	50	50
泛酸（mg/kg）	20	10	10	10
维生素 B_6 （mg/kg）	4.0	3.0	3.0	3.0
维生素 B_{12} （mg/kg）	0.02	0.02	0.02	0.02
生物素（mg/kg）	0.15	0.15	0.15	0.15
叶酸（mg/kg）	1.0	1.0	1.0	1.0
胆碱（mg/kg）	1 000	1 000	1 000	1 000
铜（mg/kg）	8.0	8.0	8.0	8.0
铁（mg/kg）	60	60	60	60
锰（mg/kg）	100	100	100	100
锌（mg/kg）	60	60	60	60
硒（mg/kg）	0.30	0.30	0.20	0.20
碘（mg/kg）	0.40	0.40	0.30	0.30

注：数据来源于 NY/T 2122—2012。营养需要量数据以饲料干物质含量87%计。

表8-4　大型肉用仔鸭（北京鸭）体重与耗料量

周龄	体重（g）	每周耗料量（g/只）	累计耗料量（g/只）
0	60	0	0
1	250	220	220
2	730	700	920
3	1 400	1 300	2 220
4	2 200	1 530	3 750
5	2 800	1 800	5 550
6	3 250	1 800	7 350
7	3 700	1 800	9 150

注：数据来源于 NY/T 2122—2012。体重与耗料量数据均为自由采食条件下获得，耗料量数据由公母鸭按相同比例混合饲养获得。

四、饲养管理

（一）育雏期（0～14日龄）的饲养管理

1. 育雏前的准备　进雏鸭之前，应及时维修破损的门窗、墙壁、通风孔、网板等，并准备好分群用的挡板、料槽、水槽或饮水器等育雏用具；育雏之前，先将室内地面、网板及育雏用具清洗干净、晾干、消毒，同时对育雏室周围道路和生产区出入口等进行环境消毒净化，切断病原；制订好育雏计划，建立育雏记录等制度，包括记录进雏时间、进雏数量、育雏期的成活率等指标。

2. 育雏的必备条件　育雏的好坏直接关系雏鸭的成活率、健康状况、将来的生产性能和种用价值。因此，必须为雏鸭创造良好的环境条件。育雏的环境条件主要包括以下几方面。

（1）温度：在育雏条件中，以育雏温度对雏鸭的影响最大，直接影响雏鸭体温的调节、饮水、采食以及饲料的消化吸收。在生产实践中，育雏温度的掌握应根据雏鸭的活动状态来判断。温度过高时，雏鸭远离热源，张口喘气，烦躁不安，分布在室内门窗附近，温度过高容易导致雏鸭体质和抵抗力下降等；温度过低时，雏鸭扎堆，互相挤压，影响雏鸭的开食、饮水，并且容易造成伤亡；在适宜的育雏温度条件下，雏鸭三五成群，食后静卧而无声，分布均匀。

（2）湿度：湿度对雏鸭生长发育的影响较大。刚出壳的雏鸭体内含水 70％左右，同时又处在环境温度较高的条件下。湿度过低往往引起雏鸭轻度脱水，影响健康和生长。当湿度过高时，霉菌及其他病原微生物大量繁殖，容易引起雏鸭发病。舍内湿度第一周以 60％（相对湿度）为宜，有利于雏鸭卵黄的吸收，随后由于雏鸭排泄物的增多，应随着日龄的增加降低湿度。

（3）通风：通风的目的在于排出室内污浊的空气，更换新鲜空气，并调节室内温度和湿度。一般如果人进入育雏室不感到臭味和无刺眼的感觉，则表明育雏室内氨气的含量在允许范围内。如果进入育雏室即感觉到臭味大、有刺眼的感觉，表明舍内氨气的含量超过许可范围，应及时通风换气。

（4）光照：为使雏鸭能尽早熟悉环境、尽快开食和饮水，一般第一周采用 24 h 或 23 h 光照。如果作为种雏鸭，则应从第二周起逐渐减少夜间光照时间，直到 14 日龄时过渡到自然光照。

3. 育雏期饲养密度 较理想的饲养密度可参考表 8-5。

表 8-5 雏鸭的饲养密度（只/m²，以地面面积计）

周 龄	地面垫料平养	网上平养	立体多层笼养
1	15～20	25～30	40～50（3 层）
2	10～15	15～25	

4. 雏鸭的选择和分群饲养 初生雏鸭质量的好坏直接影响雏鸭的生长发育及上市整齐度。因此，商品雏鸭应将健雏和弱雏分开饲养。健雏是指同一日龄内大批出壳的、大小均匀、体重符合品种要求，绒毛整洁、富有光泽，腹部大小适中，脐部收缩良好，眼大有神，行动灵活，抓在手中挣扎有力，体质健壮的雏鸭。

5. 适时饮水和开食 雏鸭一般在出壳后 12～24 h 或有觅食表现时饮水开食比较好，一般采用直径为 2～3 mm 的颗粒饲料开食。

6. 饲喂次数 雏鸭自由采食，在料槽或饲料盘内应保持昼夜均有饲料，做到少喂勤添，随吃随给，保证常有料、余料又不过多。一般每日喂料 6～8 次。

7. 其他管理 1 周龄以后可用水槽供给饮水，每 100 只雏鸭需要 1 m 长的水槽。水槽的高度应随鸭的大小调节，水槽上沿应略高于鸭背或同高。水槽每天清洗一次，3～5 d 消毒一次。使用乳头式饮水器时，20～30 只鸭安装 1 个乳头。

（二）生长期及肥育期（15 日龄至上市）的饲养管理

1. 饲养密度 生长期及肥育期主要采用网上平养。随着鸭体重的增加，应及时调整饲养密度。适宜的饲养密度为：第 3 周 8～10 只/ m²，第 4 周 7～8 只/m²，第 5 周及以后 6～7 只/m²。

2. 喂料及饮水 采食量增大，应注意添加饲料，但料槽内余料又不能过多。饮水的管理也特别重要，应随时保持有清洁的饮水，特别是在夏季，白天气温较高，采食量减少，应加强早晚的喂料和饮水管理。

3. 上市日龄 不同地区或不同加工目的，所要求的肉鸭上市体重不一样。因此，最佳上市日龄的选择要根据销售对象、加工用途等确定。肉鸭一旦达到上市体重应尽快出售，否则降低经济效益。大型肉用仔鸭一般 5 周龄活重达到 2.8 kg，6 周龄活重可达 3.2 kg 以上，5～6 周龄的饲料转化率较理想。因此，38～42 日龄为其理想的上市日龄。此外，肉鸭胸肌、腿肌属于晚熟器官，6 周龄胸肌的丰满程度明显低于 7 周龄，如果用于分割肉生产，则以 7～8 周龄上市最为理想。

4. 鸭的填肥 填肥鸭主要供制作烤鸭用，北京鸭经填肥后制作烤鸭已有数百年历史。填鸭是一种用高热能饲料强制肥育的方法，可使鸭体重快速增加并大量积聚脂肪，有利于烤制时品质的提升。填肥鸭在 5 周龄以前的培育方法与自由育肥法相同，在鸭体重达到 2.0 kg 左右或年龄达到 5 周龄时，可开始填肥操作。传统的填肥方法是将填肥饲料拌成黏稠的粥状，然后手工或用填饲机进行填饲，每 6 h 填饲一次，每天填饲 4 次。开填第 1 天，每次填饲的带水料重量为鸭子体重的 1/12，以后每天增加 30～50 g 湿料，1 周后每次填湿料 300～500 g。目前，随着免填型肉鸭品种的培育和免填型饲料的开发，强制填饲方式已逐渐减少。

（三）笼养肉鸭的管理

笼养鸭舍通常使用自动环控系统、自动行车加料系统，在每层笼具下面设置清粪带自动清粪，执行 24 h 的光照时间，饲喂肉鸭配合饲料，饲养密度一般为 15 只/m²。笼养肉鸭由于活动范围小，易缺钙磷，造成站立不稳甚至瘫痪死亡。可在饲料中加 3% 的钙粉或 5% 的石膏粉。如已有肉鸭瘫痪出现，应立即在饲料中加 0.1% 的维生素 D，连喂 10 d。

第二节 大型肉用种鸭的饲养管理

一、阶段划分

种鸭可分为后备种鸭和产蛋期种鸭。依据种鸭生长发育及生产性能特点，其饲养期也可细分为育雏期、育成前期、育成后期、产蛋前期、产蛋中期和产蛋后期 6 个阶段。

二、饲养标准

大型肉用种鸭（北京鸭）饲养标准可参照《肉鸭饲养标准》（NY/T 2122—2012）中"北京鸭种鸭营养需要量"（表 8-6）、"北京鸭种鸭体重与耗料量"（表 8-7）。

表 8-6 大型肉用种鸭（北京鸭）各阶段的营养需要

营养指标	育雏期 （0～3 周）	育成前期 （4～8 周）	育成后期 （9～22 周）	产蛋前期 （23～26 周）	产蛋中期 （27～45 周）	产蛋后期 （46～70 周）
鸭表观代谢能（MJ/kg）	11.93	11.93	11.30	11.72	11.51	11.30
鸭表观代谢能（kcal/kg）	2 850	2 850	2 700	2 800	2 750	2 700
粗蛋白质（%）	20.0	17.5	15.0	18.0	19.0	20.0
钙（%）	0.90	0.85	0.80	2.00	3.10	3.10
总磷（%）	0.65	0.60	0.55	0.60	0.60	0.60
非植酸磷（%）	0.40	0.38	0.35	0.38	0.38	0.38
钠（%）	0.15	0.15	0.15	0.15	0.15	0.15
氯（%）	0.12	0.12	0.12	0.12	0.12	0.12
赖氨酸（%）	1.05	0.85	0.65	0.80	0.95	1.00

（续）

营养指标	育雏期 （0～3周）	育成前期 （4～8周）	育成后期 （9～22周）	产蛋前期 （23～26周）	产蛋中期 （27～45周）	产蛋后期 （46～70周）
甲硫氨酸（%）	0.45	0.40	0.35	0.40	0.45	0.45
甲硫氨酸＋胱氨酸（%）	0.80	0.70	0.60	0.70	0.75	0.75
苏氨酸（%）	0.75	0.60	0.50	0.60	0.65	0.70
色氨酸（%）	0.22	0.18	0.16	0.20	0.20	0.22
精氨酸（%）	0.95	0.80	0.70	0.90	0.90	0.95
异亮氨酸（%）	0.72	0.55	0.45	0.57	0.68	0.72
维生素 A（IU/kg）	6 000	3 000	3 000	8 000	8 000	8 000
维生素 D_3（IU/kg）	2 000	2 000	2 000	3 000	3 000	3 000
维生素 E（IU/kg）	20	20	10	30	30	40
维生素 K_3（mg/kg）	2.0	1.5	1.5	2.5	2.5	2.5
维生素 B_1（mg/kg）	2.0	1.5	1.5	2.0	2.0	2.0
维生素 B_2（mg/kg）	10	10	10	15	15	15
烟酸（mg/kg）	50	50	50	50	60	60
泛酸（mg/kg）	10	10	10	20	20	20
维生素 B_6（mg/kg）	4.0	3.0	3.0	4.0	4.0	4.0
维生素 B_{12}（mg/kg）	0.02	0.01	0.01	0.02	0.02	0.02
生物素（mg/kg）	0.20	0.10	0.10	0.20	0.20	0.20
叶酸（mg/kg）	1.0	1.0	1.0	1.0	1.0	1.0
胆碱（mg/kg）	1 000	1 000	1 000	1 500	1 500	1 500
铜（mg/kg）	8.0	8.0	8.0	8.0	8.0	8.0
铁（mg/kg）	60	60	60	60	60	60
锰（mg/kg）	80	80	80	100	100	100
锌（mg/kg）	60	60	60	60	60	60
硒（mg/kg）	0.20	0.20	0.20	0.30	0.30	0.30
碘（mg/kg）	0.40	0.30	0.30	0.40	0.40	0.40

注：数据来源于 NY/T 2122—2012。营养需要量数据以饲料干物质含量87%计。

表 8-7 大型肉用种鸭（北京鸭）体重与耗料量

周龄	体重（g）		母鸭		公鸭	
	母鸭	公鸭	每周耗料量 （g/只）	累计耗料量 （g/只）	每周耗料量 （g/只）	累计耗料量 （g/只）
0	60	60	0	0	0	0
1	245	260	175	175	184	184
2	610	640	420	595	441	625
3	1 060	1 150	630	1 225	662	1 287
4	1 345	1 470	840	2 065	882	2 169
5	1 560	1 740	875	2 940	919	3 088
6	1 720	2 060	896	3 836	941	4 029
7	1 870	2 245	910	4 746	956	4 985

（续）

周龄	体重（g）		母鸭		公鸭	
	母鸭	公鸭	每周耗料量（g/只）	累计耗料量（g/只）	每周耗料量（g/只）	累计耗料量（g/只）
8	2 015	2 450	924	5 670	970	5 955
9	2 160	2 580	945	6 615	992	6 947
10	2 290	2 695	945	7 560	992	7 939
11	2 365	2 780	945	8 505	992	8 931
12	2 400	2 845	959	9 464	1 007	9 938
13	2 450	2 905	959	10 423	1 007	10 945
14	2 535	2 970	980	11 403	1 029	11 974
15	2 580	3 020	980	12 383	1 029	13 003
16	2 645	3 070	980	13 363	1 029	14 032
17	2 680	3 110	1 015	14 378	1 066	15 098
18	2 725	3 150	1 015	15 393	1 066	16 164
19	2 805	3 190	1 015	16 408	1 066	17 230
20	2 870	3 230	1 015	17 423	1 066	18 296
21	2 935	3 270	1 085	18 508	1 139	19 435
22	3 000	3 310	1 155	19 663	1 213	20 648
23	3 055	3 340	1 225	20 888	1 286	21 934
24	3 090	3 370	1 295	22 183	1 360	23 294
25	3 125	3 400	1 365	23 548	1 433	24 727
26	3 150	3 420	1 470	25 018	1 544	26 271
27	3 170	3 450	1 505	26 523	1 580	27 851

注：数据来源于 NY/T 2122—2012。0～3 周龄体重与耗料量数据为自由采食条件下获得，3 周龄以后体重与耗料量数据为限饲条件下获得。耗料量数据由公母鸭单独饲养获得。

三、后备种鸭培育

后备种鸭指育雏期和育成期的种鸭。后备种鸭培育不合理，可能导致过早成熟开产、蛋重小、畸形蛋多、种蛋合格率低、产蛋持续期短等，严重影响种鸭生产性能。后备种鸭培育的关键在于体重控制和良好的饲养管理。

（一）后备种鸭的体重控制

大型肉种鸭育雏期应适当控制采食量，育成期应进行限制饲喂，以达到控制种鸭体重的目的。育雏期一般通过控制喂料次数和减少光照时间来实现控制采食量。0～7 日龄白天晚上自由采食，24 h 或 23 h 光照。8～14 日龄白天自由采食，光照时间由 24 h（或 23 h）逐渐过渡到自然光照，逐渐减少夜间喂料时间。15～21 日龄每天喂料三次（早、中、晚各一次），22～28 日龄每天喂料两次（早晚各一次），每次喂料以 30～40 min 料槽内饲料基本吃尽为准。自 29 日龄起，对种鸭进行限制饲喂，即有计划地控制喂料量（量的限制）或限制日粮的蛋白质和能量水平（质的限制）。

控制喂料量的方法为：在每周龄开始的第一天早上随机抽测空腹公鸭和母鸭群体 10% 的个体，计算公鸭、母鸭的平均体重。用抽样的平均体重与相应周龄的标准体重（参照表 8-7）比较，如在标准体重的适合范围（标准体重±2%标准体重）内，则该周按标准喂料量饲喂；如超过或低于标准体重2%以上，则该周每天每只喂料量减少或增加5~10 g。

（二）后备种鸭的管理

1. 公母鸭分群与合群　为了控制好公鸭的体重，一般在42或49日龄以前将公鸭和母鸭分群饲养。注意合群的时间不能太晚，否则会影响产蛋期间种蛋受精率，合群后公母鸭应按产蛋期比例混群饲养。

2. 限饲期管理　限制饲喂的种鸭，必须保证有足够的采食、饮水位置，每只鸭应有15~20 cm长的料槽位置、10~15 cm长的水槽位置，要求在喂料时，做到几乎每只鸭都能同时吃到饲料。每群鸭每天的喂料量只能在早上一次性投给。限饲期间应随时注意整群，将弱鸭、伤残鸭分隔成小群饲养，不限喂料量或少限，直到恢复健壮再放回限饲群内。应将光照控制与体重控制、饲喂量的控制结合起来，以控制鸭群性成熟和适时开产。此外，一般从23周（155日龄）起改为初产蛋鸭饲料，并逐步增加喂料量以促使鸭群开产，可每周增加日喂料量25 g饲料，约用四周的时间过渡到自由采食，不再限量。

3. 日常管理　应注意以下方面：保持料槽和水槽的清洁，不能让料槽内有粪便等脏物，运动场和水槽每天要清洗1~2次。育雏期结束进入育成期时，由于鸭体格的增大，应适当降低饲养密度。可按每平方米舍内面积3~3.5只计算每栏饲养的种鸭只数。进入产蛋期以前，即在22~24周龄之间安置好产蛋箱，以便让鸭群熟悉使用。随时观察鸭群的健康状况和精神状态，针对存在问题，及时采取有效措施，以保证鸭群的正常生长发育，提高种鸭场的经营管理和技术管理水平。

四、产蛋期种鸭管理

1. 种蛋的收集　刚开产时母鸭的产蛋时间集中在凌晨，在早上4:30左右开灯捡第一次蛋较适宜，捡完蛋后将照明灯关闭，以后每30 min捡一次蛋。随着母鸭产蛋日龄的延长，产蛋时间稍稍推迟，到产蛋中后期多数母鸭在早上6:00~8:00大量产蛋，捡蛋的时间可随产蛋时间的变化进行调整。

2. 种鸭的光照管理　自种鸭20周龄起，应每周逐渐增加人工光照时间，直到26周龄时每天总光照时间达16~17 h。26周龄至产蛋结束，每日的光照时间保持在16~17 h。

3. 减少窝外蛋的主要措施　所谓窝外蛋就是产在产蛋箱以外的蛋，包括产在舍内地面和运动场内的蛋。由于窝外蛋比较脏，破损率较高，孵化率较差，并且又是疫病的传染源，因此，除个别特别干净的窝外蛋才能作种蛋使用外，一般都不将窝外蛋作种蛋。在管理上应对窝外蛋有足够的重视。减少窝外蛋的措施有以下几个方面。

（1）开产前尽早在舍内安放好产蛋箱，一般于22~24周龄，每4~5只母鸭配备一个产蛋箱。放好的产蛋箱要固定，不能随意搬动。产蛋箱的底部不用配地板，这样母鸭在产蛋以后可以把蛋埋入垫料中。产蛋箱的尺寸为长40 cm×高40 cm×宽30 cm，可将5~6个产蛋箱组成一列。

（2）随时保持产蛋箱内垫料新鲜、干燥、松软。

（3）初产时，可在产蛋箱内设置一个"引蛋"，以养成母鸭在产蛋箱内产蛋的良好习惯。

（4）及时把舍内和运动场的窝外蛋捡走。

（5）严格按照种鸭饲养管理作息程序规定的时间开关灯。

4. 提高种公鸭受精率的措施

（1）大型肉用种鸭群的公母鸭比例以1:（5~6）为宜。公鸭过多会引起争配，这反而会降低受精率。

（2）检查种公鸭的生殖器官，将阴茎畸形或发育不良、过短（大型肉鸭的正常阴茎长度应达到 9～10 cm）的公鸭淘汰。

（3）对达到性成熟后的留种公鸭进行精液品质鉴定，将不合格的公鸭予以淘汰。

第三节 特色肉鸭生产

一、特色肉鸭的类型

肉鸭生产中，大型肉用仔鸭生产约占 70%，麻羽肉鸭、番鸭和骡鸭等特色肉鸭生产约占 30%。传统鸭肉制品如卤鸭、酱鸭、板鸭、盐水鸭等主要以麻羽肉鸭为原料进行生产，而番鸭（也称瘤头鸭、洋鸭、剑鸭、哑鸭、麝香鸭、加积鸭等）和骡鸭（番鸭与普通家鸭的杂交后代）因生长迅速、瘦肉率高、产肝性能好等特点，也深受消费者喜爱。特色肉鸭主要包括肉蛋兼用型的麻羽肉鸭、麻鸭与大型肉鸭的杂交后代、番鸭和骡鸭等类型，其生产与大型肉用仔鸭生产有一定差异。

二、特色肉鸭的饲养管理

（一）养殖模式

特色肉鸭的养殖模式有规模化舍饲、稻鸭共作、稻田放牧及其他种养结合模式。

1. 规模化舍饲模式 规模化舍饲模式的特色肉鸭饲养管理与大型肉用仔鸭类似，但在营养需要与饲养标准方面有所差异。也有一些地方将限制饲喂技术应用于规模化舍饲的大型肉用仔鸭，以控制鸭的生长速度、减少肉鸭皮下脂肪沉积、延长肉鸭上市日龄、提升鸭肉品质（俗称"吊白鸭"生产）。

2. 稻鸭共作模式 稻鸭共作模式是指在水稻栽后活棵至抽穗阶段将鸭子圈养在成片的水稻田中，鸭与水稻共同生长发育。稻田为鸭的生长提供食物、水域、遮阴等生活条件，鸭的活动为水稻生长除草、灭虫、施肥、刺激、松土等，养护水稻，两者互惠互利。稻鸭共作可提升鸭肉品质，大量减少农药化肥用量，增加有机肥投入，有效保护和改善土壤生态环境，增加稻田生产的经济和生态效益。

3. 稻田放牧模式 稻田放牧模式主要应用于地方麻鸭品种或杂交肉鸭品种，这些品种的放牧性能较强，可充分利用收割后稻田中的遗谷、野生的动植物、浮游微生物作为饲料，每天根据鸭的采食情况进行适当补饲。稻田放牧型肉鸭生产与当地农作物的栽播收割时间紧密相关，具有明显的季节性。

（二）营养需要

肉蛋兼用型鸭及番鸭育雏期、生长期和肥育期的营养需要见表 8-8 和表 8-9。地方麻鸭品种及骡鸭（半番鸭）的营养需要可分别参考表 8-8 和表 8-9。

表 8-8 肉蛋兼用型鸭的营养需要

营养指标	育雏期 （0～3 周）	生长期 （4～7 周）	肥育期 （8 周至上市）
鸭表观代谢能（MJ/kg）	12.14	11.72	12.14
鸭表观代谢能（kcal/kg）	2 900	2 800	2 900
粗蛋白质（%）	20.0	17.0	15.0
钙（%）	0.90	0.85	0.80

（续）

营养指标	育雏期 （0～3 周）	生长期 （4～7 周）	肥育期 （8 周至上市）
总磷（%）	0.65	0.60	0.55
非植酸磷（%）	0.42	0.38	0.35
钠（%）	0.15	0.15	0.15
氯（%）	0.12	0.12	0.12
赖氨酸（%）	1.05	0.85	0.65
甲硫氨酸（%）	0.42	0.38	0.35
甲硫氨酸＋胱氨酸（%）	0.78	0.70	0.60
苏氨酸（%）	0.75	0.60	0.50
色氨酸（%）	0.20	0.18	0.16
精氨酸（%）	0.90	0.80	0.70
异亮氨酸（%）	0.70	0.55	0.45
维生素 A（IU/kg）	4 000	3 000	2 500
维生素 D_3（IU/kg）	2 000	2 000	1 000
维生素 E（IU/kg）	20	20	10
维生素 K_3（mg/kg）	2.0	2.0	2.0
维生素 B_1（mg/kg）	2.0	1.5	1.5
维生素 B_2（mg/kg）	8.0	8.0	8.0
烟酸（mg/kg）	50	30	30
泛酸（mg/kg）	10	10	10
维生素 B_6（mg/kg）	3.0	3.0	3.0
维生素 B_{12}（mg/kg）	0.02	0.02	0.02
生物素（mg/kg）	0.20	0.20	0.20
叶酸（mg/kg）	1.0	1.0	1.0
胆碱（mg/kg）	1 000	1 000	1 000
铜（mg/kg）	8.0	8.0	8.0
铁（mg/kg）	60	60	60
锰（mg/kg）	100	100	100
锌（mg/kg）	40	40	40
硒（mg/kg）	0.20	0.20	0.20
碘（mg/kg）	0.40	0.30	0.30

注：数据来源于 NY/T 2122—2012。营养需要量数据以饲料干物质含量 87% 计。

表 8-9 番鸭的营养需要

营养指标	育雏期 （0～3 周）	生长期 （4～8 周）	肥育期 （9 周至上市）
鸭表观代谢能（MJ/kg）	12.14	11.93	11.93
鸭表观代谢能（kcal/kg）	2 900	2 850	2 850
粗蛋白质（%）	20.0	17.5	15.0
钙（%）	0.90	0.85	0.80

（续）

营养指标	育雏期 （0～3 周）	生长期 （4～8 周）	肥育期 （9 周至上市）
总磷（%）	0.65	0.60	0.55
非植酸磷（%）	0.42	0.38	0.35
钠（%）	0.15	0.15	0.15
氯（%）	0.12	0.12	0.12
赖氨酸（%）	1.05	0.80	0.65
甲硫氨酸（%）	0.45	0.40	0.35
甲硫氨酸＋胱氨酸（%）	0.80	0.75	0.60
苏氨酸（%）	0.75	0.60	0.45
色氨酸（%）	0.20	0.18	0.16
异亮氨酸（%）	0.70	0.55	0.50
精氨酸（%）	0.90	0.80	0.65
维生素 A（IU/kg）	4 000	3 000	2 500
维生素 D_3（IU/kg）	2 000	2 000	1 000
维生素 E（IU/kg）	20	10	10
维生素 K_3（mg/kg）	2.0	2.0	2.0
维生素 B_1（mg/kg）	2.0	1.5	1.5
维生素 B_2（mg/kg）	12.0	8.0	8.0
烟酸（mg/kg）	50	30	30
泛酸（mg/kg）	10	10	10
维生素 B_6（mg/kg）	3.0	3.0	3.0
维生素 B_{12}（mg/kg）	0.02	0.02	0.02
生物素（mg/kg）	0.20	0.10	0.10
叶酸（mg/kg）	1.0	1.0	1.0
胆碱（mg/kg）	1 000	1 000	1 000
铜（mg/kg）	8.0	8.0	8.0
铁（mg/kg）	60	60	60
锰（mg/kg）	100	80	80
锌（mg/kg）	60	40	40
硒（mg/kg）	0.20	0.20	0.20
碘（mg/kg）	0.40	0.40	0.30

注：数据来源于 NY/T 2122—2012。营养需要量数据以饲料干物质含量 87% 计。

（三）稻鸭共作模式肉鸭的饲养管理

1. 育雏期的饲养管理 雏鸭宜采用网上育雏或地面育雏两种形式集中育雏。1～2 日龄室温应保持在 28～30 ℃，3 日龄 26～28 ℃，以后每天下降 1～2 ℃，直至达到外界温度。育雏过程中应注意观察鸭群健康情况，如采食状况和粪便颜色，若遇天气变化，可在饮水中添加复合多维以减小应激。雏鸭出壳后 24 h 内应给予清洁饮水，可采用 5 % 葡萄糖和电解多维温水，不能中断供水。雏鸭饮水 1～2 h 后开始喂料，开食料选用破碎料或湿拌料，2～3 d 后饲喂全价雏鸭配合饲料，自由采食。

2. 适时放养 育雏 3～5 d 后，选择晴天的中午，根据鸭群数量将雏鸭放（赶）入水盆或浅水沟，让其在水中自由活动，首次下水时间不宜超过 30 min，或雏鸭湿毛后即将其从水中赶起至保温灯或太阳下，待其羽毛完全干后再放（赶）入水中，如此反复多次，直至雏鸭羽毛具备防水功能。秧苗移栽后 7～10 d（稻秧定根后）、雏鸭 10～15 日龄时，将雏鸭放入准备好的稻田，注意水稻秧龄和鸭龄的匹配；放鸭时间最好选在晴天 10：00～16：00；雏鸭下田前 3 d 可在饮水中添加复合多维以减小应激。放鸭密度：一般每亩按 10～15 只投放。

3. 放养期的饲养管理 稻田鸭补饲要做到定人、定时，并在补饲时给出特定的声音，让鸭形成良好的条件反射，能主动配合养鸭人。刚放下稻田的雏鸭，每天分早、晚补饲两次全价雏鸭配合饲料。20 d 以后，逐渐减少雏鸭料，并逐渐更换饲喂浸泡过的小麦、玉米、适量的酒糟、青绿饲料等混合饲料或配合饲料。补饲次数减少至下午一次，补饲量以鸭群吃饱不剩为原则。注意加强巡查，防止鸭群遭受黄鼠狼、犬等天敌的伤害。

（四）稻田放牧模式肉鸭的饲养管理

1. 育雏期的饲养管理 以人工补饲为主、放牧为辅。放牧的次数应根据当日的天气而定，炎热天气一般早晨和 16：00 左右出牧。白天收牧时将雏鸭赶回水围休息，夜间赶回陆围过夜。育雏数量较大时，应特别加强过夜的守护，注意防止过热和受凉，野外敌害严重时应加强防护。可用围栏、竹篱等分隔雏鸭群，每小格关雏鸭 20～25 只，使雏鸭互相以体热取暖，既达到自温育雏的目的，又可防止挤压成堆。雏鸭过夜的管理十分重要，特别是在气候变化大的夜晚要加强管理。

2. 生长-肥育期的饲养管理 稻田放牧肉鸭的放牧一般根据当年一定区域内水稻栽播时间的早迟而定，先放牧早收割的稻田，再逐步放牧其他稻田。注意鸭群每天的生活规律，保持适当的放牧节奏，如在春末秋初，每天要出现 3～4 次采食高潮，同时也出现 3～4 次休息和戏水过程。秋后至初春气温低，日照时间较短，一般出现早、中、晚 3 次采食高潮。另外，要注意放牧群的控制，应从育雏开始到放牧训练建立起听从放牧人员口令的条件反射。

三、骡鸭的杂交繁育

番鸭与普通家鸭之间进行的杂交，是不同属之间的远缘杂交，所得的杂交后代虽有较大的杂种优势，但没有生殖能力，故称为骡鸭或半番鸭。骡鸭的主要特点是性情温驯，耐粗饲，皮下脂肪很薄，腹脂少，胸腿肉比例高，体重大，适宜填肥，能生产优质肥肝，填肥时间短，饲料用量少，生产费用低。

1. 杂交方式 杂交组合分正交（公番鸭×母家鸭）和反交（公家鸭×母番鸭）两种。生产中主要采用正交方式，因为用家鸭作母本，产蛋多，繁殖率高，雏鸭成本低，杂交鸭公母生长速度差异不大，12 周龄平均体重可达 3.5～4 kg。如用番鸭作母本，产蛋少，雏鸭成本高，杂交鸭公母体重差异大，12 周龄时杂交公鸭体重可达 3.5～4 kg，母鸭只有 2 kg。杂交母本最好是北京鸭、樱桃谷肉鸭等大型肉鸭配套系的母本品系，这样繁殖率高，生产的骡鸭体型大、生长快。

2. 配种形式 配种形式分为自然交配和人工授精两种。

自然交配时，每一小群 25～30 只母鸭，放 6～8 只公鸭，公母配比 1：4 左右。公番鸭应在育成期（20 周龄前）放入母鸭群中，提前熟识，先适应一阶段，性成熟后才能互相交配。增加公鸭只数以缩小公母配比和提前放入公鸭，是提高受精率的重要方法。

利用公番鸭与母家鸭杂交生产骡鸭，最好采用人工授精技术。用于人工采精的公番鸭必须是易与人接近的个体。过度神经质的公番鸭往往无法采精，这类个体应在培育过程中仔细鉴别出来，予以淘汰。用于人工授精的公番鸭应单独培育，不能与母番鸭同群饲养。公番鸭适宜采精时期为 27～47 周龄，最适采精时期为 30～45 周龄，低于 27 周龄或超过 47 周龄时，精液质量低劣。

第四节 蛋鸭生产

视频：蛋鸭
的养殖
（王继文 提供）

一、生产特点

1. 区域性较明显　我国的蛋鸭主要集中分布于长江中下游省区，尤以江苏、浙江、福建等省最为发达。南方其他地区主要以当地蛋肉兼用型麻鸭品种进行生产，在孵化淡季或孵化时节多余的种蛋上市作食用鸭蛋。

2. 养殖模式多样　传统蛋鸭养殖以地面平养为主，包括带有给饲场和水围的开放式大群饲养方式、滩涂放牧方式、冬水田和溪渠小群放牧方式等。近年来，蛋鸭的网上平养、笼养模式在不断发展。

3. 生产周期较长（相对于肉鸭而言）　优良蛋鸭品种在 150 日龄左右达到 50% 的产蛋率，利用期多为 1.5～2 年。

4. 营养需要与肉鸭不同　产蛋期要求较高的粗蛋白质水平，日粮中特别要注意动物性蛋白质的供给，以满足高产稳产的需要。

5. 产品多加工后上市　我国大多数地区鲜食鸭蛋较少，多以盐蛋、皮蛋等加工产品形式上市。因此，在从事蛋鸭生产的规模经营时，应与蛋类加工厂或出口贸易公司订立期货合同，使食用鸭蛋增值，以利于蛋鸭业的规模化生产。

二、品种选择

我国是世界上蛋鸭品种资源最丰富的国家，列入《中国畜禽遗传资源志　家禽志》的蛋用型或以蛋用为主的地方鸭品种有 18 个，主要包括绍兴鸭、金定鸭、攸县麻鸭、缙云麻鸭、荆江麻鸭、三穗鸭、连城白鸭、莆田黑鸭、高邮鸭、山麻鸭、恩施麻鸭、麻旺鸭、汉中麻鸭、褐色菜鸭等。其中，饲养量最大和范围最广的蛋鸭品种是绍兴鸭。另外，江苏培育的"苏邮Ⅰ号"蛋鸭配套系、浙江培育的"国绍Ⅰ号"蛋鸭配套系已分别于 2011 年和 2015 通过审定，获得了国家级畜禽新品种（配套系）证书，在开展蛋鸭生产时也可供选择。

三、阶段划分和营养需要

蛋鸭生产一般分为育雏期（0～4 周龄）、育成期（5 周龄～开产前）和产蛋期几个阶段。各阶段的营养需要可参照表 8-10。

表 8-10　蛋鸭各阶段的营养需要

营养指标	育雏期 （0～4 周龄）	育成期 （5 周龄～开产前）	产蛋鸭或种鸭
代谢能（MJ/kg）	11.7	10.80	11.41
粗蛋白质（%）	19.5	16.0	18.0
钙（%）	0.9	0.8	3.0
总磷（%）	0.6	0.5	0.6
有效磷（%）	0.4	0.35	0.4
食盐（%）	0.37	0.37	0.37

（续）

营养指标	育雏期 （0～4 周龄）	育成期 （5 周龄～开产前）	产蛋鸭或种鸭
甲硫氨酸（%）	0.4	0.3	0.4
甲硫氨酸＋胱氨酸（%）	0.7	0.6	0.7
赖氨酸（%）	1.0	0.7	0.9
色氨酸（%）	0.24	0.22	0.24
精氨酸（%）	1.1	0.7	1.0
亮氨酸（%）	1.60	1.12	1.09
异亮氨酸（%）	0.69	0.46	0.62
苯丙氨酸（%）	0.84	0.54	0.51
苯丙氨酸＋酪氨酸（%）	1.43	0.94	0.97
苏氨酸（%）	0.69	0.48	0.56
缬氨酸（%）	0.91	0.63	0.75
组氨酸（%）	0.43	0.31	0.24
甘氨酸（%）	1.14	0.88	0.85
维生素 A（IU/kg）	3 000	2 500	4 000
维生素 D_3（IU/kg）	600	500	900
维生素 E（IU/kg）	8	8	8
维生素 K（mg/kg）	2	2	2
硫胺素（mg/kg）	3	3	3
核黄素（mg/kg）	5	5	5
泛酸（mg/kg）	11	11	11
烟酰胺（mg/kg）	60	55	55
吡哆醇（mg/kg）	3	3	3
生物素（mg/kg）	0.1	0.1	0.2
胆碱（mg/kg）	1 650	1 400	1 000
叶酸（mg/kg）	1.0	1.0	1.5
维生素 B_{12}（mg/kg）	0.02	0.02	0.02
亚油酸（g/kg）	8	8	8
铜（mg/kg）	8	8	8
铁（mg/kg）	96	96	96
锰（mg/kg）	80	80	85
锌（mg/kg）	60	60	60
碘（mg/kg）	0.45	0.45	0.45
硒（mg/kg）	0.15	0.15	0.15
镁（mg/kg）	600	600	600

注：营养需要量以每千克饲粮计。

四、商品蛋鸭的饲养管理

（一）饲养模式

商品蛋鸭的饲养模式根据鸭舍的构造可分为地面平养、网上平养及笼养三种。

1. 地面平养 地面平养是一种最原始最普遍饲养蛋鸭的方式，主要分为放牧和圈养两种模式。具体做法是在鸭舍的地面上铺一层厚 5~10 cm 的垫料（木屑、谷壳、稻草等）并经常更换以便保持地面干燥。2010 年以来，部分企业或养殖户也尝试采用生物发酵床养殖，就是在垫料中添加益生菌，产生的粪污可以被益生菌快速分解，以便除臭并保持鸭舍空气清新、防止寄生虫传染、降低鸭的发病率。

2. 网上平养 网上平养是在离地面约 60 cm 高处用金属、竹木等材料搭设网架，架上铺设金属、塑料等制成的网或栅片，鸭群在网、栅片上生活，鸭粪通过网眼或栅条缝隙落到地面。网上平养模式相比传统地面平养模式，减少了粪污与鸭和鸭蛋的直接接触，可降低疾病的发生率，产品更加洁净安全。

3. 笼养 蛋鸭笼养模式是参考蛋鸡、肉鸡等笼养模式发展起来的。近年来，对鸭笼结构、降温通风系统、喂料系统做了重大改进，使蛋鸭笼养技术更加完善。蛋鸭笼养产蛋性能与平养相比无显著影响，饲料转化率提高 5% 以上，鸭蛋清洁度提高 90%，污水排放量大大下降。

（二）不同阶段商品蛋鸭的饲养管理

1. 产蛋初期和前期的饲养管理 当母鸭适龄开产后，产蛋量逐日增加。日粮中粗蛋白质含量要随产蛋率的递增而调整，并注意适度的能量蛋白比，促使鸭群尽快达到产蛋高峰，达到高峰期后要稳定饲料种类和营养水平，使鸭群的产蛋高峰期尽可能长久些。此期内白天喂 3 次料，21:00~22:00 给料一次。采用自由采食制，每只蛋鸭每天耗料 150 g 左右。此期内光照时间逐渐增加，达到产蛋高峰期自然光照和人工光照时间应保持 14~15 h。

2. 产蛋中期的饲养管理 此期内的鸭群因已进入产蛋高峰期并已持续产蛋 100 多天，体力消耗较大，对环境条件的变化敏感，如不精心饲养管理，难以保持高峰产蛋率，甚至引起换羽停产。这是蛋鸭最难养好的阶段。此期内的营养水平要在前期的基础上适当提高，日粮中粗蛋白质的含量应达 20%，并注意钙的添加。光照总时间稳定保持在 16~17 h。

3. 产蛋后期的饲养管理 蛋鸭群经长期持续产蛋之后，产蛋率将会不断下降。此期内饲养管理的主要目标是尽量减缓鸭群产蛋率下降幅度。如果饲养管理得当，此期内鸭群的平均产蛋率仍可保持在 75%~80%。此时应按鸭群的体重和产蛋率的变化调整日粮营养水平和给料量。

五、蛋种鸭的饲养管理

1. 严格选择，养好公鸭 留种公鸭须按种公鸭的标准经过育雏期、育成期和性成熟初期三个阶段的选择，以保证用于配种的公鸭生长发育良好、体格强壮、性器官发育健全、精液品质优良。育成期公母鸭最好分群饲养，保证公鸭足够的运动量，在配种前 20 d 放入母鸭群中。

2. 适合的公母性比 蛋鸭品种往往体型小而灵活，性欲旺盛，配种性能极佳。蛋种鸭主要采用地面混群饲养，在早春和冬季，公母性比可为 1:20，夏、秋季公母性比可提高到 1:30。达到以上性比时受精率可达 90% 或以上。在配种季节，应随时观察公鸭配种表现，发现伤残的公鸭应及时调出、补充。

3. 其他管理要点 注意舍内垫草的干燥和清洁，及时翻晒和更换；每天早晨及时收集种蛋，保证种蛋尽快消毒和存入蛋库（室）；天气良好时，应尽早放鸭出舍，迟收鸭；保持鸭舍环境的安静；气温低的季节应注意舍内避风保温，气温高的季节要注意通风降温。

复习思考题 ◆

1. 简述肉鸭生产的现状及发展趋势。
2. 简述我国鸭遗传资源情况及开发前景。
3. 论述提高肉鸭育雏期成活率的综合措施。
4. 如何做好大型肉用种鸭育成期的限制饲喂？
5. 简述骡鸭（半番鸭）的制种方式及人工授精技术关键。
6. 论述提高鸭产蛋率的综合技术措施。

（王继文）

09

第九章　鹅　生　产

第一节　鹅的生产特点和饲养方式

一、生产特点

（1）由于鹅的繁殖具有季节性，商品肉鹅生产具有明显的季节性。虽然采用光照、温度等环境条件控制可以使鹅全年产蛋，但主要繁殖季节仍为冬春季节。因此，商品肉鹅生产多集中在每年上半年上市。

（2）鹅食草、抗逆、耐粗饲，是最能利用青绿饲料的肉用家禽。无论以放养、地面平养或网上平养方式饲养，其生产成本均较低。特别是我国南方地区，气候温和、雨量充足，青绿饲料可全年供应，为鹅放养提供了良好条件。近几年来，一些地区大力发展种养结合的肉鹅生态循环养殖模式，取得了显著的社会、经济和生态效益。

（3）鹅早期生长迅速。一般商品肉鹅 9～10 周龄体重可达 3.5 kg 以上，即可上市出售。因此，商品肉鹅生产具有投资少、收效快、获利多等优点。

二、饲养方式

鹅的饲养方式有放牧和舍饲两类。

1. 放牧　放牧是一种传统的饲养方式，适用于利用饲草资源丰富的林地、草滩以及收割后的稻田等进行适度规模养殖，养殖数量视场地条件而定。雏鹅在 10～15 日龄即可开始短时间放养，然后逐步过渡到全日放养，注意适当补饲精饲料。放牧方式养殖成本低，但也存在生产效率低、不利于疾病的控制等问题，须严格控制放养密度。近些年，在鹅业主产区也推广应用了冬闲田种草养鹅、林下养鹅、丘陵山区林下种草养鹅等适度规模化的种养结合模式，不仅促进了养鹅业生态良性循环的可持续发展，也实现了节本增效，提升了产品品质。

2. 舍饲　舍饲是肉鹅规模化、标准化养殖的主要方式，包括半舍饲地面平养、全舍饲地面平养、离地网上平养、笼养等方式。半舍饲地面平养方式下，在鹅舍外设置运动场和戏水池，一般运动场面积为舍内面积的 2～3 倍，戏水池有利于鹅交配和羽毛生长。全舍饲地面平养方式下，肉鹅完全在舍内饲养，需依气候变化在地面铺设稻草、麦糠、锯末、干沙等垫料，并保持垫料干燥、清洁，及时更换，确保饮水充足。离地网上平养，指将鹅群全程饲养于离地面 50～60 cm 高的金属或塑料网床上，使鹅只和粪便分离，便于粪便收集与资源化利用及疾病的控制。为减少网上养殖肉鹅出现啄羽、啄肛等恶癖现象，可延伸应用网床＋运动场喷淋、网床＋小水池，以及育雏期和肥育期网上平养、生长期地面平养的网床＋地面＋网床三段式混合饲养等形式。笼养方式主要用于鹅育雏期的饲养，也有部分研究单位将笼养方式应用于鹅的育种过程。由于适合规模化生产的笼养鹅舍、笼具、环控设施设备研发较少，目前鹅笼养模式尚未得到广泛推广。

视频：肉鹅
的养殖
（王继文 提供）

第二节 商品肉鹅的饲养管理

一、鹅的营养需要

有关鹅的营养需要，国内外研究甚少。美国 NRC 鹅的营养需要见表 9 - 1。

表 9 - 1　鹅的营养需要（以 90％干物质为基础）

营养指标	0～4 周龄	4 周龄以后	种用
典型日粮能量浓度（ME_n，MJ/kg）	12.13	12.55	12.13
蛋白质（％）	20	15	15
赖氨酸（％）	1.0	0.85	0.6
甲硫氨酸＋胱氨酸（％）	0.60	0.50	0.50
钙（％）	0.65	0.60	2.25
非植酸磷（％）	0.30	0.30	0.30
维生素 A（IU）	1 500	1 500	4 000
维生素 D_3（IU）	200	200	200
胆碱（mg/kg）	1 500	1 000	
烟酸（mg/kg）	65.0	35.0	20.0
泛酸（mg/kg）	15.0	10.0	10.0
核黄素（mg/kg）	3.8	2.5	4.0

注：数据引自 NRC，家禽营养需要，第 9 版，1994；表中未列营养物质及未给出数值者请参考鸡营养需要标准使用。

二、商品肉鹅饲养特点

1. 肉鹅营养生理特点与饲料配制　与鸡、鸭相比，鹅具有采食频次高、采食量大、消化道食糜排空速度快、饲粮中需要较高粗纤维含量、对饲粮粗纤维的利用率并不高等特点。因此，在设计和配制鹅饲料时，应遵循"低养分低容重"的理念，即在满足鹅营养需求的情况下，采用较低的养分浓度含量和较低的饲料容重，充分利用青绿饲料、农副产物等以促进鹅对营养物质的吸收，同时降低饲料成本。

2. 非常规饲料原料的利用　非常规饲料原料主要来源于农副产品和食品工业副产品。鹅具有耐粗饲的特点，因此，苜蓿、稻壳、蚕沙、木薯渣、DDGS、小麦麸、玉米淀粉渣等非常规饲料原料都可用作鹅饲料原料。但是，在使用时要注意各种饲料原料添加量的控制。例如，单独利用时，日粮中苜蓿添加量≤10％，稻壳≤7％，蚕沙≤5％，木薯渣≤12％，DDGS≤20％，啤酒糟≤22％，小麦麸≤5％，玉米淀粉渣≤10％。

3. 青绿饲料的利用　肉鹅喜食鲜嫩多汁、适口性好的青绿饲料，如各种野草、牧草、叶类蔬菜（如莴苣叶、卷心菜、青菜等）及块根块茎类（如萝卜、甘薯、南瓜、大头菜等）。人工种植用于养鹅的牧草品种主要有多花黑麦草、苏丹草、湖南稷子、苦荬菜、空心菜等。青绿饲料使用时应注意以下问题：①放牧或刈割青绿饲料时，应首先了解青绿饲料是否喷洒过农药，以防农药中毒。②青绿饲料要现采现喂，以防发生亚硝酸盐中毒。③苜蓿、三叶草等豆科牧草含皂苷较多，不宜多喂，如采食过多则会影响消化、抑制雏鹅生长，因此不能单独饲喂豆科牧草，应与禾本科牧草搭配使用。④长期饲喂水生饲料易感染寄生虫，应定期驱虫。

三、商品肉鹅育雏期的饲养管理

0～28日龄为商品肉鹅育雏期。

1. 饲养密度 适宜的雏鹅饲养密度可参考表 9-2。

表 9-2 适宜的雏鹅饲养密度（只/m²）

类型	1 周龄	2 周龄	3 周龄	4 周龄
中、小型鹅种	15～20	10～15	6～10	5～6
大型鹅种	12～15	8～10	5～8	4～5

2. 日粮配合 雏鹅的饲料包括精饲料、青绿饲料等。刚出壳的雏鹅消化能力较弱，可喂给蛋白质含量高、容易消化的全价配合饲料，有条件的地方最好使用颗粒饲料（直径为 2.5 mm）。随着雏鹅日龄的增加，可适当减少精饲料的饲喂量，补喂优质青绿饲料，并逐渐增加其投放量。

3. 饮水 出壳后雏鹅的第一次饮水称为潮口。如果喂水太迟，会造成机体失水过多，出现干爪鹅，影响雏鹅的生长发育，甚至引起雏鹅的死亡。雏鹅的饮水最好使用小型饮水器或浅水盆、水盘，但不宜过大，盘中水深度不超过 1 cm，以雏鹅绒毛不湿为原则。

4. 适时开食 雏鹅第一次吃料称为开食。雏鹅出壳后 24 h 内应让其采食，初生雏鹅及时开食，有利于提高雏鹅成活率。可将饲料撒在浅食盘或塑料布上，让其自由啄食。2 日龄后即可逐渐增加青绿饲料或青菜叶的喂量，可以单独饲喂，但应切成细丝状。

5. 保温与防湿 在育雏期间，应经常检查育雏温度的变化。如育雏温度过低、雏鹅打堆时，应及时提高育雏温度、哄散雏鹅；温度过高时则应及时降温。随着雏鹅日龄的增长，应逐渐降低育雏温度。在冬季、早春气温较低时，7～10 日龄后逐渐降低育雏温度，至 10～14 日龄可达到完全脱温；而在夏秋季节则到 5～7 日龄便可完全脱温，具体的脱温时间视天气的变化略有差异。在育雏期间应注意保持舍内垫料的干燥、新鲜，空气的流通及地面的干燥清洁。

6. 网上育雏与地面育雏相结合 雏鹅出壳后往往需要较高的育雏温度，网上育雏容易满足雏鹅对温度的需求，雏鹅成活率较高，但雏鹅在网上饲养时间长时往往发生啄羽等现象。因此，雏鹅在网上饲养至 7～10 日龄时，应转入地面育雏。随着雏鹅日龄的增加，要逐渐延长室外活动时间。注意选择有水源或靠近水源的场地，可将雏鹅赶到浅水处让其自由下水、戏水，切忌强迫雏鹅入水。地面平养时确保饮水清洁、供给充足，定期对地面育雏舍及配套设施进行清扫、冲洗和消毒。

四、商品肉鹅生长期的饲养管理

29 日龄至上市为商品肉鹅生长期。

1. 适宜的饲养方式 规模化标准化养殖时，可采取种草养鹅，实行地面或网上平养，以配合饲料为主，但要保证足够的青绿饲料供应；另外，需采取适宜的戏水或喷淋方式，减少啄羽现象，改善肉鹅出栏外观和羽绒品质。放养时，可采取青绿饲料为主、补饲为辅的饲养方式，对草多、草好的草山、草坡、果园等，采取轮流放牧方式，以 300～500 只为一群比较适宜；如果农户利用田边地角、沟渠道旁、林间小块草地放牧养鹅,以30～50只为一群比较适宜。

2. 合理搭配青绿饲料和配合饲料 此阶段的商品肉鹅生长速度快、采食量大,要注意提供充足的青绿饲料,合理搭配日粮,以降低饲养成本。据测定,四川白鹅在每只每天补饲配合饲料150 g的条件下,青绿饲料的采食量可达到1 000 g/(只·d)左右,表现出良好的生长发育态势。

3. 适宜的饲养密度与分群饲养 随着日龄的增加,鹅体格逐渐增大,应降低饲养密度。中型鹅种饲养密度一般为4～5只/m²,并按个体大小和体质强弱分群饲养,以提高群体的整齐度。

4. 短期育肥 商品肉鹅饲养至55～60日龄时可进行短期育肥,以增加出栏体重和膘情,改善肉的品质。目前采用较多的育肥方法有舍饲育肥和填饲育肥等。舍饲育肥是在舍饲条件下,补充富含糖类、蛋白质的配合饲料进行育肥,日饲3次,夜饲1次,自由采食,限制鹅的活动。填饲育肥是将配合好的饲料加水拌成干泥状,制成直径1.5 cm左右的食条,然后将食条强制填入鹅的消化道,每天填饲3～4次,填10～15 d,使鹅体内脂肪沉积增多。

第三节 种鹅的饲养管理

种鹅育雏期的饲养管理与商品鹅育雏期管理相似。育成期、产蛋期及休产期的饲养管理介绍如下。

一、育成期的饲养管理

5～30周龄为种鹅的育成期,一般划分为生长阶段、控料饲养阶段和恢复饲养阶段。应根据每个阶段的特点,采取相应的饲养管理措施,以提高鹅的种用价值。

1. 生长阶段 生长阶段是指80～120 d这一时期。此阶段的育成鹅处于生长发育快速时期,而且还要经过幼羽更换成青年羽的第二次换羽时期。因此,此阶段需要较多的营养物质,舍饲条件下应提供足量配合饲料,并辅以青绿饲料;放养时,不宜过早进行粗放饲养,应根据场地草质好坏逐渐减少补饲精饲料的次数,并逐步降低补饲日粮的营养水平,使育成鹅机体得到充分发育,以便顺利地进入控料饲养阶段。

2. 控料饲养阶段 一般从120 d开始至开产前50～60 d结束。目前,种鹅控料饲养的方法主要有两种:一种是减少补饲日粮的饲喂量,实行定量饲喂;另一种是控制补饲日粮的质量,降低其营养水平。舍饲条件下多采用前者,通过限制饲喂量或饲喂次数实现体重的合理控制;放养条件下多采用后者,但需根据场地条件、季节及鹅群生长发育状况,灵活掌握饲料配比和饲喂量,达到既能维持鹅正常体质又能降低饲养成本的目的。

在控料饲养期应降低饲料的营养水平,每日饲喂1次,逐渐增加青绿饲料的添加量或延长放养时间,并逐步减少配合饲料的饲喂量。控料饲养阶段,母鹅日平均饲料采食量为自由采食量的70%～80%。

种鹅育成期饲喂量的确定是以种鹅的体重为基础的。种鹅育成期体重控制指标见表9-3。

表9-3 种鹅育成期体重控制指标（g）

周　龄	母鹅			公鹅		
	−2%	标准	+2%	−2%	标准	+2%
7	1 691	1 725	1 760	2 891	2 950	3 009
8	1 945	1 985	2 025	3 121	3 185	3 249
9	2 161	2 205	2 249	3 283	3 350	3 417

（续）

周 龄	母鹅			公鹅		
	−2%	标准	+2%	−2%	标准	+2%
10	2 352	2 400	2 448	3 401	3 470	3 539
11	2 499	2 550	2 601	3 528	3 600	3 672
12	2 597	2 650	2 703	3 597	3 670	3 743
13	2 734	2 790	2 846	3 695	3 770	3 845
14	2 832	2 890	2 948	3 773	3 850	3 927
15	2 930	2 990	3 050	3 851	3 930	4 009
16	2 989	3 050	3 111	3 930	4 010	4 090
17	3 067	3 130	3 193	4 008	4 090	4 172
18	3 136	3 200	3 264	4 067	4 150	4 233
19	3 185	3 250	3 315	4 145	4 230	4 315
20	3 244	3 310	3 376	4 204	4 290	4 376
21	3 303	3 370	3 437	4 283	4 370	4 457
22	3 361	3 430	3 499	4 341	4 430	4 519
23	3 401	3 470	3 539	4 400	4 490	4 580
24	3 420	3 490	3 560	4 469	4 560	4 651
25	3 479	3 550	3 621	4 528	4 620	4 712
26	3 528	3 600	3 672	4 586	4 680	4 774
27	3 577	3 650	3 723	4 645	4 740	4 835
28	3 636	3 710	3 784	4 684	4 780	4 876
29	3 675	3 750	3 825	4 724	4 820	4 916
30	3 724	3 800	3 876	4 753	4 850	4 947

注：1. 以天府肉鹅配套系父母代为例；2. 各周龄鹅群的整齐度应在85%以上。

控料饲养阶段的管理要点如下。

（1）注意观察鹅群动态：在控料饲养阶段，随时观察鹅群的精神状态、采食情况等，发现弱鹅、伤残鹅等要及时剔除，进行单独饲喂和护理。弱鹅往往表现出行动呆滞，两翅下垂，食草没劲，两脚无力，体重轻，放牧时落在鹅群后面，严重者卧地不起。对于个别弱鹅，应停止控料饲养，喂以质量较好且容易消化的饲料，使其体况尽快恢复。

（2）放养场地选择：放养条件下，此阶段应选择水草丰富的草滩、湖畔、河滩、丘陵以及收割后的稻田、麦地等。放养前，先调查场地附近是否喷洒过农药，若有，必须经1周以后或下大雨后才能放养。

（3）注意防暑：育成期种鹅往往处于每年5—8月份，此时气温较高。舍饲条件下，可通过自然通风、排气扇、湿帘风机等方式降低舍内温湿度，同时确保饮水供给充足；放养情况下，应早出晚归，避开中午酷暑，或赶到阴凉的树林下遮阴。休息的场地最好有水源，以便于鹅饮水、戏水和洗浴。

（4）搞好鹅舍的清洁卫生：每天清洗食槽、水槽以及更换垫料，保持垫草和舍内干燥。

3. 恢复饲养阶段 经控料饲养的育成期种鹅，应在开产前60 d左右进入恢复饲养阶段。此时种鹅的体况较瘦，应逐步提高配合饲料或补饲日粮的营养水平，饲料蛋白质水平以控制在15%～17%为宜，并增加喂料量和饲喂次数。经过20 d左右的饲养，种鹅体重可恢复到控制饲养前期的水平。

二、产蛋期的饲养管理

1. 适宜的饲养方式 规模化标准化养殖的种鹅场多采用全舍饲方式，如笼养、地面平养或网上平养。小规模的养殖户一般采用放养和补饲相结合的饲养方式，晚上将种鹅赶回圈舍过夜，这样的饲养方式有利于提高种蛋受精率。

2. 适时调整日粮营养水平 后备种鹅开产前 1 个月左右，应将其日粮蛋白质水平调整到 15%～16%，待日开产率达到 30%～40% 时，再将日粮蛋白质水平含量提高到 17%～18%。

3. 光照制度 众多研究表明，产蛋期母鹅宜采用 12～13 h 的光照时间以及每平方米 25 lx 的光照度，但因品种和地区差异也稍有不同。大多数鹅品种是在秋末冬初开产，此时日照时间较短，因此在开产前就应注意早晚逐渐补充人工光照。

4. 适当的公母配比 鹅群的公母配种比例以 1 :（4～6）为宜。一般大型鹅种公母配比应低些，小型鹅种可高些；冬季配比应低些，春季可高些。

5. 控制就巢性 在鹅业生产中，鹅的抱性（即就巢性）严重影响其产蛋量，一直被视为鹅业发展的瓶颈，也是要解决的难题。如果发现母鹅有就巢表现，就要及时隔离，将其关在光照充足、通风凉爽的地方，让其尽快醒抱，使其体重不过多下降，迅速恢复产蛋。

6. 产蛋鹅的管理 母鹅产蛋时间多在凌晨至 9:00 以前。因此，在放养条件下，种鹅在上午产蛋基本结束后才开始出圈，对在窝内待产的母鹅不要强行驱赶出圈，对半途折返的母鹅则任其返回圈内产蛋。对于大群放养的种鹅群，为防止母鹅随处产蛋，最好在鹅棚附近搭些产蛋棚。一般长 3 m、宽 1 m、高 1.2 m 的产蛋棚，每千只种鹅需搭 2～3 个。棚内可用软草等垫料铺设产蛋窝，这样可诱使母鹅集中产蛋，并减少破损。舍饲鹅群在圈内靠墙处应设有足够的产蛋箱，按每 4～5 只母鹅共用 1 个产蛋箱计算。在每天产蛋时间内应特别注意保持环境的安静，饲养人员不要频繁进出圈舍，视鹅群大小每天集中捡蛋 2～3 次即可。产蛋期的母鹅，腹部饱满下沉，行动迟缓，因此不要随意驱赶鹅群，饲养人员应随鹅群的前进速度控制放牧，遇有高低不平的道路或陡坡河岸下水处应减慢速度，以免母鹅受伤。

三、休产期的饲养管理

种鹅的产蛋期一般为 5～9 个月。产蛋末期产蛋量明显减少，畸形蛋增多，种公鹅生殖器萎缩、配种能力下降，大部分母鹅的羽毛干枯，在这种情况下，种鹅进入持续时间较长的休产期。种鹅进入休产期时，可在鹅群产蛋期基本结束后进行人工诱导换羽，以使第 2 个产蛋期开产时间整齐。进入休产期的种鹅应以放牧为主，将产蛋期的日粮改为育成期的日粮，再舍饲饲养时，应以补充青绿饲料为主，降低养殖成本。

四、种鹅全年均衡高效繁育技术

鹅产蛋具有较强的季节性，我国南方鹅主产区一般从当年的秋季（9—10 月）开始至次年的春季（4—5 月）为其产蛋繁殖期，也就是说冬春两季是鹅的主要繁殖季节。长期以来，鹅的季节性繁殖问题困扰和制约了养鹅业发展，为解决这一问题，国内一些单位从 20 世纪 80 年代就开始研究和尝试种鹅的反季节繁殖。我国台湾和广东地区采用密闭式鹅舍，通过人工控光、控温等方式实施种鹅的反季节繁殖，取得了明显的效果，但鹅舍的造价较高。近年来，针对不同地区、不同养殖场的具体情况，已形成封闭式环控种鹅均衡繁育技术、半开放式种鹅均衡繁育技术、林下种鹅均衡生产技术、自然气候调控种鹅均衡繁育技术等不同的种鹅均衡高效繁育技术。这些技术主要从留种时间、人工诱导换羽、光照、温度、饲养等多环节调控种鹅的繁殖季节，实现了种鹅全年均衡高效繁育。主要技术要点如下。

1. 鹅舍建设 分密闭式鹅舍和开放式鹅舍建设。

（1）密闭式鹅舍：密闭式鹅舍可采用砖瓦结构或钢架结构，面积按产蛋期饲养密度不超过 $1\sim1.2$ 只$/m^2$ 设计。一般宽 $10\sim15$ m，长 $80\sim100$ m，尽量选择南北朝向。分地面平养和网上平养两种模式。网上平养模式时，网床离地 $50\sim100$ cm。根据鹅舍面积大小，划分独立的小圈舍，每个圈舍面积 $200\sim300$ m^2。舍内设置饮水区、采食区、活动区和产蛋区，饮水区与产蛋区间隔 5 m 以上。如南北墙留有窗户，须设计卷帘遮黑。南方地区种鹅舍内应采用纵向通风、湿帘降温设施，便于夏季鹅舍的降温和冬季舍内除湿；北方地区还应设置冬季保暖和通风设施。

（2）开放式鹅舍：开放式鹅舍的舍内部分采用砖瓦结构或钢架结构，面积按产蛋期饲养密度 $3\sim4$ 只$/m^2$ 设计。舍内安装离地 $50\sim100$ cm 的网床。网床上按 $200\sim300$ 只鹅一组进行分区，安装足够的产蛋窝。种鹅夜间休息和产蛋均在舍内网床上进行。按舍内面积的 $2\sim3$ 倍设置运动场，运动场应缓坡沥水、水泥硬化，设置料槽和水槽，种鹅白天的采食、交配等活动主要在运动场内进行。运动场上方、离地 $1.5\sim2.0$ m 处，夏季用双层或加强型遮阳网覆盖 3/4 面积，以防暑降温、降低光照强度；或利用林地放养，起到遮阴作用。

2. 光照控制 密闭式鹅舍和开放式鹅舍的光照控制方法不同。产蛋期每天光照时长密闭式种鹅舍为 $12\sim13$ h、开放式种鹅舍为 $14\sim16$ h。

3. 种苗引进 采用全环控密闭式种鹅舍，根据生产计划确定每栋鹅舍引进种鹅苗的适宜时间以实现全年均衡生产。采用开放式种鹅舍，在 12 月至次年 2 月引进种鹅苗，以使种鹅在 9 月至次年 5 月产蛋；在 8 月至 9 月引进种鹅苗，以使种鹅在次年 5 月至 12 月产蛋。

4. 育成期限制饲喂 育成期种鹅应进行限制饲喂，以防止鹅超重或营养不足，开产前逐渐过渡到自由采食。产蛋前应做好种公鹅和种母鹅的选留。选留公母比例为 1:（4~5）。产蛋末期应及时淘汰低产、伤残个体及多余公鹅。

5. 夏季产蛋鹅的管理 夏季注意做好舍内通风降温，开放式鹅舍运动场充分遮阴，提供充足、清凉的洗浴水和饮用水，提供充足的优质牧草和均衡的营养，保证夏季产蛋性能的发挥。

第四节 鹅肥肝生产

一、鹅肥肝生产现状

鹅肥肝是采用人工强制填饲，使鹅肝在短期内大量储存脂肪等营养物质，体积迅速增大，形成比普通肝重 $5\sim6$ 倍甚至十几倍的肥肝。据报道，一只鹅肥肝的重量在 $500\sim800$ g，最大者可达 1 800 g。鲜肥肝质地细腻，呈淡黄色或粉红色，味鲜而别具香味。在西方一些国家，鹅肥肝为很受欢迎的美味佳肴之一，成为家禽产品中的高档食品。肥肝在体积、重量和品质上都与普通肝有很大的差异，主要表现在普通肝水分和蛋白质含量较高，脂肪含量较低，而肥肝则水分和蛋白质含量相对减少，脂肪含量高，其中 $65\%\sim68\%$ 的脂肪酸为对人体有益的不饱和脂肪酸。

我国的鹅肥肝生产已经过了多年的发展，部分企业在引进国外先进技术、引导消费、开拓市场等方面起到了一定的作用，也加速了我国鹅肥肝产业的发展，但其中也出现了不少问题，如不及时解决，势必影响鹅肥肝产业的健康发展。

鹅肥肝生产是劳动密集型和技术密集型产业，需要精心组织和管理，需要具有熟练操作技术的填饲员，需要取肝、保鲜技术和严格的卫生要求及设施；运输、外贸也需要密切配合，生产、加工、销售任何一环脱节均会严重影响肥肝生产。我国的鹅肥肝生产目前已初露锋芒，还需要加快建立标准化的肥肝鹅填饲技术体系，培育专门化品种（系），并尽快建立良种繁育体系，研究合理的日粮配方，生产优质的鹅肥肝产品，开拓国内国际市场。

二、品种选择和杂交优势利用

1. 品种选择　中国鹅和欧洲鹅在外形、生产性能和肥肝性能方面差异很大。欧洲鹅颈粗短、体型大、繁殖率较低，填饲方便，肥肝性能较好；中国鹅的多数品种颈细长、体型较小、繁殖率高，填饲困难，加上没有经过对肥肝性能的选择，食道黏膜对填饲刺激的抵抗力较弱。但在改进填饲机械和操作技术后，中国鹅同样能生产出合格的肥肝；同时中国鹅和欧洲鹅之间可以进行杂交，其后代的杂种优势明显，肥肝性能良好。试验表明，大型的狮头鹅平均肥肝重可达600 g 以上，中型的溆浦鹅肥肝重约 570 g，而小型的永康鹅肥肝重也可达 400 g 左右。其他一些小型鹅种，虽然肥肝性能较差，但通过和大型鹅种的杂交，其杂种后代的产肥肝性能亦有很大程度的提高。

朗德鹅是国外最著名的肥肝专用鹅种，许多国家直接将朗德鹅用于肥肝生产或作为杂交亲本，用来改进当地鹅种的肥肝性能。朗德鹅是由法国西南部的图鲁兹鹅（Toulouse）、玛瑟布鹅（Masseube）等品种长期互相杂交形成的，又称法国西南灰鹅。8 周龄的肉用仔鹅活重 4.5 kg 左右，经填饲后活重可达 10～11 kg，肥肝平均重 700～800 g，年产蛋 35～40 个，蛋重 180～200 g，就巢性较弱，但受精率只有 65% 左右。

2. 杂种优势利用　鹅繁殖性能和产肉性能、肥肝性能成负相关。可采用合适的品种或专用品系，充分利用杂种优势，获得生活力强、生产性能高、产品一致性好的杂交后代以进行肥肝生产。

肝重的遗传力高（$h^2 = 0.47～0.63$），对父本品系而言，肥肝的重量和品质特别重要，同时还要注意与肥肝性能密切相关的一些性状，如仔鹅生长速度、体型和肥育期增重率等，当然作为父系还应考虑配种能力和种蛋受精率。对于母系则着重选择性成熟早、产蛋多、产蛋持续期长、繁殖性能好的品种。种禽场可通过对父本和母系品种的筛选和分别选育的方法，建立专门化的品种或品系，并通过杂交配合力测定，找出最佳的杂交组合。

我国狮头鹅和溆浦鹅的肥肝性能好，但共同的缺点是繁殖力太低，与引进的朗德鹅十分相似。以狮头鹅和朗德鹅作父系和小型的太湖鹅母鹅进行杂交，其后代生长速度和肥肝性能均有提高，证明在鹅肥肝生产中杂种优势的利用是有效的。

三、填肥技术

1. 填饲的适宜周龄、体重和季节

（1）填饲的适宜周龄与体重：填饲的适宜周龄和体重随品种和培育条件而不同。但总的原则是要在其骨骼基本长足，肌肉组织停止生长，即达到体成熟之后进行填饲效果才好。一般大型仔鹅在 15～16 周龄，体重 4.6～5.0 kg 时填饲。采用放牧饲养的鹅，在填饲前 2～3 周补饲粗蛋白质含量 20% 左右的配合饲料或颗粒饲料，为进入填饲期大量填饲打下良好的基础。

（2）填饲季节的选择：肥肝生产不宜在炎热季节进行，因为鹅在高能量饲料填饲后，皮下脂肪大量储积，不利于体热的散发。如果环境温度过高，特别是到填饲后期会瘫痪或发病。填饲最适温度为 10～15 ℃，20～25 ℃尚可进行，超过 25 ℃以上则很不适宜填饲。相反，填饲鹅对低温的适应性较强，4 ℃气温对肥肝生产无不良影响。但如果室温低于 0 ℃以下，应有防冻设施。

2. 填饲饲料的选择和调制

（1）填饲饲料的选择：国内外的试验和实践证明，玉米是最佳的填饲饲料。玉米能量高，容易转化为脂肪储存。而且玉米的胆碱含量低，使肝的保护性降低。因此，大量填饲玉米易在肝中沉积脂肪，有利于肥肝的形成。玉米的颜色对肥肝的色泽有明显影响，用黄色或红色玉米填饲的肥肝色泽较深。

（2）填饲玉米的调制：常用的调制方法有四种。

① 水煮法：将用于填饲的玉米淘洗后倒入沸水锅中，水面浸没玉米粒5～10 cm，煮3～6 min，捞出沥去水分；然后加入占玉米量1%～2%的猪油和0.3%～1%的食盐，充分拌匀，待温凉后，供填饲用。

② 干炒法：将玉米粒在铁锅内用文火不停翻炒至八成熟，待玉米呈深黄色时为止。填饲前再用热水将玉米浸泡1～1.5 h，沥干后加入0.5%～1%的食盐，拌匀后供填饲用。

③ 浸泡法：将玉米粒置于冷水中浸泡8～12 h，随后沥干水分，加入0.5%～1%的食盐和1%～3%的动（植）物油脂。

④ 玉米糊法：将玉米粉碎成粉状，加入45%的水、0.5%～1%的食盐和1.5%～2%的动（植）物油脂调制成糊状。

上述四种玉米调制方法均可获得良好的填饲效果。浸泡法比水煮法和干炒法更简便易行、节省劳力和调制加工费用。玉米糊法节省劳力，减少鹅的伤残。

3. 填饲期、填饲次数和填饲量

（1）填饲期和填饲次数：填饲期的长短取决于填饲鹅的成熟程度。一般以14 d、21 d、28 d为填饲期。如能缩短填饲期，又能取得良好的肥肝，则最为理想；填饲期越长，伤残越多。填饲期与日填饲次数有关，一般每日填饲4次、填饲14～21 d可获得较好效果。

（2）填饲量：日填饲量和每次填饲量应根据鹅的消化能力而定。填饲初期，填饲量应由少到多，随着消化能力增强逐渐加量。每次填饲时应先用手触摸鹅的食道膨大部，如上次填饲料已排空，则可增加填饲量；如仍有饲料积储，说明上次填饲过量，消化不良，应用手指把食道中积储的玉米捏松，以利消化，严重积食的可停填一次。

在消化正常的情况下，则应尽量填足，使大量脂肪转运到肝储积，迅速形成肥肝。日填饲量为：以干玉米计，小型鹅的填饲量在0.5～0.8 kg，大、中型鹅的填饲量在1.0～1.5 kg。达到上述最大日填饲量的时间越早，说明鹅的体质健壮，肥肝效果也越好。

4. 填饲方法 填饲方法可分为人工填饲和机械填饲两种。由于人工填饲劳动强度大、工效低，所以多为民间传统生产使用，而商品化批量生产中一般都使用机械填饲。当前填饲机已发展到手摇填饲机和电动填饲机两种。根据中国鹅颈细长的特点，国内已研制出多种型号的填饲机。

5. 填饲期的管理

（1）育肥舍保持干燥：填饲鹅一般采用舍饲垫料平养，要经常更换垫料，保持舍内干燥。圈舍地面要平整，填饲后期肥肝已伸延到腹部，如圈舍地面不平，极易造成肝机械损伤，使肥肝局部淤血或有血斑，从而影响肥肝的品质。

（2）供给充足的饮水：要增设饮水器，保持随时都有清洁饮水供应，以满足育肥鹅对饮水的迫切需要。但在填料后30 min内不能让鹅饮水，以减少它们甩料。另外，饮水盘中可加一些沙砾，让其自由采食，以增强消化能力。

（3）保持育肥舍的安静：鹅易受外界噪声、异物的惊扰而骚动不安，这会影响消化、增重和肥肝形成。舍内光线宜暗，饲养人员要细心管理，不得粗暴驱赶鹅群和高声喧嚷。

（4）饲养密度合理：一般每平方米育肥舍可养鹅2～3只。饲养密度大，鹅、鸭互相拥挤碰撞，会影响肥肝的产量和品质。舍内围成小栏，每栏养鹅不超过10只。

（5）填饲期内限制活动：禁止其下水，以减少能量消耗，加快脂肪沉积。

四、屠宰和取肝

1. 屠宰　将鹅倒挂在宰杀架上，头部向下，人工割断颈部气管与血管，放血 3～5 min，充分放血的屠体皮肤白而柔软，肥肝色泽正常；如放血不净，屠体色泽暗红，肥肝淤血，影响品质。

2. 浸烫　将放血后的鹅置于 60～65 ℃的热水中浸烫 1～3 min。水温不能过高，过高脱毛时易损伤皮肤，严重者影响肥肝品质；水温过低，拔毛又很困难。屠体应在热水中翻动，使身体各部位的羽毛能完全湿透，受热均匀。

3. 脱毛　由于肥肝很大，部分在腹腔，故一般人工拔毛。拔毛时将浸烫过的鹅放在桌上，趁热先将胫、蹼和喙上的表皮捋去，然后依次拔翅羽、背尾羽、颈羽和胸腹部羽毛。拔完粗大的羽毛后，将屠体放入盛满水的拔毛池中，水不断外溢，以去除浮在水面上的羽毛。手工不易拔尽的纤羽，可用酒精火焰喷灯燎除，最后将屠体清洗干净。拔毛时不要碰撞腹部，也不可互相堆压，以免损伤肥肝。

4. 预冷　由于鹅的腹部充满脂肪，脱毛后取肝会使腹脂流失，而且肝脂肪含量高，非常软嫩，内脏温度未降下来取时容易抓坏肝，因此应将屠体预冷，使其干燥，待脂肪凝结、内脏变硬而又不至于冻结时才取肝。做法是将屠体平放在特制的金属架上，胸腹部朝上，置于 4～10 ℃的冷库预冷 18 h。

5. 取肥肝　将屠体放置在操作台上，胸腹部朝上，尾部对着操作者。右手持刀从龙骨末端处沿腹中线切开皮肤，直到泄殖腔前缘。随后在切口上端两侧各开一小切口，用左手食指插入屠体右侧小切口中，把右侧腹部皮肤钩起，右手持刀轻轻沿着原腹中线切口把腹膜割破，双手同时把腹部皮肤、皮下脂肪及腹膜从中线切口处向两侧扒开，使腹脂和部分肥肝暴露。然后用左手从屠体左侧伸入腹腔，把内脏向左侧扒压，右手持刀从内脏与左侧肋骨间的空隙中把刀伸入腹腔，沿着肋骨、脊柱与内脏切割，使内脏与屠体的腹腔剥离。然后，仔细将肥肝与其他脏器分离。操作时不能划破肥肝，以保持肥肝体完整。取出肥肝后，用小刀修除附在上面的神经纤维、结缔组织、残留脂肪、胆囊下的绿色渗出物、淤血、出血斑和破损部分，然后放入 0.9%的盐水中浸泡 10 min，捞出后沥水，称重分级。

第五节　羽毛绒的收集和处理

一、羽毛绒的概念

生长在水禽类动物身上的羽绒和羽毛统称为羽毛绒（down and feather），一般也称为羽绒，是鹅、鸭生产中的重要产品之一。《羽绒羽毛》（GB/T 17685—2016）将绒子含量大于或等于50%的称为羽绒，将绒子含量小于 50%的称为羽毛。其中，绒子（down）包括朵绒（一个绒核放射出许多绒丝并形成朵状者）、未成熟绒（未长全的绒，呈伞状）、类似绒（毛型带茎，茎细而较柔软，梢端呈丝状而零乱）、损伤绒（从一个绒核放射出两根及以上绒丝者）。毛片（feather）指生长在鹅、鸭全身的羽毛，两端对折而不断。羽丝（feather fiber）指从毛片羽上脱落下来的单根羽枝。

在棉花、羊毛、蚕丝和羽绒四大天然保暖材料中，羽绒具有最佳的保暖性能。其中，鹅绒的特点是绒朵大、羽梗小、品质佳、弹性足、保暖强；鸭绒的绒朵、羽梗较鹅绒差，但品质、弹性和保暖性都很高。另外，低品质的羽绒产品中往往混有飞丝，由毛片加工粉碎而成，弹力和保暖性差，有粉末，品质较次，洗后容易结块。

二、羽毛绒的收集

鹅、鸭羽毛绒的收集方式有两种：一种是在鹅、鸭屠宰后进行收集；另一种是在种鹅、种鸭养殖过程中，利用其换羽的特性进行收集。

屠宰后羽毛绒收集方法也有两种。一种是湿拔羽。将宰杀后的鹅、鸭放在 70 ℃ 左右的热水中浸烫 2～3 min 后，手工或机械拔毛。需要注意水温不能过高，浸烫不能过久，以免毛绒卷曲、收缩、色泽暗淡。另一种是干拔羽。也就是将鹅、鸭宰杀后，趁体温变冷之前抓紧拔毛，可保持羽绒原来的色泽与品质。

利用诱导换羽收集羽毛绒主要在种鹅生产中使用。主要是充分利用后备鹅、公鹅及休产期的母鹅等，诱导其换羽，收集羽毛绒以实现增产增收。鹅的诱导换羽，主要是通过营养调控，使鹅的羽毛自行脱换。诱导换羽的第一步是限饲：对于后备鹅（120 日龄）、公鹅、产蛋后期母鹅（产蛋率低于 10%），放牧的要停止放牧，不放牧的鹅前 2 d 饲料减少一半、第 3～4 天只给饮水和青嫩草、菜，不喂精饲料。第二步是收集羽绒：在限饲第 5～6 天，鹅的主翼羽、尾羽等开始脱落，继续饲喂维持饲料，再过 7 d 后小毛开始脱落，其间逐步完成主翼羽、尾羽和羽绒的收集。第三步是复壮：羽毛绒收集后，逐步恢复饲喂营养水平较高的饲料，由少到多，由粗到精，20 d 左右恢复至正常喂料。

三、羽毛绒的处理

1. 清洗和储存　收集起来的羽毛绒要及时清洗处理，否则易变色、发霉甚至腐烂。清洗方法是：将收集的湿、干羽毛绒用温水洗 1～2 次，除去灰尘、泥土和污物。然后薄薄地摊在席上晾晒。为防止风吹，可覆盖黑布或纱布罩。晒干后用细布袋装好，扎紧口，放在通风干燥处保存。

2. 脱脂和消毒灭菌　可用 60～70 ℃ 肥皂水，加入少量纯碱进行清洗脱脂，然后再用清水洗干净，洗后及时晒干或烘干。清洗脱脂的羽毛、羽绒装在细布袋内扎好口，放在蒸锅屉上，蒸 30～40 min 取出，第 2 天再用同样的方法蒸 1 次，然后晾干，以起到消毒、灭菌、除味的作用，可作为絮被、衣服、枕头等的填充物。

四、羽毛绒的质量要求

根据《羽绒羽毛》（GB/T 17685—2016），羽绒羽毛产品中不允许含有大毛片，不同绒子含量的羽毛绒产品质量应符合表 9-4 的规定。

表 9-4　不同绒子含量的羽毛绒质量标准

绒子含量（%）	绒子含量允许偏差（%）≤	绒丝＋羽丝（%）≤	水禽损伤毛（%）≤	陆禽毛（%）≤	长毛片（%）≤	杂质（%）≤	蓬松度（cm） 鸭 ≥	蓬松度（cm） 鹅 ≥	耗氧量（mg/100 g）≤	浊度（mm）≥	残脂率（%）≤	鹅毛绒含量（%）≥	气味
纯毛片	—	5.0	5.0	5.0	10.0	3.0	7.0	7.5	5.6	500	1.2	85.0	合格
5	−1.0	10.0	5.0	5.0	3.0	2.0	7.5	8.5	5.6	500	1.2	85.0	合格
10	−2.0	10.0	5.0	4.5	3.0	1.5	8.5	9.5	5.6	500	1.2	85.0	合格

（续）

绒子含量（%）	绒子含量允许偏差（%）≤	绒丝+羽丝（%）≤	水禽损伤毛（%）≤	陆禽毛（%）≤	长毛片（%）≤	杂质（%）≤	蓬松度（cm）鸭 ≥	蓬松度（cm）鹅 ≥	耗氧量（mg/100 g）≤	浊度（mm）≥	残脂率（%）≤	鹅毛绒含量（%）≥	气味
20	−2.0	10.0	5.0	4.0	3.0	1.5	9.0	10.0	5.6	500	1.2	85.0	
30	−2.0	10.0	5.0	3.5	2.0	1.5	9.5	10.5	5.6	500	1.2	85.0	
40	−2.0	10.0	5.0	3.0	2.0	1.5	10.5	11.5	5.6	500	1.2	85.0	
50	−3.0	10.0	5.0	2.5	2.0	1.2	11.5	12.5	5.6	500	1.2	85.0	
60	−3.0	10.0	3.0	2.0	1.0	1.2	12.5	13.5	5.6	500	1.2	85.0	
70	−3.0	10.0	2.0	1.5	0.5	1.2	13.5	14.5	5.6	500	1.2	85.0	合格
75	−3.0	10.0	2.0	1.5	0.5	1.2	14.0	15.0	5.6	500	1.2	85.0	
80	−3.0	10.0	2.0	1.0	0.5	1.0	14.5	15.5	5.6	500	1.2	85.0	
85	−3.0	10.0	2.0	1.0	0.5	1.0	15.5	16.5	5.6	500	1.2	85.0	
90	−3.0	10.0	2.0	1.0	0.5	1.0	16.0	17.0	5.6	500	1.2	85.0	
95	−3.0	5.0	2.0	1.0	0.0	1.0	16.5	17.5	5.6	500	1.2	85.0	

注：1. 标称绒子含量＜80％的鹅毛绒需分别进行毛、绒种类鉴定，绒子含量≥80％的鹅绒仅需进行绒种类鉴定。2. 样品标称鹅毛绒的，应进行鹅/鸭毛绒种类鉴定。完成成分分析和毛绒种类鉴定时，最终鹅毛绒含量应≥85％。未进行成分分析仅进行毛绒种类鉴定的产品，其归类后鹅毛、归类后鹅绒含量应分别≥85％。仅进行绒种类鉴定的产品，归类后鹅绒含量应≥85％。样品标称鸭毛绒的，无须进行种类鉴定。

复习思考题 ◆

1. 简述鹅的生产特点及饲养方式。
2. 论述提高肉鹅育雏期成活率的综合措施。
3. 如何控制产蛋鹅的就巢性？
4. 论述实现种鹅全年均衡高效繁育的综合技术措施。
5. 简述影响鹅肥肝生产的因素。

（王继文　王志跃）

10

第十章　鹌鹑和肉鸽生产

第一节　鹌鹑生产

鹌鹑简称鹑，是鸡形目中最小的一种禽类，其体重、生产性能及适应性已较野鹑大有提高。我国驯鹑历史悠久，早在西周时就有鹑的记载，古代学者著有《鹌鹑经》留世。鹌鹑具有较高的营养价值和药用价值，是除鸡鸭以外饲养量最多的家禽，目前全世界养鹑总数超 10 亿只，我国约有 5 亿只，居首位。

一、鹌鹑的生活习性和经济价值

（一）鹌鹑的生活习性

1. 喜温喜干、怕强光　鹌鹑喜温暖、怕寒冷，喜干燥、怕潮湿，怕强光。

2. 食性杂、喜食粒料　野生鹌鹑喜食杂草种子、豆类、谷物及浆果、嫩叶、嫩芽等，夏天吃大量的昆虫及幼虫，以及小型无脊椎动物等。鹌鹑在早晨和傍晚采食频繁。对日粮蛋白质水平要求高，且有明显的味觉喜好。

3. 性情活泼　鹌鹑爱跳跃、快走、短飞或短距离滑翔。公鹑善鸣好斗。

4. 富有神经质　鹌鹑对周围任何应激的反应均极为敏感，易骚动、惊群和发生啄癖。

5. 配偶有选择性　鹌鹑基本为单配，当母鹑过多时发生有限的多配偶制。因选择配偶严格，故受精率较低。鹌鹑的交配行为多为强制性的。

6. 早熟、无抱性　性成熟、体成熟均较早，孵化期短，无抱性。

7. 适应性和抗病力强　尤耐密集型笼养，便于工厂化生产。

（二）鹌鹑的经济价值

1. 鹌鹑蛋、肉的营养丰富　鹑蛋浓蛋白特别黏稠，生物学效价极高。必需氨基酸构成合理，微量元素的含量丰富。鹑蛋与鸽蛋、鸡蛋的营养比较见表 10-1。

表 10-1　100 g 鹑蛋、鸽蛋和鸡蛋的营养比较

类别	可食部分（%）	水分（%）	蛋白质（%）	脂肪（%）	碳水化合物（%）	灰分（%）	能量（MJ）	钙（mg）	磷（mg）	铁（mg）	B族维生素（mg）	尼克酸（mg）	胆固醇（mg）
鹑蛋	89	72.9	12.3	12.8	1.5	1.0	0.694	72	233	3.8	0.86	0.3	674
鸽蛋	90	81.7	9.5	6.4	1.7	0.7	0.427	108	117	3.9	—	—	674
鸡蛋	90	71.0	14.7	11.6	1.6	1.1	0.711	55	210	2.7	0.31	0.1	680

注：引自赵万里等，特种经济禽类生产，1993。

鹌肉不仅具有独特的多汁性、鲜嫩性，还具有独特的芳香味。其营养成分高、胆固醇含量较低。鹌肉和鸡肉营养分析比较见表 10-2。

表 10-2　100 g 鹌肉和鸡肉营养分析比较

类别	水分（%）	蛋白质（%）	脂肪（%）	碳水化合物（%）	灰分（%）	能量（MJ）	钙（mg）	磷（mg）	铁（mg）
鹌肉	73.7	22.2	3.4	0.7	1.3	0.510	20.4	277.1	6.2
鸡肉	74.2	21.5	2.5	0.7	1.1	0.464	11.0	190.0	1.5

注：引自赵万里等，特种经济禽类生产，1993。

2. 鹌鹑蛋、肉的药用价值高　鹌蛋含有磷脂、芦丁和多种激素，鹌肉含有多种人体必需氨基酸，且胆固醇含量较低，因此对人类的胃病、神经衰弱、心脏病都有一定的辅助治疗作用。对结核、妇女产前产后贫血、肝炎、糖尿病、营养不良、发育不足、动脉硬化、高血压等也有滋养、调理作用。

3. 鹌鹑生产性能较高、繁殖能力强　一只蛋用母鹌年平均产蛋量可达 280~300 个，平均蛋重为 10.5~12 g，年总产蛋重可达 3~3.6 kg，是产蛋鹌体重的 23~27 倍之多。

肉用仔鹌生长速度快，35~40 日龄体重可达 200 g 以上，是初生重的 20 倍以上。其饲料转化率高，为（2.5~2.6）：1。

种母鹌平均 40 日龄开产，孵化期 17 d，年可继代 5 次。

4. 鹌鹑是理想的实验动物　由于鹌鹑有体型小、繁殖快、敏感性好和试验周期短等特点，目前不少国家都在培育"无菌鹌"和"近交系鹌"，用于遗传学、医学、营养学、环保科学等方面的实验研究。

二、鹌鹑的繁育特点

（一）种鹌的选择

生产上常用外貌鉴定法（肉眼观察及用手触摸）进行鉴别选择。种公鹌要求羽毛覆盖完整而紧密，颜色深而有光泽；体格健壮；头大，眼大有神，喙色深而有光泽，吻合良好；趾爪伸展正常，爪尖锐；雄性特征明显，叫声高亢响亮，泄殖腔腺发达，交配力强。种母鹌要求羽毛完整，色彩明显；头小而俊俏，眼睛明亮；颈部细长，体态匀称，耻骨间、耻骨与胸骨末端间要宽。公母鹌体重均应达到品种标准。

在育种场，除用外貌鉴定外，还可根据系谱记录、本身成绩、后裔测定进行选择。

（二）公母比例和种鹌鹑利用年限

1. 公母比例　鹌鹑的公母比例与品种、日龄等有关。朝鲜龙城系和日本鹌鹑为 1：（2.5~3.5）、法国肉鹌为 1：（2~3）、白羽鹌鹑为 1：（3~4）。

2. 种鹌的利用年限　蛋鹌一般不超过 1 年，肉鹌不超过 9 个月。当饲养管理水平高、生产性能好时，可适当延长利用时间。

3. 鹌鹑开产与适宜配种时间　鹌鹑 35~40 日龄开产，一般应在开产后 15 d 进行交配留种。鹌鹑大多采用自然交配。

（三）鹌鹑人工孵化要点

大多采用专用的鹌鹑蛋孵化器进行人工孵化。鹌鹑尚有野性，整批孵化给温制度以采用变温孵化较为适宜。用立体孵化机孵化，当室内温度在 20~25 ℃时，箱内温度要求：0~5 胚龄，为 38.6 ℃；6~14 胚龄，为 38 ℃；15~17 胚龄，保持 37 ℃。因为鹌蛋蛋重较小、壳薄，胚蛋水分易蒸发，因此对孵化湿度要求也较严格，孵化阶段相对湿度为 60%，出雏阶段相对湿度为

70％。孵化阶段每天翻蛋 6～12 次。

（四）鹌鹑的公母鉴别

1. 初生雏鹑鉴别 通常采用肛门鉴别法，其准确率高时可达 99％。鉴别方法同雏鸡，但手法要轻。如泄殖腔的黏膜呈黄色，其下壁的中央有一小的生殖突起，即为雄性；反之，如泄殖腔的黏膜呈淡黑色，无生殖突起，则为雌性。

2. 1 月龄鹌鹑的鉴别 一般 1 月龄鹌鹑已基本换好体躯部的永久羽。栗褐羽鹑的公鹑在脸、下颌、喉部开始呈现赤褐色，胸羽为淡红褐色，其上偶有少数黑斑点，主腹部呈淡黄色，胸部较宽。有的已开始啼鸣。母鹑脸部为黄色，下颌与喉部为白灰色，胸部密缀许多黑色小斑点，其分布范围状似鸡心，整齐而素雅，腹部灰白色。少数母鹑胸部羽毛底色酷似公鹑，可再检查其下颌与喉部颜色。母鹑鸣叫声低而短促，似蟋蟀。

三、鹌鹑的饲养管理

关于鹌鹑饲养阶段的划分国内尚无统一规定，为了便于管理，可根据其生理特性大致做如下划分：0～2 周为雏鹑，3～5 周为仔鹑（即育成鹑、青年鹑），肉用鹑各期一般推后 1 周；开产至淘汰为种鹑或产蛋鹑。各国的阶段划分不尽相同。

朝鲜鹌鹑的体重、耗料量和饲养密度见表 10 - 3。

视频：鹌鹑
的饲养管理

（王志跃
杨海明 提供）

表 10 - 3 朝鲜鹌鹑 1～7 周龄体重、耗料量与饲养密度

周　龄	平均日耗料（g）	平均体重（g）	增重（g）	累计耗料（g）	料重比	笼养密度（只/m²）
初　生	—	7.0	—	—	—	
1	3.9	19.5	12.5	27.3	1.4	150～180
2	8.2	41.0	21.5	84.7	2.1	120～150
3	11.7	62	21.0	166.6	2.7	100～120
4	14.6	84	22.0	268.8	3.2	80～100
5	17.4	109.5	25.5	390.4	3.6	60～80
6	19.3	123.0	13.5	525.7	4.3	60～80
7	20.1	130.0	7.0	666.4	5.1	60～70

注：引自赵万里等，特种经济禽类生产，1993。

（一）鹌鹑的营养需要

鹌鹑代谢旺盛，体温高，且生产发育迅速、性成熟早、产蛋多，但消化道短，消化吸收能力不及其他禽类。因此，鹌鹑对日粮营养水平（特别是蛋白质）要求较高。有关鹌鹑的营养需要详见表 10 - 4、表 10 - 5。

表 10 - 4 美国 NRC 建议的日本鹌鹑的营养需要（以每 90％干物质为基础）

营养成分	开食和生长阶段鹌鹑（0～6 周龄）	种鹑（6 周龄以后）
代谢能（MJ/kg）	12.13	12.13
蛋白质（％）	24.0	20.0
精氨酸（％）	1.25	1.26
赖氨酸（％）	1.30	1.00
甲硫氨酸＋胱氨酸（％）	0.75	0.70

（续）

营养成分	开食和生长阶段鹌鹑 （0～6周龄）	种鹑 （6周龄以后）
甲硫氨酸（％）	0.50	0.45
亚油酸（％）	1.0	1.0
钙（％）	0.8	2.5
非植物磷（％）	0.30	0.35

注：其余营养物质的需要量参见 NRC，家禽营养需要，第 9 版，1994。

表 10-5　　法国 AEC（1993）建议的鹌鹑营养需要（以每千克饲粮为基础）

营养成分	生长鹌鹑		种鹑
	0～3周龄	4～7周龄	
代谢能（MJ/kg）	12.13	12.97	11.72
粗蛋白质（％）	24.5	19.5	20
赖氨酸（％）	1.41	1.15	1.10
甲硫氨酸（％）	0.44	0.38	0.44
甲硫氨酸＋胱氨酸（％）	0.95	0.84	0.79
钙（％）	1.00	0.90	3.50
磷（％）	0.70	0.65	0.68
有效磷（％）	0.45	0.40	0.43

（二）雏鹑的饲养管理

1. 育雏方式　鹌鹑的育雏采用平面或立体笼养均可。平面育雏时，必须在热源周围设置一个防护圈，防止雏鹑乱窜。立体笼养育雏效果更佳，在生产中普遍采用。雏鹑笼常用五层叠层式，每层的 1/3 用木板制成，供雏鹑休息，且有利于保温。仔鹑、产蛋鹑、种鹑也多为笼养。

2. 控制好环境　鹌鹑对温度变化极为敏感，雏鹑体温 38.6～39 ℃，比成年鹑体温低 3 ℃左右，因此 1～6 d 的雏鹑，其环境温度应控制在 36～38 ℃，以后每隔 3 d 下降 1～2 ℃，到 21 d 可同室温（25 ℃左右）。同时，育雏室还必须注意通风换气。

（三）仔鹑（育成鹑）的饲养管理

仔鹑的生长强度大，其骨骼、肌肉、消化系统及生殖系统的生长速度尤其快。此间主要任务是抓好限制饲喂，控制其在标准体重和性成熟期，并进行严格的选种、编号、称重及免疫接种。主要工作如下。

1. 及时分群　一般于 3 周龄时根据外貌特征进行公母分群，这种制度有利于种用仔鹑的选择与培育，对不同性别与用途的鹌鹑均可取得较好效果。

2. 适当限饲　为控制种鹑及商品蛋用鹑的体重、防止性早熟、提高产蛋量与蛋的合格率、降低饲料成本，必须限制饲喂量和降低日粮蛋白质水平。

3. 控制光照　用弱光照，每天光照 10 h，配合限饲，达到控制体重与性成熟期的目的和效果。

4. 定期称重　为确保限饲的顺利进行，每周应定期抽测仔鹑体重（空腹）。仔鹑数量少时全部称重，数量大时抽测比例应达到 10％，求出平均体重及均匀度，并进行调整。

5. 防疫卫生　必须保持室内外清洁卫生，防止啄癖，定期防疫与检测，及时防治疾病。

（四）种鹑及产蛋鹑的饲养管理

1. 适时转群　一般母鹑在 5～6 周龄时已有近 5％的产蛋率，应及时转群至种鹑舍或产蛋鹑舍，使其逐步适应新环境。及时将饲粮更换为产蛋鹌饲粮，光照制度也按产蛋鹌的需要逐步延长。

2. 光照管理　产蛋期光照时间不宜缩短。产蛋初期每天 14 h 光照，至产蛋高峰光照时间达每天 16 h，直至淘汰。光照度为 10 lx 或 4 W/m²。种鹌及产蛋鹌多为叠层式笼养，应注意使各层光照均匀。

3. 饲喂制度　有自由采食和定时定量两种，生产中均有应用。种鹌及产蛋鹌饲喂粉料、颗粒饲料均可，不能断水，特别应注意防止饲料溅落和浪费。

4. 集蛋　产蛋母鹌群每天产蛋时间的分布规律：主要集中于中午后到晚上 8 时前，而以下午 3～4 时为最多。因此，食用蛋多于次日早晨集中一次性采集；而种蛋每日收取 2～4 次，以防高温、低温及污染，确保孵化品质。每批收集后应进行熏蒸消毒。

（五）肉用仔鹌的饲养管理

肉用仔鹌指肉用型的商品仔鹌及肉用型与蛋用型杂交的仔鹌，目前还包括了蛋用型的、专供肉食之用的仔鹌。其饲养管理基本与雏鹌和一般仔鹌相似，但应注意如下几点。

1. 笼具　选用专用的肥育笼具，笼高不低于 12 cm，3 周龄入笼育肥，饲养密度以每平方米 75～80 只为宜。

2. 饲粮及饲喂　肥育期间日粮的代谢能应保持 12.98 MJ/kg，蛋白质含量 18%，并补充足量的钙和维生素 D。可添加天然色素。自由采食，保证饮水充足与清洁。

3. 光照　实行 10～12 h 的弱光照饲养，也可采用继续光照 3 h、黑暗 1 h 制，饲养效果更佳。

4. 室温　保持在 20～25 ℃，以期获得更佳饲料转化率，提高成活率。

5. 分群　3 周龄后按公母、大小、强度分群饲养育肥，提高生长整齐度，降低伤残率。

6. 上市　一般多于 34～42 日龄适期上市，此时肉鹌活重已达 200～240 g，蛋用型仔鹌活重达 130 g，捕捉与装笼、运输时应注意减少损伤。

第二节　肉鸽生产

家鸽起源于野生的原鸽，现今品种繁多，按用途可分为信鸽、观赏鸽、肉鸽三大类。

埃及和希腊是世界上养鸽最早的国家。我国在春秋战国时期已有养鸽。隋唐时期，已开始用鸽通信。清代张万钟的《鸽经》问世，对养鸽做了比较系统的阐述，是我国最早研究鸽的一部专著。

家鸽不仅在肉用、通信、观赏等方面有较高价值，而且在药品检验、地震预报、环境检测、医药科研等方面均发挥出它特有的作用。

一、肉鸽的生活习性和经济价值

（一）肉鸽的生活习性

1. 单配　鸽对配偶有选择性，单配、情感专一，公母鸽配对后便和睦相处、飞鸣相依。若飞失或死亡一只，另一只则需要很长时间才另找配偶。当性别比例严重偏离一比一时，会发生同性配对。母鸽不配对不产蛋。

2. 喜群居，性好浴　鸽的合群性好，喜群居、群飞、成群活动等。鸽喜欢卫生、干燥的环境，栖息于具有一定高度的巢窝内，喜欢水浴、沙浴和日光浴。因此，鸽舍应保持清洁、干燥、通风、向阳，在运动场设栖架、水浴池和沙浴池，在舍内设离地鸽巢。

3. 素食为主，嗜盐性强 鸽无胆囊，食物以植物性饲料为主。喜食小米、绿豆、红豆、玉米、麦子、稻谷等粒料。野生原鸽长期生活在海边，常饮海水，形成嗜盐的习惯，必须在保健砂中加入适量的食盐。

4. 记忆力强，警觉性高 鸽有发达的感觉器官，对方位、鸽巢、管理程序、饲养员的呼叫声都有较强的记忆、识别能力，具有高度的辨别方向能力、归巢能力、高空飞翔的持久力，归巢性强。鸽迁移新舍要很长时间才能安定。鸽的警觉性也很高，对外来刺激反应敏感，易发生惊群。鸽的饲养环境要安静、安全、固定，不宜轻易迁巢。

5. 公母鸽共同孵化、哺育幼鸽 鸽蛋产出后由公母鸽轮流孵化，白天以公鸽为主，夜间以母鸽为主。在孵化中一旦安静或安全的孵蛋环境受到破坏，亲鸽便会弃蛋不孵。

鸽是晚成鸟，出壳时眼睛不能睁开，体表仅见稀绒毛，不会行走和觅食，主要靠鸽乳（亲鸽嗉囊内吐出一种白色食糜）哺育。幼鸽的喙插入亲鸽的喙内，亲鸽从嗉囊内呕出食物来，幼鸽便在亲鸽的口里把食物吞入。公母鸽共同哺育幼雏。

6. 适应性强 长期自然选择使鸽具有了很强的适应能力，鸽在酷暑严寒、风霜雪雨等逆境中均能生存。

（二）肉鸽的经济价值

1. 鸽肉高蛋白质、低脂肪 乳鸽肉质细嫩，味道鲜美。《本草纲目》《大众药膳》对鸽肉的价值、功用均有记载。鸽肉蛋白质含量为 21%～22%、脂肪含量仅为 1%～2%，维生素 A、维生素 B_{12}、维生素 E 及微量元素含量较高。

2. 肉鸽生长迅速，饲养期短 当年留种鸽，就能生产乳鸽。乳鸽 25～30 d 即可出售，体重可达 500～750 g。一对良种肉鸽每年可产 7～9 对乳鸽，且肉鸽寿命长，一般 5～6 年，有的长达十几年。

二、肉鸽的繁育特点

（一）肉鸽的繁殖过程

肉鸽从交配、产蛋、孵化到乳鸽的成长，这段时间称为繁殖周期，共 45～60 d，分为求偶配对、筑巢产蛋、孵蛋、哺育乳鸽四个阶段。

1. 求偶配对 肉鸽 5～7 月龄进入性成熟阶段，并表现出各种求偶行为。公鸽的求偶动作是对着母鸽将头昂起，颈部鼓胀，背羽松起，尾羽展开呈扇形，同时频频点头，发出"咕、咕"声，跟在母鸽后面亦步亦趋。母鸽在公鸽"求爱"动作的刺激下，喜欢接近公鸽，彼此梳理头部和颈部的羽毛，相互亲吻，称为鸽吻。同性配对也有相似的行为。

配对分人工配对和自然配对，自然配对时应注意公母比例以及体重、年龄悬殊不能太大。

2. 筑巢产蛋 筑巢是鸽的天性，公母鸽配对后会自行筑巢。一般是公鸽负责搜寻做窝的材料，用喙衔草，每次一根，由母鸽接去后做成像锅底形的巢。鸽产蛋前也会选择人造的窝，只要人造窝同鸽造窝一样，鸽很快就会顺利产蛋。

筑巢后公鸽便开始强迫母鸽留在巢内，如果母鸽离巢觅食，公鸽则立刻起飞、紧紧追赶、啄打，直到母鸽返巢，这种行为称为"驱妻""追蛋"。追赶越积极、驱妻能力越强的公鸽，生产能力也越强，这一对鸽产蛋就越快。

鸽配对后经 5～7 d 便开始产蛋，每窝连产 2 个蛋。第 1 个蛋在下午产出，相隔 48 h 再产第 2 个蛋，鸽蛋重 15～20 g、白色、椭圆形。

3. 孵蛋 公母鸽配对并产下蛋后即轮流孵化，此期需 18～20 d。

孵化的时间多在两个蛋产下后，开始公母鸽轮流孵蛋。母鸽孵蛋时间在 16:00 至次日 9:00；公鸽在 9:00～16:00 替换母鸽孵蛋。此阶段应相应提高饲料的营养水平，使亲鸽获得足够的营养，以便为乳鸽出生后提供足够的鸽乳。

　　4. 哺育乳鸽　乳鸽出壳到独立生活需 20～30 d。此间亲鸽共同照料，轮流饲喂。同时亲鸽又开始交配，2～3 周后生下一窝蛋，开始孵化，周而复始。

　　乳鸽出生 1 个月可独立生活，6 个月后可配对，母鸽可利用 5～6 年，公鸽可利用 7～8 年。肉用种鸽每年生产乳鸽 12 只，每隔 45 d 左右产一窝蛋。

　　（二）鸽的雌雄鉴别

　　1. 乳鸽的雌雄鉴别　同窝的乳鸽中，生长快、身体粗大的是公鸽，10 日龄后公鸽反应敏感，用手抓公鸽，其羽毛竖起、用喙啄手。外貌上公鸽头粗大，喙宽厚稍短，鼻瘤大而扁平，脚粗大。母鸽头小而圆，喙长而窄，鼻瘤小，脚细小。4～5 日龄前翻肛门观察其形，公鸽的肛门下缘较短，上缘覆盖下缘，从后面看两端稍微向上弯曲；母鸽肛门上缘较短，下缘覆盖上缘，肛门两侧向下弯曲。

　　2. 成年鸽的雌雄鉴别　成年鸽雌雄识别特征比较见表 10-6。

表 10-6　成年鸽雌雄识别特征比较

	成年公鸽	成年母鸽
头颈	粗大，颈羽光亮，不易扭动	细小，颈羽光泽度差，易扭动
体形	较大，粗壮、雄伟	较小，较细，温柔
耻骨	耻骨距离狭窄	耻骨距离宽大，可容 2 指
鼻瘤	粗大，越老越大	小，中间生白色肉腺
求偶	求偶时，咕咕叫，颈毛松宽，拖尾起舞	叫声短，点头，翅膀还击
孵化时间	每天 9:00～16:00	16:00 至次日 9:00
筑巢行为	寻找筑巢材料	筑巢

　　（三）鸽的年龄鉴别

　　准确识别鸽的年龄，对适时配对和选种具有重要意义。建立完整的记录，是正确掌握年龄的最可靠方法，无记录时可根据外貌进行鉴别。

　　1. 羽毛的更换规律识别　鸽有主翼羽 10 根，副主翼羽 12 根。主翼羽更换用来识别童鸽的月龄，2 月龄更换第一根主翼羽，以后每 13～16 d 更换一根，换完 10 根为 6 月龄。

　　2. 鸽喙的形状及嘴角结痂的识别　乳鸽喙末端较尖，软而细长；童鸽喙末端厚而硬；成年鸽喙较粗短，末端较硬而滑，年龄越大，喙末端越钝、越光滑。成年鸽因哺喂乳鸽而嘴角出现茧，年龄越大茧越大，5 年以上的亲鸽，嘴角两侧的茧呈锯齿状。

　　3. 鸽鼻瘤大小及颜色的识别　乳鸽的鼻瘤红润；童鸽的鼻瘤浅红且有光泽；2 年以上鸽的鼻瘤已有薄薄的粉白色，5 年以上鸽的鼻瘤粉白而粗糙。鼻瘤随年龄增大而稍微增大。

　　4. 鸽脚颜色和鳞纹的识别　童鸽脚颜色鲜红，鳞纹不明显，鳞片软而平，趾甲软而尖，脚底软而滑；2 年以上鸽的脚颜色暗红，鳞纹细而明显，鳞片及趾甲稍硬而弯；5 年以上鸽的脚紫红色，鳞纹粗，鳞片突出粗糙、呈白色，趾甲硬而弯曲，脚垫厚而粗硬。

三、肉鸽的营养需要和饲料配方

　　（一）肉鸽的营养需要

　　肉鸽营养需要的特点是以素食为主，喜食粒料；日粮中脂肪含量不能过高（一般为 3%～5%）；对矿物质的需要量高于其他畜禽；对水的需要量高于鸡。目前，国内尚无统一的肉鸽饲养标准。表 10-7 中所列肉鸽的营养需要仅供参考。

表 10 - 7　肉鸽的营养需要（以饲粮为基础）

项目	幼鸽	繁殖种鸽	非繁殖种鸽
代谢能（MJ/kg）	11.7～12.1	11.7～12.1	11.7
粗蛋白质（%）	14～16	16～18	12～14
粗纤维（%）	3～4	4	4～5
钙（%）	1.0～1.5	1.5～2.0	1.0
磷（%）	0.65	0.65	0.60
脂肪（%）	3	3	—

注：引自赵万里等，特种经济禽类生产，1993。

（二）肉鸽的常用饲料和饲料配方

1. 肉鸽的常用饲料

（1）能量饲料：如玉米、稻谷、小麦、大麦、高粱、小米等。

（2）蛋白质饲料：如豌豆、蚕豆、黄豆、绿豆、赤豆、火麻仁、花生米等。

（3）矿物质饲料：如贝壳粉、骨粉、石灰石粉、食盐、木炭末、黏土、沙土。

（4）添加剂：包括维生素添加剂、微量元素添加剂等。

2. 肉鸽的饲料配方举例　传统的肉鸽饲料配方简单，由两大类饲料即能量饲料（谷粒）和蛋白质饲料（豆类）组成。幼鸽阶段：谷粒（3～4 种）75%～80%，豆类（1～2 种）20%～25%。种鸽哺育阶段：谷粒（3～4 种）70%～80%，豆类（1～2 种）20%～30%。传统肉鸽日粮配合见表 10 - 8。

但传统的肉鸽饲料配方具有以下缺点：饲料稳定性差，易致肉鸽偏食和营养成分不全面，影响肉鸽生产性能的发挥。肉鸽采用颗粒饲料，可促进生长发育，提高抗病力。肉鸽的典型饲料配方见表 10 - 9、表 10 - 10。

表 10 - 8　传统肉鸽日粮配合（%）

配方	稻谷	玉米	小麦	豌豆	绿豆	高粱	火麻仁
1	40	20	10	30	—	—	—
2	—	45	13	20	8	10	4
3	20	20	25	20	—	35	—
4	—	45	20	20	—	15	—

表 10 - 9　肉鸽颗粒饲料配方及营养价值（以饲粮为基础）

饲料	童鸽	非育雏种鸽	育雏种鸽
玉米（%）	62	73	73.3
小麦（%）	6	5	—
麦麸（%）	6.3	3.3	—
花粉（%）	5	—	—
豆粕（%）	5	3	6
花生麸（%）	10	10	15
骨粉（%）	2.5	2.5	2.5
火麻仁（%）	2	2	2
贝壳粉（%）	0.6	0.6	0.6
食盐（%）	0.6	0.6	0.6

（续）

营养水平	童鸽	非育雏种鸽	育雏种鸽
代谢能（MJ/kg）	11.83	12.45	12.71
粗蛋白质（%）	14.03	13.00	15.78
钙（%）	1.22	0.18	1.20
磷（%）	0.71	0.67	0.68
赖氨酸（%）	0.47	0.43	0.56
甲硫氨酸（%）	0.22	0.21	0.24
甲硫氨酸＋胱氨酸（%）	0.47	0.45	0.51

表 10-10　育雏期和非育雏期种鸽的饲料配方

	玉米	高粱	小米	糙米	小麦	豌豆	麸皮	奶粉	酵母
育雏期肉鸽	30	10	—	20	10	—	10	15	5
非育雏期肉鸽	35	15	15	20	—	15	—	—	—

（三）保健砂的补充与使用

传统的养鸽必须饲喂保健砂。保健砂具有补充矿物质和维生素需要，有助于消化吸收、解毒，促进生长发育与繁殖等功能。

配制保健砂的原料有黄泥、细砂、骨粉、贝壳粉、旧石灰、木炭末、龙胆草末、食盐、甘草末、红氧铁、红泥等。常见的配方见表 10-11。

表 10-11　肉鸽的保健砂配方（%）

	蚌壳粉	骨粉	旧石灰	食盐	黄泥	木炭末	细砂	红氧铁	龙胆草末	甘草末	石膏
配方1	30.0	8.0	12.0	3.0	20.0	6.0	20.0	—	0.6	0.4	
配方2	40	—	20	5	20	3	10	2	—	—	—
配方3	15	10	5	5	30	5	30	—	—	—	—
配方4	31.5	1.4	—	0.3	—	1.5	63.0	0.3	0.5	0.5	1.0

注：引自张宏福，动物营养参数与饲养标准，1998。

配制保健砂时应检查所用各种配料纯净与否，有无杂质和霉变情况；混合配料时应由少到多，多次搅拌；保健砂应现配现用，保持新鲜；定时定量供给，育雏期种鸽多给些，非育雏期种鸽则少给些，每对种鸽 15～20 g。值得注意的是，保健砂配方应随鸽的状态、生长阶段、季节的变化而改变。

四、肉鸽的饲养管理

（一）乳鸽的饲养管理

乳鸽又称幼鸽或雏鸽，是指 1 月龄内的鸽。乳鸽期间基本上不能行走和自行采食，只能靠亲鸽从囊中吐出半消化乳状食糜（常称为鸽乳）来维持生长。乳鸽一天中饲喂量以上午最多，其次是下午，中午最少。乳鸽食量前期随日龄而逐渐增多，10～20 日龄食量最大，以后又逐步

视频：肉鸽
的饲养管理
（王志跃
杨海明 提供）

递减。根据上述生长特点，在饲养管理上必须抓好以下几点。

1. 及时进行"三调"

（1）调教亲鸽给乳鸽哺喂：发现个别亲鸽不会喂乳时，要给予调教。把乳鸽的喙小心插入亲鸽的喙中，经多次重复后，亲鸽一般就会哺乳。

（2）调换乳鸽的位置：通常先出壳的乳鸽长得快，或有个别亲鸽每次先喂同一只乳鸽，先受喂的那一只乳鸽就长得快，同一窝中两只乳鸽的大小差异很大。为避免上述情况，可在乳鸽会站立前将乳鸽位置调换一下，这样亲鸽就可先喂小的一只乳鸽，使两者均匀一致。

（3）调并乳鸽：若一窝孵出一只乳鸽或一对乳鸽中途死亡一只，可合并到日龄相同或相近、大小相似的其他单雏或双雏窝内饲养，使不带乳鸽的种鸽提早产蛋、孵化，既提高繁殖力，又可避免发生因被亲鸽喂得过多而致乳鸽嗉囊积食的现象。

为提高生产效率，生产中常采用以下模式：一是采用"2＋3"模式，即一对（2只）亲鸽带3只乳鸽，此法可能会缩短亲鸽的利用时间；二是"机孵鸽带"模式，即种蛋采用机器孵化，亲鸽孵化"假蛋"，至 10～17 d 放入乳鸽由亲鸽哺喂，此法可适当缩短孵化时间，保证亲鸽带乳鸽数量，减少并窝环节等。

2. 注意饲料调换 在乳鸽 1 周龄后，亲鸽的哺喂由鸽乳变成乳食糜，即经浸润的谷类、豆类籽实料。亲鸽哺喂料的改变容易引起乳鸽消化不良，发生嗉囊炎、肠炎及死亡等现象，这是乳鸽培育的一个难关。此时，宜给亲鸽饲喂颗粒较小的谷类、豆类籽实料，或将谷类、豆类籽实料浸泡后晾干再喂。也可每天给乳鸽喂适量酵母等健胃药。

3. 及时离亲 不作种用的商品乳鸽，在 21 日龄就要离开亲鸽，进行人工肥育出售。留种的乳鸽，28 日龄离巢单养，否则影响亲鸽产蛋和孵化。

4. 乳鸽的人工哺育 目前 1～7 日龄乳鸽的人工哺育尚处于试验阶段，而 8～21 日龄乳鸽的人工哺育开展得比较成功。一般由亲鸽或保姆鸽喂养至 8～12 日龄才进行人工哺育，人工哺育的乳鸽饲料常以玉米、小麦、麸皮、豌豆、奶粉、酵母等为原料，再适量加入甲硫氨酸、赖氨酸、复合维生素、食盐和其他矿物质科学配制而成。哺喂时，要用开水将料调成糊状，然后用注射器接胶管注入乳鸽嗉囊内，每天喂 2～3 次，注意不要喂得太胀。

5. 肉用乳鸽的肥育 为了提高乳鸽肉质，增加乳鸽体重，在出售前 1 周进行人工育肥。

（1）填肥对象：选用 3 周龄、身体健康、羽毛整齐光滑、体重 350 g、无伤残的乳鸽作填肥对象。

（2）填肥环境：周围环境安静，房舍空气流通、干燥，光线不宜过强，并能防止兽害。

（3）饲养密度：每 1～1.2 m² 育雏笼不超过 50 只。

（4）填肥饲料：包括玉米、小麦、糙米、豆类。适当添加食盐、禽用复合维生素、其他矿物质和健胃药。

（5）填肥方法：把饲料碎成小颗粒料，再浸泡软化晾干，也可采用配合粉料，水料比 1∶1，每只乳鸽一次填喂 50～80 g，每日 2～3 次。

（二）童鸽的饲养管理

童鸽是指 1～2 月龄、刚离开亲鸽开始独立生活的鸽。

1. 初选 选留符合品种特征、发育良好、没有缺陷、体重已达到标准的乳鸽，戴上有号码的脚环，并做好各项性状的原始记录，然后转到童鸽舍饲养。

2. 饲养环境 离巢后的乳鸽，由亲鸽哺育转为独立生活，饲养和环境变化较大，本身适应和抗病能力差，稍有疏忽，就会使鸽生长发育受阻或发生疾病。因此，最初几天应将鸽饲养于育雏床上，10～15 d 后再转为离地网上饲养。

3. 训练采食、饮水 刚离巢的乳鸽，在饲料品种、数量和饲喂时间上，都应与亲鸽哺育时期一样。最初几天应将饲料撒在饲料盒上，训练鸽啄食，或人工填喂，直到能独立采食为止。饮水比学采食要迟些，能独立吃食的鸽不一定能自己找水喝，将鸽的头轻轻按到水中，反复几次，鸽就会自动饮水。

4. 换羽期的管理 童鸽约50日龄开始换羽，此时对外界环境变化敏感，容易受凉和发生应激，也易受沙门氏菌、球虫等感染。因此，应做好防寒、保温工作，适当增加饲料中能量饲料的含量，以增强童鸽的御寒能力。能量饲料应占85%～90%。

5. 清洁卫生和消毒工作 鸽舍和运动场每天清扫1～2次。每隔3～4 d给鸽洗澡1次。及时清除鸽舍周围的杂草、异物，减少蚊、蝇、鼠的危害，饮水器和食槽要定期消毒，每周1～2次。

（三）青年鸽的饲养管理

青年鸽指2月龄以上至性成熟（配对）的鸽，也称育成鸽或后备鸽，此阶段是培育种鸽的关键阶段。青年鸽培育得好坏，直接影响到种鸽的生产性能。

1. 限制饲喂 青年鸽生长发育仍很迅速，第二性征逐渐明显，爱飞好斗。这个时期应适当限制饲喂，防止采食过多或体重过肥。

2. 公母分群饲养 青年鸽在3～4月龄时，第二性征开始出现，活动能力增加，这时应选优去劣，公母分开饲养，防止早配早产、影响生长发育。

3. 调整日粮 青年鸽在5～6月龄时，生长发育趋于成熟，主翼羽已脱换七八根。应增加豆类饲料喂量，使其成熟一致。

4. 加强运动和驱虫 宜采用网养或地面平养，让鸽多晒太阳、多运动。青年鸽群养时，易感染体内外寄生虫，应及时驱虫。

（四）种鸽的饲养管理

由青年鸽转入配对后的鸽称种鸽，配成对进入产蛋和孵育仔鸽期的种鸽称为亲鸽。

1. 配对期的饲养管理

（1）人工辅助配对：把选配的公母鸽关在配对笼里，笼子两个侧面有隔板，使其看不见其他鸽，只能看到指定原配鸽。它们在同一笼内采食和活动以逐渐熟悉。若配对恰当，它们2～3 d就会亲热起来，互相理毛、亲嘴。交配成功后，即可转移到群养舍中或产蛋笼中。

（2）认巢训练：训练产蛋鸽按人们的要求在指定的地方产蛋。笼养鸽因活动地方小，一般都会跳上巢盆里产蛋。在巢盆内放一个假蛋，当鸽愿意在盆内孵化时，再放入真蛋，将假蛋拿出；群养方式下对几天还找不到巢的配对鸽，可关在预定的巢房内，吃食饮水时放出来，过3～4 d就会熟悉巢房，并固定下来。

（3）重选配偶：在以下三种情况下鸽需要重新选择配偶。一是配对时双方合不来；二是丧失原来配偶；三是育种需要拆偶后重配。

2. 孵化期的饲养管理

（1）准备好巢盆和垫料：一旦种鸽配对，就应在适当的地方放入巢盆，垫上柔软的垫料，诱导其快产蛋。

（2）保证安静的孵化环境：应采取措施挡住其视线，减少对种鸽的干扰，使其专心孵蛋。群养鸽要关在巢房内，不让其外出活动，强制孵蛋。

（3）定期检查：要定期检查胚蛋受精、胚胎发育情况。第一次在孵化后4～5 d，照蛋后取出无精蛋。第二次在孵化后11～13 d，照蛋时取出死胚蛋，受精蛋转移到同期产蛋的产鸽继续孵化。注意两只蛋的孵化时间要相同或相近。

（4）助产：对已啄壳但无力出壳的乳鸽，要进行人工辅助出壳。在鸽蛋破口处，用针轻轻挑碎硬蛋皮，延长半圈或一圈，至乳鸽能不费力地将蛋壳顶开为止。

复习思考题 ◆

1. 鹌鹑有哪些生活习性?
2. 鹌鹑饲养管理有哪些关键点?
3. 肉鸽有哪些生活习性?
4. 肉鸽的繁殖特点有哪些?
5. 肉鸽不同生产阶段的饲养管理各有什么特点?

（王志跃）

11

第十一章　家禽场的经营管理

掌握家禽场经营管理的基本方法是获得良好经济效益的关键。因此，除善于经营外，还须认真搞好计划管理、生产管理和财务管理，同时生产与销售高质量、价格有竞争力的禽产品，从市场获得应有的效益和声誉。

一、经营和管理的概念与关系

（一）经营和管理的概念

经营和管理是两个不同的概念。经营是指在国家法律、条例所允许的范围内，面对市场的需要，根据企业内外部的环境和条件，合理地确定企业的生产方向和经营总目标；合理组织企业的供、产、销活动，以求用最少的人、财、物消耗，取得最多的物质产出和最大的经济效益，即利润。管理是指根据企业经营的总目标，对企业生产总过程的经济活动进行计划、组织、指挥、调节、控制、监督和协调等工作。

（二）经营和管理的关系

经营和管理是统一体，统一在企业整个生产经营活动中，是相互联系、相互制约、相互依存的统一体的两个组成部分。但两者又有区别：一，经营的重点是经济效益，而管理的重点是讲求效率。二，经营主要解决企业的生产方向和企业目标等根本性问题，偏重于宏观决策，而管理主要是在经营目标已定的前提下，解决如何组织和以怎样的效率实现的问题，偏重于微观调控。

二、经营方式

（一）按产品种类划分

1. 单一经营　只进行一个生产项目，或只生产一种产品。如孵化场只经营孵化，育成场只经营育成禽，蛋禽场只经营商品蛋禽。

2. 综合经营　如育种场不仅提供祖代种雏，也出售父母代甚至商品代种蛋与雏禽；有的大型蛋禽场除生产商品蛋外，其自营的饲料厂也外售饲料等。

（二）按得到主产品的途径划分

1. 合同制生产　在我国也称辐射经营（包括公司＋农户、公司＋农场或公司＋合作社）。例如，联合企业（辐射体）与肉禽专业户或肉禽场（辐射对象）签订合同供给后者肉雏、饲料，提供各种防病药物和饲养管理技术指导等。肉禽专业户（肉禽场）将出栏的肉禽卖给联合企业。有的采取利润分成的办法，也是两者先签订合同，辐射体负责产前、产中、产后的系列化服务，辐射对象负责提供饲养场地、人员及日常饲养管理。在利润分配上，将肉雏、饲料、运费、燃料等计入成本（不含工人工资）计算毛利，其75%~80%归辐射对象，20%~25%归辐射体。

2. 联合企业内生产 资金与技术力量雄厚的联合企业，特别是企业内部有禽肉加工、蛋品加工等部门，具备产、供、销一条龙的单位，往往在企业内部生产主产品。

采取公司+农户或公司+合作社运作模式能够减少投资，降低生产风险。随着消费者对禽产品质量安全的关注，公司+农场和联合企业内生产模式迅速发展，多数大型企业采用产、供、销一体化经营模式，产品质量安全得到了有效保障。

三、经营决策

家禽场的经营决策是指为实现经营目标所做出的选择与决定，它包括经营方向、生产规模、饲养方式、禽种选择、禽舍建筑等。

（一）经营方向

综合性家禽场经营范围较广，规模较大，需要财力、物力较多，要求饲养技术和经营管理水平较高，一般多由大型企业兴办。专门化家禽场是以专门饲养某一种禽为主的家禽场。例如，办种禽场，只养种禽或同时经营孵化场；办蛋禽场，只养产蛋禽；办肉禽场，只养肉用仔禽等。

具体办哪种类型家禽场，主要取决于所在地区条件、产品销路和企业自身实力，在做好市场预测的基础上，慎重考虑并做出明确决定。一般情况下，在城镇郊区或工矿企业密集区，可办肉禽场，就近销售，也可办蛋禽场，向市场提供鲜蛋。若本地区养禽业发展较快，雏禽销路看好，市场价格较高，可办种禽场，养种禽进行孵化，向周围地区供应雏禽。有育雏经验和设备的可办专业育成禽场，以满足缺乏育雏经验或无育雏房舍的养禽场（户）的需要。

（二）生产规模

经营方向确定以后，紧接着应研究家禽场的生产规模，以便做到适度规模经营。家禽产品不同于工业品，不管行情好与坏都不能积压。一个新建的家禽场，究竟办多大规模、养多少只禽合适，这要从投资能力、饲料来源、房舍条件、技术力量、管理水平、产品销量等诸方面情况综合考虑确定。如果条件差一些，家禽场的规模可以适当小一些，待积累一定的资金，取得一定的饲养和经营经验之后，再逐渐增加饲养数量。如果投资大，产品需求量多，饲料供应充足，而且具备一定的饲养和经营经验，家禽场的规模可以大一些，以便获得更多的盈利。家禽场的规模一旦确定，绝不能盲目增加饲养数量，提高饲养密度。否则，可能会由于密度增加造成产蛋率低、死亡率高、效益差。

（三）饲养方式

家禽的饲养方式需要根据经营方向、禽种生物学特性、资金状况、技术水平和房舍条件等因素来确定。蛋禽（包括蛋种禽）和肉禽（除肉种禽）可采用笼养，肉种禽可采用地面、网上或网地混合平养，幼雏和育成禽可采用笼养或网上平养。

（四）禽种选择

选择饲养品种时，要根据产品市场需求、经营方向和饲养方式等，在经济效益上进行总体对比再做决定。例如，采用笼养蛋禽，应尽量选择体型较小、抗病力强、产蛋量多、饲料报酬高的杂交品种。

（五）禽舍建筑

应根据生产规模、饲养方式、资金状况等确定禽舍建筑形式和规格。大型家禽场，尤其是种禽场要按高标准要求建筑禽舍，以保证较高的生产效率与雏苗品质。小规模家禽场，由于资金有限，禽舍建筑可采用棚舍结构，但是不能够太简陋，应保证基本生产条件。

第二节　家禽场的计划管理

家禽场的计划管理是通过编制和执行计划来实现的。计划有三类，即长期计划、年度计划和阶段计划，三者构成计划体系，相互联系和补充，各自发挥本身作用。

一、长期计划

长期计划又称长期规划和远景规划，从总体上规划家禽场若干年内的发展方向、生产规模、进展速度和指标变化等，以便对生产与建设进行长期、全面的安排，统筹成为一个整体，避免生产的盲目性。长期计划时间一般为 5 年，其内容、措施与预期效果分述如下。

1. 内容与目标　确定经营方针；规划家禽场生产部门及其结构、发展速度、专业化方向、生产结构、工艺改造进程；确保技术指标的进度；预计主产品产量；制订对外联营的规划与目标；开展科研、新技术与新产品的开展与推广等。

2. 拟采取措施　包括实现奋斗目标应采取的技术、经济和组织措施。如基本建设计划、资金筹集和投放计划、优化组织和经营体制的改革等。

3. 预期效果　包括主产品产量与增长率、劳动生产率、利润、员工收入水平等的增量、增幅与激励方式。

二、年度计划

年度计划是家禽场每年编制的最基本计划，是根据新的一年里实际可能性的生产情况制订的生产和财务计划等，反映新的一年里家禽场生产的全面状况和要求。计划内容、确定生产指标和措施应详尽、具体和切实可行，以作为引导家禽场一切生产和经济活动的纲领。年度计划至少包括以下各项内容。

1. 生产计划　其反映家禽场最基本的经营活动，是企业年度计划的中心环节。

（1）禽群周转计划：禽群周转计划是生产计划的基本，产品生产计划、饲料消耗计划、产品销售计划等均是以禽群周转计划为依据而制订的。家禽场转群除了遇到疫情或市场风险外，一般都按照本场禽群周转的计划进行。按日为单位编制的禽群周转模式比较理想，这类模式可使家禽场人、财、物得到充分利用，并可获得较高的经济效益。禽群周转计划制订有如下两种方法。

① "全进全出" 周转计划。这类家禽场周转计划很简单，只列出进禽数、日期，每个月份的存栏数、死淘数和最后转出（或处理）数即可。

② 多日龄禽场周转计划。该计划较复杂，其中三段饲养制比两段饲养制的又复杂一些，两段饲养制只转群一次，三段饲养制须转群两次。

随着我国蛋禽饲养规模化的不断扩大，在一个场中饲养多种类型禽逐渐减少，专业化育雏育成和产蛋独立饲养经营模式逐渐增多，有效控制了疫病交叉感染。

制订禽群周转计划必须考虑家禽场合理的结构和足够的更替，以便确定全年总的淘汰和补充只数，同时根据生产指标确定每月的死淘数和存栏数等。

（2）产品生产计划：主要包括产蛋计划和产肉计划。产蛋计划包括各月及全年每只禽平均产蛋量、产蛋率、蛋重、全场总产蛋量等。产蛋指标须根据饲养的商用品系生产标准，综合本场的具体饲养条件，同时参考上一年的产蛋量确定，计划应切实可行，经过努力可完成或超额完成。商品肉禽场的产肉计划比较简单，主要根据饲养周期、出栏数和重量来编制。商品肉禽场的产肉计划中除包括出栏数、上市体重外，应订出产品合格率，以同时反映产品的质量水平。

（3）饲料消耗计划：根据各阶段禽群每月的饲养数、月平均耗料量编制。如饲料为购入的，需注明饲料标号。

2. 基本建设计划 计划新的一年里进行基本建设的项目和规模，是生产与扩大再生产的重要保证，其中包括基本建设投资和效果的计划。

3. 劳动工资计划 计划包括在职职工、合同工、临时工的人数和工资总额及其变化情况，各部门职工的分配情况、工资水平和劳动生产率等。

4. 物资供应和产品销售计划 为保证生产计划和基本建设计划得以顺利实现，需要对全年所需的生产资料做出全面安排，尤其是饲料、燃料、基建材料计划中应包括各种物资的需要量、库存量和采购量，通过平衡，确定供应量和供应时期。

产品销售计划包括各个月份及全年计划销售的各类禽产品的等级、数量。

5. 产品成本计划 此计划是加强成本管理的一个重要环节，是贯彻勤俭办企业的重要手段。计划中应拟订各种生产费用指标，各部门总成本、降低额与降低率指标，主产品的单位成本，可比成本降低额、降低率和降低成本的主要措施。如产品成本上升，也拟订其上升额（率）并阐明上升原因。

6. 财务计划 对家禽场全年一切财务收入进行全面核算，保证生产对资金的需要和各项资金的合理使用。内容包括：财务收支计划、利润计划、流动资金与专用资金计划和信贷计划等。

三、阶段计划

阶段计划即家禽场在年度计划内一定阶段的计划。一般按月编制，把每月的重点工作，如进雏、转群等预先安排组织、提前下达；既搞好突击性工作，又要使日常工作顺利进行。要求安排尽量全面、措施尽量明确具体。

第三节 家禽场的生产管理

家禽场的生产管理是通过制订各种制度、规程和方案作为生产过程中管理的纲领或依据，使生产能够达到预定的指标和水平。

一、制订技术操作规程

技术操作规程是家禽场生产中按照科学原理制订的日常作业的技术规范。禽群管理中的各项技术措施和操作等均通过技术操作规程加以贯彻。同时，它也是检验生产的依据。对不同饲养阶段的禽群，按其生产周期制订不同的技术操作规程。如育雏（或育成禽、产蛋禽）技术操作规程，通常包括以下一些内容：对饲养任务提出生产指标，使饲养人员有明确的目标。指出不同饲养阶段禽群的特点及饲养管理要点。按不同的操作内容分段列条、提出切合实际的要求。要尽可能采用先进的技术和反映本场成功的经验。条文要简明具体。

拟订的初稿要邀请有关专业人员共同逐条认真讨论，并结合实际做必要的修改。只有直接生产人员认为切实可行时，各项技术操作才可能得到贯彻，制订的技术操作规程才有真正的价值。

二、制订日工作程序

将各类禽舍每天从早到晚按时划分，进行的每项常规操作明文做出规定，使每天的饲养工作有规律地全部按时完成。

三、制订综合防疫制度

视频：标准
化蛋鸡场
防疫屏障
（王宝维 提供）

为了保证家禽健康和安全生产，场内必须制订严格的防疫制度，规定对场内外人员、车辆、场内环境、装蛋放禽的容器进行及时或定期的消毒，禽舍在空出后的冲洗、消毒，各类禽群的免疫，种禽群的检疫等。

（一）场区卫生管理

（1）家禽场大门口设汽车消毒池和人员消毒池，人员、车辆必须消毒后方可进场。消毒液每周更换 2 次。

（2）场区内要求无杂草、无垃圾，不准堆放杂物，每月用消毒液泼洒场区地面 3 次。

（3）生活区的各个区域要求整洁卫生，每月消毒 2 次。

（4）非饲养人员不得进入生产区，工作人员需经洗澡、更衣方可进入。场区脏、净道分开，禽苗车、饲料车走净道，活禽车、出粪车、死禽处理走脏道。

（5）场区道路硬化；道路两旁有排水沟，沟底硬化，不积水，有一定坡度，排水方向从清洁区流向污染区。

（6）禁止携带与饲养家禽无关的物品进入场区，尤其禁止家禽及家禽产品进入场内，与生产无关的人员严禁入场。

（7）家禽场内禁止饲养其他品种家禽。

（二）舍内卫生管理

（1）新建家禽场进禽前：要求舍内干燥后，屋顶和地面用消毒液消毒一次。饮水器、料桶、其他用具等充分清洗消毒。

（2）老家禽场进禽前：

① 彻底清除一切物品，包括饮水器、料桶、网架或垫料、支架、粪便、羽毛等。

② 彻底清扫禽舍地面、窗台、屋顶以及每一个角落，然后用高压水枪由上到下、由内向外冲洗。要求无禽毛、禽粪和灰尘。

③ 待禽舍干燥后，再用消毒液对整个禽舍从上到下喷雾消毒一次。

④ 可移动设备，如饮水器、料桶、垫网等彻底消毒后放回禽舍。

⑤ 进禽前 6 d，封闭门窗，用 3 倍剂量福尔马林（每立方米用高锰酸钾 21 g、福尔马林 42 mL）熏蒸 24 h（温度 20～25 ℃，相对湿度 80%）后，通风 2 d。熏蒸禽舍、消毒也可选择其他新型消毒剂。

（3）禽舍门口设脚踏消毒池或消毒盆，消毒液每天更换一次。工作人员进入禽舍，必须洗手、脚踏消毒液、穿工作服和工作鞋。工作服不能穿出禽舍。

（4）禽舍坚持每周（疫情多发禽场，可每 2～3 d 消毒 1 次）带禽喷雾消毒 2～3 次，禽舍工作间每天清扫一次，每周消毒一次。

（5）饲养人员不得互相串舍。禽舍内工具固定，不得互相串用，进禽舍的所有用具必须消毒后方可进舍。

（6）及时拣出死禽、病禽、残禽、弱禽。死禽装入饲料袋内密封后运出焚烧处理；残禽、弱禽应隔离饲养。

（7）经常灭鼠，注意不让鼠药污染饲料和饮水。

（8）采取"全进全出"的饲养制度。

四、建立岗位责任制

联产计酬岗位责任制的制订要领是责、权、利分明。内容包括：负担哪些工作职责、生产任务或饲养定额；必须完成的工作项目或生产量（包括质量指标）；授予的权利和权限；超产奖励、欠产受罚的明确规定。

第四节 家禽产品质量安全管理

符合标准的优质禽产品实际上是一种认证认可，是市场准入的通行证，是衡量企业质量管理水平的一个重要标志。做好禽产品质量安全有利于促进禽产品质量升级，培育优质产品品牌，同时也是推动企业不断发展的内在驱动力。本部分主要涉及绿色食品禽产品的质量控制。

一、禽蛋质量管理

（一）原料要求

1. 生产环节管理 原料蛋应来自合格供应商，家禽饲养时的饲料及饲料添加剂、污染物限量、农药残留量、兽药使用和兽药残留限量、禁用药物和化合物应符合相关标准和规定。清洗前挑出破损蛋、次劣蛋、沙壳蛋和畸形蛋。

2. 洁蛋环节管理 如有洁蛋处理环节，清洗用水应符合生活饮用水卫生标准，水温 10～32 ℃。清洗后应无肉眼可见的污物。洗涤剂应无毒、无味，对蛋壳无污染，洗涤效果良好。消毒剂应符合食品安全国家标准。风干环节温度应低于 45 ℃。风干后应立即涂膜，涂膜用的保鲜剂应无毒、无味、无色、无害，质地致密，附着力强，吸湿性小，可使用可食用植物油、聚乙烯醇、医用液体石蜡、医用凡士林、葡萄糖脂肪酸酯、偏氯乙烯、硅氧油、蜂蜡以及国家允许使用的其他保鲜剂。蛋壳表面需喷涂生产日期等信息。

（二）感官指标

蛋壳清洁完整，灯光透视时，整个蛋呈橘黄色至橙红色，蛋黄不见或略见阴影。打开后，蛋黄凸起、完整、有韧性，蛋白澄清、透明、稀稠分明，无异味。

（三）理化指标

理化指标方面满足水分含量 65%、蛋白质含量 12%、脂肪含量 11%、矿物质含量 11% 的要求。

（四）污染物限量和兽药残留限量

安全指标要求：总汞含量≤0.03 mg/kg，苯甲酸及其钠盐不得检出（<0.005 g/kg），土霉素/金霉素（单个或组合）不得检出（≤200 μg/kg），四环素不得检出（<50 μg/kg），氯霉素不得检出（<0.1 μg/kg），氧氟沙星不得检出（<0.5 μg/kg），诺氟沙星不得检出（<1.0 μg/kg），培氟沙星不得检出（<1.0 μg/kg），洛美沙星不得检出（<0.5 μg/kg），金刚烷胺不得检出（<1.0 μg/kg），硝基呋喃类代谢物不得检出（<0.5 μg/kg）。

（五）微生物限量

菌落总数≤100 CFU/g，大肠杆菌≤0.3 MPN/g，不得检出沙门氏菌、志贺氏菌、金黄色葡萄球菌和溶血性链球菌。

（六）包装、运输和储存

按绿色食品包装通用准则和储藏运输准则的规定执行。产品应包装，并注明产品名称、生产企业信息、生产日期、保质期、储存及运输条件等。外包装上应印有易碎物品、向上、怕晒、怕辐射、怕雨、温度极限等图示标志。

储存蛋库应有防鼠、防虫等设施，避免与有害、有异味和易腐蚀物品混储。储存时应记录入库时间、批次。出库应"先进先出"。洁蛋储存期为一周时，环境温度应低于 20 ℃；洁蛋储存期大于一周时，环境温度应控制在 0～7 ℃。

二、禽肉质量管理

（一）产地环境和原料要求

1. 禽种要求　原料活禽品种应符合农业农村部公告 303 号关于《国家畜禽遗传资源品种名录》（2021 版）的规定，应健康、无病、来自非疫病区。

2. 环境要求　活禽的饲养环境应避开污染源，来自环境良好、无污染的地区；活禽的兽医卫生防疫应符合相关规定。

3. 原料要求　家禽饲养时的饲料及饲料添加剂、污染物限量、农药残留量、兽药使用和兽药残留限量、禁用药物和化合物应符合相关标准和规定。

（二）屠宰加工要求

活禽经检疫、检验合格后方可进行屠宰，屠宰加工厂的场址和卫生防疫应符合相关标准和规定，加工用水应符合要求。对屠宰后的禽应进行预冷却，在 1 h 内使肉中心的温度降到 4 ℃以下。宰后修正胴体，除去禽体的外伤、血点、血污、羽毛根、内脏破裂等污染。预冷后对禽体进行分割时，环境温度应控制在 12 ℃以下。从活禽屠宰到入冷库，全程不应超过 2 h。冷冻产品应置于−28 ℃以下的环境中，胴体中心温度应在 12 h 内达到−15 ℃以下，冻结后方可转入冷藏库存。

视频：肉鸡产品加工

（王宝维 提供）

（三）感官要求

鲜禽肉或冷却禽肉的肌肉应富有弹性，经指压后凹陷部位立即恢复原状。冻禽肉解冻后的肌肉指压后凹陷部位恢复较慢，不易完全恢复原状。禽肉的表皮和肌肉切面应有光泽和禽类品种特有的气味，无异味。胴体不允许有大于 1 cm² 的淤血存在，小于 1 cm² 的淤血片数不得超过抽样量的 2%。不得检出异物。

（四）理化指标

禽肉中的水分含量≤77 g/100 g，冻禽肉解冻失水率≤6%，挥发性盐基氮含量≤15 mg/100 g。

（五）农药残留、污染物限量及兽药残留限量

应符合食品安全国家标准及相关规定。例如其中不得检出的项目及其检出限为：敌敌畏含量<10 μg/kg，阿奇霉素含量<1.0 μg/kg，恩诺沙星（恩诺沙星和环丙沙星之和计）含量<0.5 μg/kg，氧氟沙星含量<0.1 μg/kg，磺胺类药物含量<50 μg/kg，甲氧苄啶含量<50 μg/kg，硝基呋喃类代谢物含量<0.5 μg/kg，喹乙醇代谢物含量<0.5 μg/kg，五氯酚酸钠含量<1.0 μg/kg，金刚烷胺含量<1.0 μg/kg。限制检出的土霉素/四环素/金霉素（单个或组合计）含量≤100 μg/kg。

总汞含量≤0.05 mg/kg，总砷含量≤0.5 mg/kg，铅含量≤0.2 mg/kg，镉含量≤0.1 mg/kg，铬含量≤1.0 mg/kg，多西环素含量≤100 μg/kg，甲砜霉素含量≤50 μg/kg，氟苯尼考（以氟苯尼考和氟苯尼考胺之和计）含量≤100 μg/kg，尼卡巴嗪（以 4，4-二硝基均二苯脲计）含量≤200 μg/kg；氯霉素不得检出（<0.1 μg/kg）。

（六）微生物限量

菌落总数≤5×10⁵ CFU/g，大肠菌群数＜100 MPN/g，沙门氏菌数为 0/25 g，致泻大肠埃希氏菌数为 0/25 g。

（七）包装、运输和储存

包装应符合绿色食品包装通用准则等标准要求。运输应使用卫生并具有防雨、防晒、防尘设施的专用冷餐车船。运输过程中严格控制温度，运输鲜禽肉和冷却禽肉时温度为 0～4 ℃，运输冷冻禽肉时温度应低于－18 ℃，温度变化范围为±1 ℃。冻禽肉储存于－18 ℃以下的冷冻库内，库内昼夜变化幅度不超过 1 ℃；鲜禽肉和冷却禽肉应储存在 0～4 ℃、相对湿度 85%～90% 的冷却间内。

复习思考题 ◆

1. 简述家禽场经营和管理的概念及二者的关系与区别。
2. 家禽场有哪些常见经营方式？
3. 家禽场有哪些常见岗位责任制方法？

（王宝维）

12 第十二章　家禽场的疫病综合防控

家禽疾病（特别是传染病）的防控是家禽生产得以正常进行的基本保证。现代家禽生产的数量和密度大，如果饲养环境条件很差，疫病流行，家禽生产水平必然下降，禽群的死淘率会急剧上升，经济效益就会受到很大的损失。因此，家禽场必须高度重视兽医生物安全，认真做好禽病防治和卫生防疫工作，只有这样才能保证家禽生产安全、顺利地进行。

第一节　兽医生物安全体系

一、兽医生物安全

（一）兽医生物安全的含义

兽医生物安全（veterinary biosecurity）是指采取必要的措施，最大限度地减少各种物理性、化学性和生物性致病因子对动物群造成危害的一种动物生产体系。其总体目标是防止病原体以任何方式侵袭动物，保持动物处于最佳的生产状态，以获得最大的经济效益。

（二）兽医生物安全的作用和意义

兽医生物安全是目前最经济、最有效的传染病控制方法，同时也是所有传染病预防的前提。它将疾病的综合性防控作为一项系统工程，在空间上重视整个生产系统中各部分的联系，在时间上将最佳的饲养管理条件和传染病综合防控措施贯彻于动物养殖生产的全过程，强调了不同生产环节之间的联系及其对动物健康的影响。该体系集饲养管理和疾病预防为一体，通过阻止各种致病因子的侵入，防止动物群受到疾病的危害，不仅对疾病的综合性防控具有重要意义，对提高动物的生长性能、保证其处于最佳生长状态也是必不可少的，因此它是动物传染病综合防控措施在集约化养殖条件下的发展和完善。

（三）兽医生物安全的内容

不同生产类型需要的生物安全水平不同，体系中各基本要素的作用及其意义也有差异。但兽医生物安全的内容主要包括动物及其养殖环境的隔离、人员物品流动控制以及疫病控制等。广义地说，包括用以切断病原体的传入途径的所有措施，就家禽生产而言，包括禽场规划与布局、环境的控制、生产制度的确定、消毒、人员和物品流动的控制、免疫程序、主要传染病的监测、家禽废弃物的管理等。

二、制订疫病综合防控措施的原则

疫病综合防控措施是家禽场的安全屏障，是一项全面的、系统的、常年的全场性任务。任何家禽场要想达到应有的生产水平，取得应有的经济效益，必须科学制订和严格执行综合防疫措施。其总的原则如下。

1. 树立强烈的防疫意识 我国现代家禽生产面临饲养环境的污染、流通范围的扩大和速度的加快、新的疾病的出现和流行、饲养条件和管理的不完善等许多新的现实问题，生产经营者必须树立强烈的防疫意识。

2. 坚持"预防为主" 现代家禽生产规模大，传染病一旦发生或流行，给生产带来的损失非常惨重，特别是那些传播能力较强的传染病发生后蔓延迅速，有时甚至来不及采取相应的措施就已经造成大面积扩散，因此必须坚持"预防为主"的原则。同时加强畜牧兽医工作人员的业务素质和职业道德教育，改变重治轻防的传统防疫模式，尽快与国际接轨。

3. 坚持综合防疫 应建立安全的隔离条件，防止外界病原传入场内；防止各种传染媒介与禽体接触或造成危害；减少敏感禽，消灭可能存在于场内的病原；保持禽体的抗病能力；保持禽群的健康。

4. 坚持依法防疫 控制和消灭动物传染病的工作，不仅关系到畜禽生产的经济效益，而且关系到国家的信誉和人民的健康，必须认真贯彻执行国家制定的法规，坚持做到依法防疫。

5. 坚持科学防疫

（1）加强动物传染病的流行病学调查和监测：由于不同传染病在时间、地区及动物群中的分布特征、危害程度和影响流行的因素有一定的差异，因此要制订适合本地区或养殖场的疫病防控计划或措施，必须在对该地区展开流行病学调查和研究的基础上进行。

（2）突出不同传染病防控工作的主导环节：由于传染病的发生和流行都离不开传染源、传播途径和易感动物群的同时存在及其相互联系，因此任何传染病的控制或消灭都需要针对这3个基本环节及其影响因素，采取综合性防控技术和方法。但在实施和执行综合性措施时，必须考虑不同传染病的特点及不同时期、不同地点和动物群的具体情况，突出主要因素和主导措施，即使为同一种疾病，在不同情况下也可能有不同的主导措施，在具体条件下究竟应采取哪些主导措施要根据具体情况而定。

三、禽场建设

通过良好的建筑及设施配备，防止病原体进入动物养殖场是生物安全的重要组成部分。将动物限制饲养于一个安全可控的空间内，并在其周围设立围栏或隔离墙，防止其他动物和人员的进入，减少传染病传入的机会，可使动物充分发挥其自身的生产性能。涉及的内容包括场址选择、场区布局、房舍建筑和周围环境的控制等。

（一）禽场规划

在进行禽场规划时，从防疫角度上通常需要考虑具体地区的生态环境、周围各场区的关系和兽医综合性服务等问题。家禽场的设置应合理利用地势、气候、风向及天然隔离屏障等。

新建的家禽场都应尽可能按照"全进全出"制的要求来进行整体规划和设计。全进全出是指一座家禽场只养一批同日龄（或日龄相差不超过一周）的家禽，场内的家禽同一日期进场，饲养期满后，全群一起出场。空场后进行场内房舍、设备、用具等的彻底清扫、冲洗、消毒，空闲两周以上，然后进另一批家禽。这种生产制度能最大限度地消灭场内的病原体，防止各种传染病的循环感染，使接种的家禽获得较为一致的免疫力。此外，实行这种生产制度，场内只有同日龄的家禽，因而采取的技术方案单一，管理简便，在禽舍清洗、消毒期间，还可以全面维修设备，进行比较彻底的灭蝇、灭鼠等卫生工作。

（二）场址选择

从保护人和动物安全出发，家禽场应远离居民区、集贸市场、交通要道以及其他动物生产场所和相关设施等。家禽场宜设在城市远郊区（离市区最少15～20 km地区），与附近的居民点、旅游点以及化工厂、化肥厂、玻璃厂、造纸厂、制革厂、畜产品加工厂、屠宰场等要有相当的距离，以防止有害化学物质污染、病原感染与噪声干扰等，使之有一个安全的生物环境。从长远考虑，家禽场应建在离城市较远、地价便宜、较易设防且交通便利的地方。

选择的场址地势要高燥、向阳背风，朝南或东南方向；场区地面应开阔、平坦并有适度坡度，以利于家禽场布局、光照、通风和和污水排放。不宜在低凹潮湿之处建场，潮湿环境易使病原体滋生繁殖，禽群易发生疫病。如场内地势低洼，大雨后积水不易排除，会造成舍外积水向舍内粪沟倒灌，或粪池、渗井的粪水向外四溢，造成大面积环境污染。家禽场的场址应位于居民区的下风处，地势尽量低于居民区，以防止家禽场对周围环境的污染。

（三）场区布局

家禽场应按照生产环节合理划分不同的功能区，规模化家禽场通常应分为相互隔离的 3 个功能区，即管理区、生产区和患病动物处理区。布局时应从人和动物保健的角度出发，建立最佳的生产联系和兽医卫生防疫条件，并根据地势和主风向，合理安排各个功能区的位置。

1. 管理区　主要进行经营管理、职工生活福利等活动，在场外运输的车辆和外来人员只能在此区活动。由于该区与外界联系频繁，应在其大门处设立消毒池、门卫室和消毒更衣室等。除饲料库外，车库和其他仓库应设在管理区。

2. 生产区　是家禽场的核心，该区的规划与布局要根据生产规模确定。生产规模较大的综合性家禽场，其内部不同类型、不同日龄段家禽分开隔离饲养，相邻禽舍间应有足够的安全距离，根据生产的特点和环节确定各建筑物之间的最佳生产联系，不能混杂交错配置，并尽量将各个生产环节安排在不同的地方，如种禽场、商品禽场、饲料生产车间、屠宰加工车间等需要尽可能地分散布置，以便于对人员、动物、设备、运输甚至气流方向等进行严格的生物安全控制。场区内要求道路直而线路短，运送饲料、动物及其产品的道路（净道）不能与清运粪污的道路（脏道）通用或交叉。饲料库是生产区的重要组成部分，其位置应安排在生产区与管理区的交界处，这样既方便饲料由场外运入，又可避免外面车辆进入生产区。储粪场或粪尿处理场应设置在与饲料生产车间相反的一侧，并使之到各个圈舍的总距离最短。

3. 患病动物处理区　应设在全场下风向和地势最低处，并与生产区保持一定的卫生间距，周围应有天然的或人工的隔离屏障，如深沟、围墙、栅栏或浓密的乔、灌木混合林等。该区应设单独的通道与出入口，处理病死动物尸体的尸坑或焚尸炉应严密防护和隔离，以防止病原体的扩散和传播。

（四）房舍建筑

禽舍的设计和建筑应注意相对密闭性，便于对温度、湿度、通风、光照、气流大小及方向等影响动物生产性能和传染病防控的因素进行控制和调节，同时要求建筑物应具有防鸟、防鼠和防虫的功能，确保家禽的生产环境不受外界因素的影响。

（五）周围环境的控制

家禽场的场界要划分明确，四周应建有较高的围墙或坚固的防疫沟，防止不必要的人员进入。

场内各区之间，特别是生产区周围应依据具体条件建立隔离设施。生产区与患病动物处理区以及管理区之间的距离至少应相隔 300 m，各区之间还应根据条件建立隔离网、隔离墙、防疫沟等隔离设施，防止外界的野生动物、各种驯养动物和无关人员进入生产区，同时防止生活区、管理区的生活污水和地面水流入生产区。

为了防疫的需要，生产区应设置一个专供生产人员及车辆出入的大门、一个只供进出动物及其产品的运输通道和一个专门进行粪便收集和外运的通道。在家禽场大门及各区入口处、各圈舍入口处，均应设有相应的消毒设施，如车辆消毒池、脚踏消毒槽、喷雾消毒室和更衣间等。

家禽场及禽舍周围应保持良好的环境卫生，经常性地进行清洗和消毒，以减少和杀灭家禽场舍周围的病原体。定期检测水源中矿物质、细菌和化学污染成分。

四、控制人员和物品的流动

由于人员是传染病传播中潜在的危险因素，并且是极易被忽略的传播媒介，因此在家禽场中应专门设置供工作人员出入的通道，进场时必须通过消毒池，在大型家禽场或种禽场，进禽舍前必须淋浴更衣。对工作人员及其常规防护物品应进行可靠的清洗和消毒，最大限度地防止可能携带病原体的工作人员进入养殖区。同时应严禁一切外来人员进入或参观家禽场区。

在生产过程中，工作人员不能在生产区内各禽舍间随意走动，工具不能交叉使用，非生产区人员未经批准不得进入生产区。直接接触生产群的工作人员，应尽可能远离外界同种动物，家里不得饲养家禽，不得从场外购买活禽和鲜蛋等产品，以防止被相关病原体污染。另外，应定期对家禽场所有相关工作人员进行兽医生物安全知识培训。

物品流动的控制包括对进出家禽场物品及场内物品流动方式的控制。家禽场内物品流动的方向应该是从最小日龄的家禽流向较大日龄的家禽，从正常家禽的饲养区转向患病家禽的隔离区，或者从养殖区转向粪污处理区。

五、强化家禽的饲养管理

影响疾病发生和流行的饲养管理因素主要包括饲料营养、饮水质量、饲养密度、通风换气、防暑或保温、粪便等污物处理、环境卫生和消毒、动物圈舍管理、生产管理制度、技术操作规程以及患病动物隔离、检疫等内容。这些外界因素常常可通过改变家禽与各种病原体接触的机会、改变家禽对病原体的一般抵抗力以及影响其产生特异性的免疫应答等作用，使家禽机体表现出不同的状态。实践证明，规范化的饲养管理是提高养殖业经济效益和兽医综合性防疫水平的重要手段；在饲养管理制度健全的家禽场中，家禽生长发育良好、抗病能力强、人工免疫的应答能力高、外界病原体侵入的机会少，因而疫病的发病率及其造成的损失相对较小。

各种应激因素，如饲喂不按时、饮水不足、过冷、过热、通风不良导致有害气体浓度升高、免疫接种、噪声、挫伤、疾病等长期持续作用或累积，达到或超过了动物能够承受的临界点时，可以导致机体的免疫应答能力和抵抗力下降而诱发或加重疾病。在规模化家禽场，人们往往将注意力都集中到传染病的控制和扑灭措施上，而饲养管理条件和应激因素与机体健康的关系常常被忽略，形成了恶性循环。因此，家禽传染病的综合防控工作需要在饲养管理条件和制度上进一步改善和加强。

许多已有的家禽场由于历史条件的限制，无法实现全进全出，而是采用连续饲养的生产制度，即一座家禽场养有若干批不同日龄的禽群，这类家禽场也称多日龄家禽场。或场内养有雏鸡、产蛋鸡甚至还养有种鸡，这类家禽场称为综合性鸡场。由于连续饲养，场内养有多批不同日龄的鸡，不能进行彻底消毒，使传入场内的传染病得以循环感染。同时，某些微生物或由其引起的疾病会使家禽对某种营养物质的需要量增高，如仍按常量供给就会使生产水平下降，死亡率升高。对这类家禽场，更应加强日常的防疫卫生和饲养管理，尽可能避免传染性疾病的发生。暂时无法改变已采用连续饲养制的家禽场，至少要做到整栋鸡舍的"全进全出"。分批进场的家禽应来自同一健康的种禽场，每批一次进雏，不同批次进场的家禽要分栋分人饲养，人员不得互串。

六、防止动物传播疾病

病死家禽、带毒（菌）家禽、鼠类和蚊、蝇、蜱、虻等媒介昆虫是家禽场疫病的主要传染源和传播媒介。正确处理、杀灭并防止它们的出现，在消灭传染源、切断传播途径、阻止传染病流行、保障人和动物健康等方面具有非常重要的意义，是兽医综合性防疫体系中的重要组成部分。

（一）死禽处理

死禽处理是避免环境污染，防止与其他家禽交叉感染的有效方式。

1. 焚烧法 是一种传统的处理方式，是杀灭病原体最可靠的方法。可用专用的焚尸炉焚烧死禽，也可利用供热的锅炉焚烧。

2. 深埋法 是一种简单的处理方法，费用低且不易产生气味，但埋尸坑易成为病原的储藏地，并有可能污染地下水。故必须深埋，且有良好的排水系统。

3. 堆肥法 已成为场区内处理死鸡最受欢迎的选择之一。经济实用，如设计并管理得当，不会污染地下水和空气。

（1）建造堆肥设施：对每 10 000 只种鸡的规模，建造 2.5 m 高、3.7 m² 的建筑。该建筑地面混凝土结构，屋顶要防雨。至少分隔为两个隔间，每个隔间不得超过 3.4 m²，边墙要用 5 cm×20 cm 的厚木板制作，既可以承受肥料的重量压力，又可使空气进入肥料之中使需氧微生物产生发酵作用。

（2）堆肥的操作方法：在堆肥设施的底部铺放一层 15 cm 厚的鸡舍地面垫料，再铺上一层 15 cm 厚的棚架垫料，在垫料中挖出 13 cm 深的槽沟，再放入 8 cm 厚的干净垫料。将死鸡顺着槽沟排放，但四周要离墙板边缘 15 cm。将水喷洒在鸡体上，再覆盖上 13 cm 部分地面垫料和部分未使用过的垫料。

堆肥再不需其他任何处理，堆肥过程将在 30 d 内全部完成。正常情况下，2～4 d 内堆肥中的温度会迅速上升，高峰温度达到 57～66 ℃，可有效地将昆虫和病原体等生物体消灭。堆肥后的物质可作肥料。

不管用哪种处理方法，运死禽的容器应便于消毒密封，以防运送过程中污染环境。如死禽由于传染病而死亡最好进行焚烧。

（二）杀虫

家禽场主要的害虫包括蚊、蝇和蜱等节肢动物的成虫、幼虫和虫卵。常用的杀虫方法分为物理性、化学性和生物性三种。

1. 物理杀虫法 对昆虫聚居的墙壁缝隙、用具和垃圾等，可用火焰喷灯喷烧杀虫，用沸水或蒸汽烧烫车船、圈舍和工作人员衣物上的昆虫或虫卵，当有害昆虫聚集数量较多时，也可选用电子灭蚊、灭蝇灯具杀虫。

2. 生物杀虫法 主要是通过改善饲养环境，阻止有害昆虫的滋生达到减少害虫的目的。通过加强环境卫生管理、及时清除圈舍地面中的饲料残屑和垃圾以及排粪沟中的积粪，强化粪污管理和无害化处理，填埋积水坑洼，疏通排水及排污系统等措施来减少或消除昆虫的滋生地和生存条件。生物杀虫法由于具有无公害、不产生抗药性等优点，日益受到人们的重视。

3. 化学杀虫法 是指在养禽场舍内外的有害昆虫栖息地、滋生地大面积喷洒化学杀虫剂，以杀灭昆虫成虫、幼虫和虫卵的措施。但应注意化学杀虫剂的二次污染问题。

（三）灭鼠

鼠类除了给人类的经济生活带来巨大的损失外，对人和动物的健康威胁也很大。作为人和动物多种共患病的传播媒介和传染源，鼠类可以传播许多传染病，因此灭鼠对兽医防疫和公共卫生都具有重要的现实意义。

在规模化养禽生产实践中，防鼠灭鼠工作要根据害鼠的种类、密度、分布规律等生态学特点，在圈舍墙基、地面和门窗的建造方面加强投入，让鼠类难以藏身和滋生；在管理方面，应从家禽圈舍内外环境的整洁卫生等方面着手，让其难以得到食物和藏身之处，并且要做到及时发现漏洞及时解决。由于规模化养殖中的场区占地面积大、建筑物多、生态环境非常适合鼠类的生存，要有效地控制鼠害，必须动员全场人员挖掘、填埋、堵塞鼠洞，破坏其生存环境。

通过灭鼠药杀鼠是目前应用较广的方法。按照灭鼠药进入鼠体的途径将其分为经口灭鼠药和熏蒸灭鼠药两类。通过烟熏剂熏杀洞中鼠类，使其失去栖身之所，同时在场区内大面积投放各类杀鼠剂制成的毒饵，常常能收到非常显著的灭鼠效果。

（四）隔离

隔离是指将患病动物和疑似感染动物控制在一个有利于防疫和生产管理的环境中进行单独饲养和防疫处理的方法。由于传染源具有持续或间歇性排出病原体的特性，为了防止病原体的传播，将疫情控制在最小的范围内就地扑灭，必须对传染源进行严格的隔离、单独饲养和管理。

隔离是控制疫病的重要措施之一，在国内外的应用非常普遍。传染病发生后，兽医人员应深入现场查明疫病在群体中的分布状态，立即隔离发病动物群，并对其污染的圈舍进行严格消毒处理。同时应尽快确诊并按照诊断的结果和传染病的性质，确定将要进一步采取的措施。在一般情况下，需要将全部动物分为患病动物群、可疑感染群和假定健康群等，并分别进行隔离处理。

（五）消毒

消毒是指通过物理、化学或生物学方法杀灭或清除环境中病原体的技术或措施。它可将养殖场、交通工具和各种被污染物体中病原体的数量减少到最低或无害的程度。通过消毒能够杀灭环境中的病原体，切断传播途径，防止传染病的传播和蔓延。根据消毒的目的可将其分为预防性消毒、随时消毒和终末消毒。消毒方法有物理消毒法、化学消毒法和生物消毒法。

视频：禽场
消毒
（王志跃
杨海明 提供）

根据消毒的类型、对象、环境温度、病原体性质以及传染病流行特点等因素，将多种消毒方法科学合理地加以组合而进行的消毒过程称为消毒程序。

1. 禽舍的消毒 禽舍消毒是清除前一批家禽饲养期间累积污染最有效的措施，使下一批家禽开始生活在一个洁净的环境。以全进全出制生产系统中的消毒为例，空栏的消毒程序通常为粪污清除、高压水枪冲洗、干燥、消毒剂喷洒、干燥后熏蒸消毒或火焰消毒、再次喷洒消毒剂、清水冲洗、晾干后转入动物群。

（1）粪污清除：家禽全部出舍后，先用消毒液喷洒，再将舍内的禽粪、垫草、顶棚上的蜘蛛网、尘土等扫出禽舍。平养地面沾着的禽粪，可预先洒水等软化后再铲除。为方便冲洗，可先对禽舍内部喷雾，润湿舍内四壁、顶棚及各种设备的外表。

（2）高压水枪冲洗：将清扫后舍内剩下的有机物去除以提高消毒效果。冲洗前先将非防水灯头的灯用塑料布包严，然后用高压水龙头冲洗舍内所有的表面，不留残存物。彻底冲洗可显著减少细菌数。

（3）干燥：喷洒消毒药一定要在冲洗并充分干燥后再进行。干燥可使舍内冲洗后残留的细菌数进一步减少，同时避免湿润状态使消毒药浓度变稀而导致的有碍药物的渗透、降低灭菌效果。

（4）消毒剂喷洒：用电动喷雾器，其压力应达 $30 \, kg/cm^2$。消毒时应将所有门窗关闭。

（5）甲醛熏蒸：禽舍干燥后进行熏蒸。熏蒸前将舍内所有的孔、缝、洞、隙用纸糊严，使整个禽舍内不透气，禽舍不密闭会影响熏蒸效果。每 $1 \, m^3$ 空间用福尔马林溶液 18 mL、高锰酸钾 9 g，密闭 24 h。

经上述消毒程序后，进行舍内采样细菌培养，灭菌率要求达到 99% 以上；否则再重复进行消毒剂喷洒—干燥—甲醛熏蒸过程。

育雏舍的消毒要求更为严格。平网育雏时，在育雏舍冲洗晾干后用火焰喷枪灼烧平网、围栏与铁质料槽等，然后再进行消毒剂消毒，必要时需清水冲洗、晾干后再转入雏禽。

2. 设备用具的消毒

（1）料槽、饮水器：塑料制成的料槽与自流饮水器，可先用水冲刷，洗净晒干后再用 0.1% 新洁尔灭刷洗消毒。在禽舍熏蒸前送回去，再经熏蒸消毒。

（2）蛋箱、蛋托：反复使用的蛋箱与蛋托，特别是送到销售点又返回的蛋箱，传染病原的危险很大，因此，必须严格消毒。用 2% 苛性钠热溶液浸泡与洗刷，清水冲洗、晾干后再送禽舍。

（3）运禽笼：应在场外设消毒点，将运回的笼子冲洗晒干再消毒。

3. 环境的消毒

（1）消毒池：大门前通过车辆的消毒池应按通行车辆的大小进行设计、建设，池内水深在 5 cm 以上。行人与自行车通过的消毒池一般宽 1 m、长 2 m，水深在 3 cm 以上。池液用 2% 苛性钠溶液，每天换一次；用 0.2% 新洁尔灭，每三天换一次。

（2）禽舍间的隙地：每季度先用小型拖拉机耕翻，将表土翻入地下，然后用火焰喷枪对表层喷火，烧去各种有机物，定期喷洒消毒药。

（3）生产区的道路：每天用 0.2% 次氯酸钠溶液等喷洒 1~2 次，如当天运送家禽则在车辆通过后消毒。

4. 带禽消毒 禽体是排出、附着、保存、传播病菌、病毒的根源，也会污染环境，因此须经常消毒。带禽消毒多采用喷雾消毒。消毒药品的种类和浓度与禽舍消毒时相同，操作时用电动喷雾装置，每 1 m² 地面 60~180 mL，每隔 1~2 d 喷一次，对雏禽喷雾时药物溶液的温度要比育雏器供温的温度高 3~4 ℃。当鸡群发生传染病时，每天消毒 1~2 次，连用 3~5 d。

第二节 种源的疫病净化

一、疫病净化的含义

畜禽疫病净化是消灭或根除畜禽疫病的一种重要方式。疫病净化是指在某一限定地区或养殖场内，根据特定疫病的流行病学调查结果和疫病监测结果，及时发现并淘汰各种形式的感染动物，使限定动物群中某种疫病逐渐被清除的疾病控制方法。

简而言之，畜禽疫病净化是指在特定场群或区域消灭畜禽疫病，实现疫病的源头控制，是推动无疫区建设的重要基础，也是保障公共卫生安全的重要内容。疫病净化对畜禽传染病控制、生产性能发挥、经济效益提高起到了极大的推动作用。

广义来说，疫病净化是针对全社会所有畜禽传染病的。狭义来说，畜禽疫病净化是针对特定区域或养殖场的重要传染病的。对家禽而言，多指与种源关联的、可垂直传染的一些疫病。

二、家禽种源疫病净化措施和方法

禽白血病、鸡白痢等是种鸡场重要的垂直传播疫病，严重制约了我国肉鸡和蛋鸡种业的发展。种禽场必须对这类传染病采取净化措施，清除群内带菌鸡。

1. 鸡白痢的净化 鸡白痢阳性鸡所产的蛋一部分可保有本菌，大部分保菌蛋的胚胎在孵化中途死亡或停止发育，少部分保菌蛋可呈保菌状态孵出，使鸡群反复感染，循环发病，代代相传。种鸡群定期通过全血平板凝集反应进行全面检疫，淘汰阳性鸡和可疑鸡；有该病的种鸡场或种鸡群，应每隔 4~5 周检疫一次，将全部阳性带菌鸡检出并淘汰，以建立健康种鸡群。

2. 禽白血病的净化 垂直传播是禽白血病的主要传播方式，可在祖代—父母代—商品代传播过程中逐代放大，具有重要的流行病学意义。有病毒血症的母鸡通过蛋将病毒传给雏鸡，带毒雏鸡常产生免疫耐受，长期排毒，成为重要的传染源。目前传播广泛的是 J 亚群禽白血病病毒（ALV-J），已对世界养禽业造成了巨大经济损失。

通过对种鸡检疫、淘汰阳性鸡，以培育出无禽白血病病毒（ALV）的健康鸡群；也可选育出对禽白血病有抵抗力的鸡种。

国内外通常采用 ELISA 检测 ALV 群特异性抗原 P27 的方法，以揭示任何亚群禽白血病病毒的存在状况，从而可以检出 ALV 带毒鸡或排毒鸡，实现白血病病鸡的净化和淘汰计划。鸡白血病净化的重点在原种场，也可在祖代场进行。通常推荐的程序和方法是在鸡群 8 周龄和 18～22 周龄时，将种鸡分别编号，用 ELISA 方法检查泄殖腔拭子中 ALV 抗原，然后在开产初期（22～25 周龄）检查种蛋蛋白和雏鸡胎粪中的 ALV 抗原，阳性鸡及其种雏一律淘汰。经过持续不断地检疫，并将假定健康的非带毒鸡严格隔离饲养，最终达到净化种群的目的。

3. 鸡支原体的净化　支原体感染在养鸡场普遍存在，在正常情况下一般不表现临床症状，但如遇环境条件突然改变或其他应激因素的影响时，可能暴发该病或引起死亡。应定期进行血清学检查，一旦出现阳性鸡，立即淘汰。也可以采用抗生素处理和加热法来降低或消除种蛋内支原体。

第三节　免疫接种和免疫监测

免疫接种（immunization）是用人工方法将免疫原或免疫效应物质输入机体内，使机体通过人工自动免疫或人工被动免疫的方法获得防治某种传染病的能力。免疫接种是激发家禽机体产生特异性免疫力，使易感动物转化为非易感动物的重要手段，是预防和控制疾病的重要措施之一。为了家禽场的安全，必须制订适用的免疫程序，并进行必要的免疫监测，及时了解群体的免疫水平。

一、免疫接种

视频：免疫接种
（王志跃
杨海明 提供）

（一）家禽免疫接种的方法

可分为群体免疫法和个体免疫法。群体免疫法，是针对群体进行的。主要有经口免疫法（喂食免疫法、饮水免疫法）、气雾免疫法等。这类免疫法省时省工，但有时效果不够理想，免疫效果参差不齐，特别是在幼雏更为突出。个体免疫法，是逐个对每只禽进行免疫，包括滴鼻、点眼、涂擦、刺种、注射法等。这类方法免疫效果确实，但费时费力，劳动强度大。

不同种类的疫苗接种途径（方法）有所不同，要按照疫苗说明书进行而不要擅自改变。一种疫苗有多种接种方法时，应根据具体情况决定免疫方法，既要考虑操作简单，经济合算，更要考虑疫苗的特性和保证免疫效果。只有正确、科学地使用和操作，才能获得预期的免疫预防效果。现将各种接种方法分述如下。

1. 滴鼻与点眼法　用滴管或滴注器，也可用带有 16～18 号针头的注射器吸取稀释好的疫苗，准确无误地滴入鼻孔或眼球上 1～2 滴。滴鼻时应以手指按压住另一侧鼻孔，这样疫苗才易被吸入。点眼时，要等待疫苗扩散后才能放开禽只。该法多用于雏禽，尤其是雏鸡的初免。为了确保效果，一般采用滴鼻、点眼结合的方式。适用于新城疫 Ⅱ、Ⅳ 系疫苗及传染性支气管炎疫苗和传染性喉气管炎弱毒型疫苗的接种。

2. 刺种法　常用于鸡痘疫苗的接种。接种时，先按规定剂量将疫苗稀释好后，用接种针或大号缝纫机针头或沾水笔尖蘸取疫苗，在鸡翅膀内侧无血管处的翼膜刺种，每只鸡刺种 1～2 下。接种后 1 周左右，可见刺种部位的皮肤上产生绿豆大小的小疱，以后逐渐干燥结痂脱落。若接种部位不发生这种反应，表明接种不成功，可重新接种。

3. 涂擦法　主要用于鸡痘和特殊情况下需接种的鸡传染性喉气管炎强毒的免疫。在禽痘接种时，先拔掉禽腿的外侧或内侧羽毛 5～8 根，然后用无菌棉签或毛刷蘸取已稀释好的疫苗，逆着羽毛生长的方向涂擦 3～5 下；鸡传染性喉气管炎强毒型疫苗的接种时，将鸡泄殖腔黏膜翻出，用无菌棉签或小软刷蘸取疫苗，直接涂擦在黏膜上。

不管是哪种方法，接种后禽体都有反应。毛囊涂擦鸡痘苗后 10～12 d，局部会出现同刺种一样的反应；擦肛后 4～5 d 可见泄殖腔黏膜潮红。否则，应重新接种。

4. 注射法　这是最常用的免疫接种方法。根据疫苗注入的组织部位不同，注射法又分皮下注射法和肌肉注射法。该法多用于灭活疫苗（包括亚单位苗）和某些弱毒疫苗的接种。

（1）皮下注射法：现在广泛使用的马立克病疫苗宜用颈背皮下注射法接种，用左手拇指和食指将头顶后的皮肤捏起，局部消毒后，针头近于水平刺入，按量注入即可。

（2）肌肉注射法：肌肉注射的部位有胸肌、腿肌和肩关节附近或尾部两侧。胸肌注射时，应沿胸肌呈 45°角斜向刺入，避免与胸部垂直刺入而误伤内脏。胸肌注射法适用于较大的禽。

5. 经口免疫法

（1）饮水免疫法：常用于预防新城疫、传染性支气管炎以及传染性法氏囊病的弱毒苗的免疫接种。为使饮水免疫法达到应有的效果，必须注意：①用于饮水免疫的疫苗必须是高效价的。②在饮水免疫前后的 24 h 不得饮用任何消毒药液，最好加入 0.2% 脱脂奶粉。③稀释疫苗用的水最好是蒸馏水，也可用深井水或冷开水，不可使用用漂白粉等消毒的自来水。④根据气温、饲料等的不同，免疫前停水 2～4 h，夏季最好夜间停水、清晨饮水免疫。⑤饮水器具必须洁净且数量充足，以保证每只鸡都能在短时间内饮到足够的疫苗量。大群免疫要在第二天以同样方法补饮一次。

（2）喂食免疫法（拌料法）：免疫前应停喂半天，以保证每只鸡都能摄入一定的疫苗量。稀释疫苗的水以不超过室温为宜，然后将稀释好的疫苗均匀地拌入饲料，鸡通过吃食而获得免疫。已经稀释好的疫苗进入鸡体内的时间越短越好，因此必须有充足的饲具并放置均匀，保证每只鸡都能吃到。

6. 气雾免疫法　使用特制的专用气雾喷枪，将稀释好的疫苗气化喷洒在禽只高度密集的禽舍内，使禽吸入气化疫苗而获得免疫。实施气雾免疫时，应使禽只相对集中，关闭门窗及通风系统。幼龄鸡初免或对致病力较强的疾病进行免疫时，用直径 80～120 μm 的雾珠，老龄鸡群或加强免疫时，用直径 30～60 μm 的雾珠。

（二）预防接种免疫程序的制订

1. 免疫程序制订的原则　免疫程序是指根据一定地区或养殖场内不同传染病的流行状况及疫苗特性，为特定动物群制订的疫苗接种类型、次序、次数、途径及间隔时间。制订免疫程序通常应遵循的原则如下。

（1）免疫程序是由传染病的三间分布特征决定的：由于畜禽传染病在地区、时间和动物群中的分布特点和流行规律不同，它们对动物造成的危害程度也会随之发生变化，一定时期内兽医防疫工作的重点就有明显的差异，需要随时调整。有些传染病流行时具有持续时间长、危害程度大等特点，应制订长期的免疫防控对策。

（2）免疫程序是由疫苗的免疫学特性决定的：疫苗的种类、接种途径、产生免疫力需要的时间、免疫力的持续期等差异是影响免疫效果的重要因素，因此在制订免疫程序时要根据这些特性的变化进行充分的调查、分析和研究。

（3）免疫程序应具有相对的稳定性：如果没有其他因素的参与，某地区或养殖场在一定时期内动物传染病分布特征是相对稳定的。因此，若实践证明某一免疫程序的应用效果良好，则应尽量避免改变这一免疫程序。如果发现该免疫程序执行过程中仍有某些传染病流行，则应及时查明原因（疫苗、接种、时机或病原体变异等），并进行适当的调整。

2. 免疫程序制订的方法和程序 目前仍没有一个能够适合所有地区或家禽场的标准免疫程序，不同地区或部门应根据传染病流行特点和生产实际情况，制订科学合理的免疫接种程序。对于某些地区或养禽场正在使用的程序，也可能存在某些防疫上的问题，需要不断地进行调整和改进。因此，了解和掌握免疫程序制订的步骤和方法具有非常重要的意义。

（1）掌握威胁本地区或家禽场传染病的种类及其分布特点：根据疫病监测和调查结果，分析该地区或家禽场内常发多见传染病的危害程度以及周围地区威胁性较大的传染病流行和分布特征，并根据动物的类别确定哪些传染病需要免疫或终生免疫，哪些传染病需要根据季节或年龄进行免疫防控。

（2）了解疫苗的免疫学特性：由于疫苗的种类、适用对象、保存、接种方法、使用剂量、接种后免疫力产生需要的时间、免疫保护效力及其持续期、最佳免疫接种时机及间隔时间等疫苗特性是免疫程序的主要内容，因此在制订免疫程序前，应对这些特性进行充分的研究和分析。一般来说，弱毒疫苗接种后 5～7 d、灭活疫苗接种后 2～3 周可产生免疫力。

（3）充分利用免疫监测结果：由于年龄分布范围较广的传染病需要终生免疫，因此应根据定期测定的抗体消长规律确定首免日龄和加强免疫的时间。初次使用的免疫程序应定期测定免疫动物群的免疫水平，发现问题要及时进行调整并采取补救措施。新生动物的免疫接种应首先测定其母源抗体的消长规律，并根据其半衰期确定首次免疫接种的日龄，以防止高滴度的母源抗体对免疫力产生的干扰。

（4）传染病发病及流行特点决定是否进行疫苗接种、接种次数及时机：针对主要发生于某一季节或某一年龄段的传染病，可在流行季节到来前 2～4 周进行免疫接种，接种的次数则由疫苗的特性和该病的危害程度决定。

总之，制订不同动物或不同传染病的免疫程序时，应充分考虑本地区常发多见或威胁大的传染病分布特点、疫苗类型及其免疫效能和母源抗体水平等因素，这样才能使免疫程序具有科学性和合理性。

（三）紧急接种

紧急免疫接种是指某些传染病暴发时，为了迅速控制和扑灭该病的流行，对疫区和受威胁区的家禽进行的应急性免疫接种。紧急免疫接种应根据疫苗或抗血清的性质、传染病发生及其流行特点进行合理的安排。

接种后能够迅速产生保护力的一些弱毒苗或高免血清，可以用于急性病的紧急接种，因为此类疫苗进入机体后往往经过 3～5 d 便可产生免疫力，而高免血清则在注射后能够迅速分布于机体各部。

由于疫苗接种能够激发处于潜伏期感染的动物发病，且在操作过程中容易造成病原体在感染动物和健康动物之间的传播，因此为了提高免疫效果，在进行紧急免疫接种时应首先对动物群进行详细的临床检查和必要的实验室检验，以排除处于发病期和感染期的动物。

多年来的临床实践证明，在传染病暴发或流行的早期，紧急免疫接种可以迅速建立动物机体的特异性免疫，使其免遭相应疾病的侵害。但在紧急免疫时需要注意：第一，必须在疾病流行的早期进行。第二，尚未感染的动物既可使用疫苗，也可使用高免血清或其他抗体预防；但感染或发病动物则最好使用高免血清或其他抗体进行治疗。第三，必须采取适当的防范措施，防止操作过程中由于人员或器械造成的传染病蔓延和传播。

二、免疫监测

免疫监测是主动了解家禽免疫状况、有效制订免疫接种计划和防控疫病的重要手段，被越来越多的养禽者所采用。抗体检测的方法众多，有传统的沉淀反应、凝集试验、补体结合试验等，而标记免疫测定（如酶联免疫测定、放射免疫测定、荧光免疫测定、发光免疫测定等）已成为主要的免疫测定技术，免疫印迹法也发挥了明显的作用，一些快速测定法（如快速斑点免疫结合试验）也被广泛使用。家禽免疫监测使用最多最广泛的方法是血清学方法。鸡新城疫、传染性法氏囊病是对养鸡威胁较大的两种常见急性传染病。因此，以下以这两种传染病为例介绍免疫监测方法。

（一）鸡新城疫监测

利用鸡血清中抗新城疫抗体抑制新城疫病毒对红细胞凝集的现象，来监测抗体水平，作为选择免疫时期和判定免疫效果的依据。

1. 监测程序与目的

（1）确定最适的免疫时间：大中型鸡场应根据雏鸡一日龄时血清母源 HI（红细胞凝集抑制试验）抗体效价的水平，通过公式推算最适首次免疫（简称首免）时间，公式如下：

$$最适首免时间（d）=4.5×（1 日龄时 HI 抗体效价的对数平均值-4）+5$$

例如：1 日龄时母源 HI 抗体效价平均值为 1∶128，128 为 2^7，其对数平均值为 7，代入公式，则：

$$该批雏鸡最适首免日龄=4.5×（7-4）+5=18.5（d）$$

如 1 日龄时 HI 抗体效价的对数平均值小于 4，即小于 1∶16，则该批鸡须在 1 周内免疫。蛋鸡场可在进雏时带回一些 1 日龄公雏，用作心脏采血，进行母源 HI 抗体监测的材料。

（2）每次免疫后 10 d 监测：检验免疫的效果，了解鸡群是否达到应有的抗体水平。

（3）免疫前监测：大中型鸡场应于每次接种前进行监测，以便调整免疫时期，根据监测结果确定最适接种时期。

2. 监测抽样　一定要随机抽样，抽样率根据鸡群大小而定。万只以上的鸡群，抽样率不得少于 0.5%；千只到万只的鸡群，抽样率不得少于 1%；千只以下的鸡群，抽样率不得少于 3%。

3. 监测方法

（1）微量法：被检鸡编号，心脏采血放入已编号的试管中，获取血清（称为待检血清）。用微量滴管在微量反应板的每个小槽内加入稀释液（0.85% 生理盐水，0.025 mL），从第 1 小槽加到第 11 小槽，第 12 小槽作为对照组加两倍（0.050 mL）。再用稀释棒取被检血清 0.025 mL，放入第 1 小槽，搓动旋转稀释棒，混匀后再移液至第 2 小槽，如此连续稀释至第 11 小槽，血清稀释倍数依次为 1∶2～1∶2 048。第 1～11 小槽中再加 4 个单位抗原的液 1 滴（0.025 mL），第 12 小槽作为对照组不加抗原。将微量反应板放在微型振荡器上振荡 2 min，在 10～22 ℃环境中静置 20 min。第 1～12 小槽中各再加 0.5% 红细胞悬浮液 1 滴（0.025 mL），再放入微型振荡器中振荡 2 min 以混匀，置 18～22 ℃，15～30 min 后判定结果。详见表 12-1。

表 12-1　红细胞凝集抑制试验操作程序

凹槽序号		1	2	3	4	5	6	7	8	9	10	11	12
生理盐水（mL）		0.025	0.025	0.025	0.025	0.025	0.025	0.025	0.025	0.025	0.025	0.025	0.050
待检血清	稀释度	1∶2	1∶4	1∶8	1∶16	1∶32	1∶64	1∶128	1∶256	1∶512	1∶1 024	1∶2 048	对照
	加入量（mL）	0.025	0.025	0.025	0.025	0.025	0.025	0.025	0.025	0.025	0.025	0.025*	0
4 个单位抗原（mL）		0.025	0.025	0.025	0.025	0.025	0.025	0.025	0.025	0.025	0.025	0.025	0
0.5% 红细胞悬液（mL）		0.025	0.025	0.025	0.025	0.025	0.025	0.025	0.025	0.025	0.025	0.025	0.025

*　梯度稀释到第 11 管，混匀后需弃去 0.025 mL。

血清（抗体）的红细胞凝集抑制滴度，是使 4 个单位抗原（病毒）凝集红细胞的作用受到抑制的血清最高稀释倍数，称为血凝抑制价。一般认为鸡免疫临界水平为 1∶8 或 1∶16（其对数值分别为 3 与 4），在此水平或此水平以下需尽快进行免疫。

（2）快速全血平板检测法：简称全血法。用来估计鸡群的免疫状态，如检出大量免疫临界线以下的鸡只，需立即进行免疫接种，以提高鸡群 HI 抗体水平。其操作简单快速，易掌握，适于中、小型鸡场或养鸡专业户采用。

操作方法：先在玻璃板上划好 4 cm×4 cm 方格，在每方格中央滴抗原液两滴，以针刺破鸡翅下静脉血管，用接种环蘸取一满环全血，立即放入抗原液中充分搅拌混合使之展开成直径 1.5 cm 的液面，1～2 min 后判定结果。

判定结果：根据凝集程度来判定。若细胞均匀一致在抗原液中，抗原液不清亮，表明血液中有足量的 HI 抗体抑制了病毒对红细胞的凝集作用，判定为阳性（＋）；若红细胞呈花斑状或颗粒状凝集，抗原液清亮，表明血液中缺乏一定量的 HI 抗体，判定为阴性（－）；若红细胞呈现小颗粒状凝集，抗原液不完全清亮，有少量流动的红细胞，判定为可疑（±）。

现场每千只鸡抽测 20～30 只，若出现大量阴性鸡时，说明该群鸡免疫水平在临界线以下水平，须尽快接种。如出现大量阳性鸡时可适当推迟免疫期。

注意事项：操作宜在 15～22 ℃温度下进行，抗原液与全血之比以 10∶1 为宜，稀释后的抗原液不易保存，最好采用稳定抗原，因其血凝价稳定，试验结果准确，操作也简单。

（二）鸡传染性法氏囊病监测

主要介绍用琼脂扩散试验对鸡传染性法氏囊病监测，该法简单易行。

1. 操作方法

（1）监测材料：

抗原：在－20 ℃保存。

阳性对照血清：在－10 ℃保存，有效期一般为半年。

被检血清采自被检鸡，血清应不溶血，不加防腐剂和抗凝剂。

（2）琼脂板制作：取琼脂 1 g、氯化钠 8 g、苯酚 0.1 mg、蒸馏水 100 mL，水浴溶化后，用 5.6% 的 NaHCO₃ 将 pH 调到 6.8～7.2，分装备用，需用前将其融化，倒入平皿内，制成厚约 3 mm 的琼脂板，冷却后 4 ℃冰箱保存。溶化琼脂倒入平板时，注意不要产生气泡，薄厚应均匀一致。

（3）打孔：首先在纸上画好 7 孔图案，如图 12-1 所示。把图案放在带有琼脂板的平皿下面，照图案在固定位置打孔，外孔径为 2 mm，中央孔径为 3 mm，孔间距 3 mm。孔要现打现用，用针头挑下切下的琼脂时，注意不要使孔外的琼脂与平皿脱离。防止加样后下面渗漏而影响结果。

（4）抗原与血清的添加：点样前在装有琼脂的平皿上写明日期和编号。中央孔加入抗原 0.02 mL，1、4 孔加注阳性血清，2、3、5、6 孔各加入被检血清，添加至孔满为止，待孔内液体被吸干后将平皿倒置，在 37 ℃条件下进行反应，逐日观察，记录结果。

图 12-1　琼脂板打孔位置

2. 结果判定与应用

（1）阳性：当检验用标准阳性血清与抗原孔之间有明显致密的沉淀线时，被检血清与抗原孔之间形成沉淀线，或者阳性血清的沉淀线末端向邻近被检血清孔内侧偏弯，判定此孔受检血清为阳性。

（2）阴性：当被检血清与抗原孔之间不形成沉淀线，或者阳性血清的沉淀线向邻近被检血清孔直伸或向其外侧偏弯，判定此孔受检血清为阴性。

（3）应用：如确定首免适宜时期，则监测雏鸡的母源抗体，当 30%～50% 雏鸡为阴性时，可作为适宜接种的时期；如检查免疫效果，则监测接种鸡群的抗体，接种后 12 d 75％～80％的鸡阳性，证明免疫成功。

第四节 主要疫病的防控技术

一、病鸡和健康鸡的鉴别

每日检查鸡群是养鸡者必做的工作。根据查群观察到的鸡群的精神、活动、食欲与排粪情况，再结合检查鸡的采食量与饮水量，就可以了解到鸡群的健康状况。健康鸡与病鸡的表征不同（详见表 12-2），应注意区别。及时发现并及早处置病鸡，能大大减少因病疫蔓延而造成的损失。

表 12-2 病鸡和健康鸡的鉴别

项目	病鸡	健康鸡
精神	精神沉郁，行动迟缓，缩头闭眼，翅膀下垂，食欲不振，反应迟钝	精神饱满，活泼好动，行动迅速，眼大有神，食欲旺盛，反应敏捷
呼吸	呼吸困难，间歇张嘴，呼吸频率增加或减少	不张嘴呼吸，每分钟平均呼吸 15～30 次
鸡冠	紫红、黑紫或苍白色	鲜红色
眼和眼睑	眼神迟滞，眼睑肿，有分泌物	眼珠明亮有神
鼻孔	有分泌物	干净、无分泌物
嗉囊	膨胀，积食有坚实感或积水，早上喂前积食	早上喂食无积食
翼窝	发热、烫毛	不发热
胫部	鳞片干燥无光泽	鳞片有光泽
泄殖腔	不收缩，黏膜充血、出血、坏死或溃疡	频频收缩，黏膜呈肉色
粪便	液状或水样黄白色、草绿色甚至血便，沾污肛门周围羽毛	多为褐色或黄褐色，呈圆柱形，细而弯曲，附有白色尿液
皮肤	无光泽，呈暗色	有光泽，黄白色
羽毛	蓬乱脏污、缺乏光泽	整齐清洁，富有光泽

注：引自杨山，家禽生产学，1995。

二、主要疫病的防控技术

（一）鸡新城疫

鸡新城疫是由副黏病毒科的新城疫病毒引起的一种急性、高度接触性及败血性传染病，病毒存在于病鸡所有组织器官、体液、分泌物和排泄物中。该病广泛分布于世界各地，是危害养禽业的严重疾病之一。

1. 流行特点　各日龄的易感禽均可感染发病，但高发期为 30～50 日龄间，一年四季均可发生，但冬春季较多。

该病传染源主要是病鸡和带毒鸡。病原也可以通过其他的禽类以及被污染过的物品用具、非易感动物和人传播，鸡蛋也可带毒而传播该病。自然途径感染主要是呼吸道（空气、灰尘）和消化道（污染的饲料和水），其次是眼结膜，也可经外伤及交配传播。

2. 临床症状　自然感染的潜伏期一般为 3～5 d。根据临床表现和病程长短，可分为最急性型、急性型、亚急性或慢性型三型。

（1）最急性型：突然发病，常无特征症状而迅速死亡。多见于流行初期和雏鸡。

（2）急性型：病初体温升高达 43～44 ℃，食欲减退或废绝，精神不振，垂头缩颈或翅膀下垂，状似昏睡，鸡冠及肉髯渐变暗红色或暗紫色。产蛋停止或产软壳蛋。随着病程的发展，出现比较典型的症状：病鸡咳嗽，呼吸困难，有黏性鼻液，张口呼吸，并发出"咯咯"的喘气声或尖锐的叫声。口角常流出多量黏液，病鸡常做摇头或吞咽动作。嗉囊内充满液体内容物，倒提时常有大量酸臭液体从口内流出。粪便稀薄，呈黄绿色或黄白色，有时混有少量血液，后期排出蛋白样的排泄物。有的鸡还出现神经症状，弯颈、翅、腿麻痹或痉挛抽搐，最后体温下降。急性病例于 2～4 d 内昏迷死亡。死亡率为 90%～100%。

（3）亚急性或慢性型：见于流行后期或成年鸡，或免疫后发病鸡。病鸡除有轻度呼吸道症状外，同时出现神经症状，一般经 10～20 d 死亡。

3. 病理剖检　病理剖检变化的程度不等，根据病程而定。鸡新城疫的典型变化只有在急性病例经过 2～4 d 病程之后才能见到。该病的主要病理变化是全身黏膜和浆膜出血，淋巴系统肿胀、出血和坏死，尤其以消化道和呼吸道为明显。腺胃黏膜水肿，乳头间有鲜明出血点，或有溃疡和坏死。食道与腺胃交界处及腺胃与肌胃交界处有出血点或出血斑，肌胃角质膜下也有出血点。其中盲肠扁桃体肿大，出血坏死。气管黏膜出血或坏死，周围组织水肿，产蛋母鸡的卵黄膜和输卵管显著充血，若卵黄膜破裂，卵黄流入腹腔引起卵黄性腹膜炎。

4. 诊断　病鸡拉稀，呼吸困难，发出"咯咯"声或"咕咕"声，或有神经症状。剖检时腺胃出血，肌胃角质膜下出血，小肠出血或坏死，扁桃体肿大、出血或坏死。用磺胺类药或抗生素等治疗无效。有条件的单位，还可采取病料，进行病毒分离和鉴定工作。

近些年来，我国非典型新城疫在较多鸡场发生，给诊断和防控带来新的困难，应予高度重视。非典型新城疫的特点是：发生在免疫鸡群，多在二免前后发生；发病数和死亡率均低于一般的流行；雏鸡最初以呼吸道症状为主，其后才表现出新城疫典型的神经症状，成年鸡则以产蛋量减少为主症；病理剖检均不典型。

5. 防控　该病尚无有效治疗方法。为了防止该病流行，必须建立综合防控措施。

（1）杜绝病原侵入鸡群：因此，要建立健全严格卫生管理和消毒防疫制度。

（2）制订合理免疫程序：鸡的生产周期为预防某种传染病而制订疫苗接种规程，其内容包括疫苗品系、用法、用量、免疫时机和免疫次数等。

（3）鸡场一旦发生本病，此时应立即用疫苗或高免血清进行紧急接种，防止疫情扩大。病鸡尸体、被污染羽毛、垫料、粪便应深埋或焚毁。鸡舍及全场范围内加强消毒措施。

（二）传染性法氏囊病

传染性法氏囊病又称腔上囊炎，是由双 RNA 病毒属的传染性法氏囊病病毒引起的雏鸡的一种急性、高度接触性传染病，临床上以法氏囊肿大、肾损害为特征。

1. 流行特点　3～6 周龄鸡对该病最易感，成鸡多呈隐性感染。该病传染源主要是病鸡和带毒鸡。该病可直接接触传播，也可以经被污染过的饲料、饮水、空气、用具间接传播，经呼吸道、消化道和眼结膜感染。在高度易感的鸡群中，发病率高，几乎达到 100%，典型性感染的死亡率一般为 30%，在卫生条件较差，或伴发其他疾病时，死亡率会高达 40%～60% 甚至更高。该病一年四季均可发生，无明显季节性和周期性。

2. 临床症状　在易感鸡群中，该病往往突然发生，潜伏期短，感染后 2～3 d 出现临床症状，早期症状是鸡啄自己的泄殖腔。发病后，病鸡下痢，排浅白色或淡绿色稀粪，腹泻物中常含有尿酸盐。随着病程的发展，饮水、食欲减少，怕冷，步态不稳，体温正常或在疾病末期体温低于正常，精神委顿，头下垂，最后极度衰竭而死。通常于感染 3 d 开始死鸡，并于 5～7 d

达到最高峰，以后逐渐减少。

该病的突出表现为：发病突然，发病率高，死亡集中发生在很短时间（几天）之内，鸡群迅速康复，但一度流行后常呈隐性感染，在鸡群中长期存在。

3. 病理剖检　死于感染的鸡脱水，胸肌颜色发暗，股部和胸部肌肉常有出血点或出血斑。肠道内黏液增多，肾肿大，有尿酸沉积。法氏囊感染后第 3 天由于水肿和出血，体积、重量均增大；第 4 天重量增加到正常值的两倍，以后体积开始缩小；第 5 天恢复到原来的重量；以后法氏囊迅速不断地萎缩，8 d 以后，仅为原来重量的 1/3 左右。感染后第 2～3 天，法氏囊的浆膜面上覆盖淡黄色胶冻样渗出物，表面纵行条纹变得明显，囊呈奶油黄色，当法氏囊恢复到其正常大小时，渗出物消失，在萎缩的过程中，它的颜色变成深灰色。感染的法氏囊常有坏死灶，有时其黏膜面有出血点或出血斑。

4. 诊断　根据流行特点（3～6 周龄发病，突然发生，发病率高，死亡率较低，有一过性特点）、临床症状和病理剖检变化（主要是肌肉出血以及法氏囊的红肿、出血和有分泌物）综合分析，可做出初步诊断。进一步确诊需要进行病毒分离和鉴定、血清学和雏鸡接种。

5. 防控　传染性法氏囊病主要通过接触感染，所以平时应加强卫生管理，定期消毒。制订严格的免疫程序是控制该病的主要方法。

（1）若雏鸡来自未接种鸡传染性法氏囊病灭活苗的鸡群：

① 7～10 日龄做第一次鸡传染性法氏囊病弱毒疫苗免疫。其方法采用点鼻或饮水。

② 30～35 日龄做鸡传染性法氏囊病弱毒疫苗二次免疫。

③ 经过二次鸡传染性法氏囊病弱毒疫苗免疫的种鸡于 18～20 周龄做鸡传染性法氏囊灭活油佐剂疫苗免疫。采用肌肉注射接种方法。

（2）若雏鸡来自接种过鸡传染性法氏囊病灭活苗的群种鸡：首免应在 2～3 周，用鸡传染性法氏囊病弱毒疫苗免疫，第 5 周再用弱毒疫苗免疫一次，至 18～20 周龄用鸡传染性法氏囊病灭活油佐剂疫苗免疫，接种过弱毒疫苗的种母鸡再注射灭活疫苗时，由于回忆反应的作用，具有母源抗体滴度高、持续时间久的特点。

（三）马立克病

马立克病是由马立克病毒引起的一种高度接触传染的肿瘤疾病，以外周神经、内脏器官、性腺、肌肉和皮肤单独或多发的淋巴样细胞浸润为特征。

1. 流行特点　该病主要发生于鸡，鹌鹑、火鸡也可自然感染。自然感染的鸡，多在 2～5 月龄发病，发病率和死亡率差异较大，发病率为 5%～80%，死亡率为 10%～70%。该病一经感染后终生存在于感染鸡只的大多数组织器官中，形成终生带毒并排毒。

该病传染源主要是病鸡和带毒鸡。传播方式是直接接触，也能通过媒介而间接传播，如通过病鸡或带毒鸡及脱落的皮毛屑、排泄物，被污染的饲料、垫料等传染。呼吸道是病毒进入体内的最重要途径。

2. 临床症状　潜伏期短的 3～4 周，长的几个月，临床症状多样化，因为病鸡可能表现为神经型、内脏型、眼型、皮肤型及混合型等。

（1）神经型：呈慢性病程，主要表现神经症状。当坐骨神经一侧不全麻痹，一侧完全麻痹，呈特征性"劈叉"姿势。有的只一侧坐骨神经麻痹，病鸡患肢不能着地。若两侧坐骨神经完全麻痹时，病鸡蹲伏或躺卧在地，不能行走。

（2）内脏型：多为急性型。病鸡精神沉郁，下腹部胀大，不食、消瘦、拉稀，最后衰竭死亡。

（3）眼型：一侧或两侧虹膜由正常橘红色褐变呈灰白色，俗称"灰眼"。虹膜变形，边缘不整，瞳孔缩小，如针尖大小，对光反射迟钝或消失。

（4）皮肤型：颈部、腿部或背部毛囊肿大形成结节或瘤状。

（5）混合型：同时出现上述两种或几种类型的症状。

3. 病理剖检

（1）神经型：病变侧神经（常见于腰荐神经、坐骨神经）水肿而变粗，比正常粗 2～3 倍，呈黄白灰或灰白色，横纹消失。个别神经或神经段的四周有时表现肿瘤状增大。

（2）内脏型：剖检死鸡可见脏器上的肿瘤呈巨块状或结节状，灰黄白色，质硬，切面平整呈油脂样，也有的肿瘤组织浸润在脏器实质中，使脏器异常增大。

（3）眼型：虹膜或睫状肌淋巴细胞增生、浸润。

（4）皮肤型：毛囊肿大，淋巴细胞性增生，形成坚硬结节或瘤状物。

（5）混合型：可见上述两种或几种类型的病理变化。

4. 诊断　必须结合流行特点、临床症状、病理剖检及实验室检查（常用琼脂扩散试验）等进行综合诊断。如神经型马立克病，根据病鸡显现的特征性的劈叉、麻痹症状和病理变化进行确诊，症状轻微而不典型，需同其他疾病，例如鸡新城疫所见到的神经症状，鸡脑脊髓炎所引起的运动障碍以及因维生素和矿物质缺乏所发生的运动和发育障碍等加以鉴别。

5. 防控　该病目前没有有效治疗方法，免疫接种是预防该病的主要措施，应在雏鸡 1 日龄时接种，并采取综合防控措施。

（四）鸡球虫病

鸡球虫病是幼鸡常见的一种急性流行性原虫病，以 3～7 周龄的幼鸡最易感染，常呈地方性流行，春、夏季发生最多，发病率和死亡率较高，是养鸡业发展的一大障碍。鸡的球虫主要是艾美耳属的 9 种球虫，其中对鸡危害性最大的球虫有两种：一种是盲肠球虫（柔嫩艾美耳球虫），寄生于鸡的盲肠中；一种是小肠球虫（毒害艾美耳球虫），寄生于小肠黏膜中，能引起鸡的肠型球虫病。

1. 临床症状　鸡球虫病症状，常根据病程长短分为急性和慢性两种。

① 急性：急性病程为数天到 2～3 周，多见于幼鸡。病初精神沉郁，羽毛松乱，食欲减少，泄殖腔周围羽毛为稀粪所粘连。以后病鸡运动失调，嗉囊充满液体，食欲废绝，冠、肉垂及可视黏膜苍白，逐渐消瘦，下水样稀粪，并带有血液。若为柔嫩艾美耳球虫所引起，则粪便呈棕红色，以后变为纯粹血粪；若为毒害艾美耳球虫所引起，则排出带大量黏液的血便。

② 慢性：慢性型多见于育成鸡（2～4 月龄）或成年鸡，临床症状不明显，病程较长，拖至数周或数月，病鸡逐渐消瘦，足和翅常发生轻瘫，产蛋量减少，间歇下痢，但死亡较少。

2. 病理剖检　柔嫩艾美耳球虫的致病力最强，常使幼鸡大批发病死亡。该种球虫病主要侵害盲肠，两侧盲肠显著肿大，充满凝固暗红色血液，盲肠上皮变厚或脱落。

毒害艾美耳球虫的致病力仅次于柔嫩艾美耳球虫，损害小肠前段和中段，使肠壁扩张或气胀，极度松弛，增厚，黏膜上有许多出血点，肠壁深部及肠腔中积存凝血，使肠的外观呈淡红色或黑色。

3. 诊断　根据流行特点、临床症状和病理剖检变化，即可初步确诊。若发现疑点确诊不定，可进行实验室检查。

4. 防治　治疗球虫病的药物种类很多，由于球虫易产生耐药性，并能代代相传，所以无论应用哪种药物治疗，都不能长期应用，要选择有效药物交替使用或联合使用。临床常用的有球痢灵（硝苯酰胺）、呋喃唑酮（痢特灵）、氨丙啉、三字球虫粉（Esb3）（含有 3％磺胺氯吡嗪钠）及盐霉素（优素精）、拉沙洛西、土霉素、金霉素等抗生素。在治疗球虫病喂药时间，必须每天清扫鸡舍病鸡粪便 1～2 次，这样可以避免重复感染。

只有采取综合措施，才能控制和消灭球虫病发生。这些措施包括：加强饲养管理，合理搭配日粮，增加饲料中维生素 A、维生素 K、维生素 D 的含量，提高机体抗病力；搞好清洁卫生，缩短卵囊在舍内停留时间；保持适当温度、湿度、光照和饲养密度，通风良好，防止潮湿；幼鸡和成年鸡分开饲养，育雏期间采用网上平养和棚养，以减少相互感染机会；妥善处理死鸡、淘汰鸡和粪便；在鸡未发病时或有个别鸡发病时，采用药物预防。

（五）鸡白痢

鸡白痢是由鸡白痢沙门氏菌引起的鸡和火鸡等禽类的传染病。

1. 流行特点　该病的流行限于鸡与火鸡，其他家禽、鸟类可自然感染。传染源主要是病鸡和带菌鸡。可通过蛋垂直传播而世代相传。一般 2～3 周龄雏鸡多发，发病率和死亡率都很高。

2. 临床症状　被感染种蛋在孵化过程中可出现死胎，孵出的弱雏及病雏常于 1～2 d 内死亡，并造成雏鸡群的横向感染。出壳后感染者见于 4～5 日龄，常呈急性败血症死亡，7～10 日龄者发病日渐增多，至 2～3 周龄达到高峰。急性者常呈无症状而突然死亡。稍缓者常见怕冷成堆，气喘，不食，翅下垂，昏睡，排出白色或带绿色的黏性糊状稀便并污染肛门周围，糊状粪便干涸后堵塞肛门，致使病雏排粪困难，而发出尖锐的叫声。病雏体温升高、呼吸困难、关节肿大、心力衰竭而死。耐过的病雏多发育不良，成为带菌者。成年母鸡感染后产蛋率及受精率下降，孵化率低，严重者死于败血症。

3. 病理剖检　急性死亡的雏鸡病变较轻，肝充血肿大、有条状出血，其他脏器充血。成年慢性型母鸡外表无显著变化，腹腔内卵泡变形、变色或呈囊肿状，有时发生腹膜炎和心包炎。公鸡感染常见于睾丸和输精管的肿胀，渗出物增多或化脓。

4. 诊断　雏鸡发生白痢病时，一般根据临床症状及病理剖检即可做出初步诊断。如部分雏鸡有下痢症状、"糊屁股"；或呼吸困难，同时死亡率很高，剖检多见心、肝、肺有坏死结节等。

青年鸡发病，除一般病状外，在病理剖检时，也可见到肝、脾、心肌、肺等器官的坏死结节，同时见到肝破裂引起的内出血。

成年鸡发病症状不明显，死鸡病理变化主要是卵巢的变化。

要确诊必须进行微生物学鉴定。

5. 防治　某些抗生素对该病都有疗效。用药物治疗急性病例，可以减少雏鸡的死亡，但愈后仍可成为带菌者。除药物拌料或饮水预防和治疗外，预防的措施主要是加强检疫、净化鸡群，严密消毒，加强雏鸡的饲养管理和育雏室保持清洁卫生，并注意合理日粮配合。

（六）禽流感

禽流感是禽流行性感冒的简称，是由正黏病毒科、流感病毒属的 A 型流感病毒引起的禽类的一种传染性疾病，以急性败血性死亡到无症状带毒等多种病症为特点。根据禽流感病毒的致病性强弱，将禽流感分为高致病性禽流感、低致病性禽流感和无致病性禽流感 3 种。

1. 流行特点　禽流感一年四季均可发生，但多暴发于冬、春季节，尤其是秋冬、冬春之交气候变化大的时期。一般情况下夏季发病较少，多呈零星发生，即使发病，鸡群的症状也较轻。

病禽是主要的传染源，康复禽类和隐性感染者在一定时间内也可带毒、排毒。水禽（鸭、鹅）是禽流感病毒的重要宿主，外观健康的鸭、鹅、鸟类，可携带病毒并排出体外，污染环境，引起禽流感的暴发性流行。病毒通过病禽的分泌物、排泄物和尸体等污染饲料、饮水及其他物体，通过直接接触和间接接触发生感染，呼吸道和消化道是主要的感染途径。另外，阴雨、潮湿、寒冷、运输、拥挤、营养不良和内外寄生虫侵袭可促进该病的发生和流行。很多禽类都可感染禽流感病毒。其中火鸡最敏感，鸡次之，不同日龄、品种和性别的鸡群都可感染发病，但以产蛋鸡群多发。鸭、鹅、鸽等多呈隐性感染。迁徙水禽可感染多种流感病毒且亚型变化很大，野生水禽的流感病毒分离物几乎包括了所有的血清亚型。一般认为该病通过多种途径传播，如经消化道、呼吸道、皮肤损伤和眼结膜途径传播。

该病的潜伏期几小时到几天不等，一般发病率高、死亡率低，但在高致病力毒株感染时，发病率和死亡率可达 100%。

2. 临床症状 由 A 型流感病毒所引起的禽流感，因感染禽种类、年龄、性别、并发感染情况及所感染毒株的毒力和其他环境因素不同，而表现出不同症状，一般没有特征性症状。病初通常体温升高，精神沉郁，食欲减少，消瘦，母鸡产蛋量下降，咳嗽，打喷嚏，锣音，大量流泪，羽毛松乱，窦炎，头部和颜面部水肿，冠和肉垂发绀，有神经症状和腹泻。以上这些症状可单独出现，也可同时出现。

禽流感的病理变化因感染病毒株毒力的强弱、病程长短和禽种的不同而变化不一。

3. 病理剖检 当病情较轻时，病变往往不太明显。可能有轻微的窦炎，表现为卡他性、纤维素性、浆液性/纤维素性、脓性或干酪性炎症。气管黏膜轻度水肿，并有数量不等的浆液性或干酪样渗出物。气囊炎，表现囊壁增厚，或有纤维素性及干酪样渗出物。病禽还可见纤维素性腹膜炎及蛋性腹膜炎。火鸡还能见到卡他性或纤维素性肠炎和盲肠炎。蛋鸡的卵泡变形、萎缩，输卵管也可见到渗出物。

如果感染高致病性毒株，因很快死亡，见不到明显的病变。但有些毒株也可引起某些非特征性的充血、出血及局部坏死等病变，包括头面部水肿，窦炎，肉垂、冠发绀、充血。内脏的变化差异较大。人工感染 H7N7 亚型时，肝、脾、肾可见坏死灶，而感染 H5N3 亚型则未见上述变化。

感染部分毒株除出现头部水肿、发绀外，内脏还可见到较明显的出血，包括浆膜及黏膜面的小点出血、十二指肠和心外膜出血、肌胃与腺胃交接处的乳头及黏膜严重出血、扁桃体肿大及出血。

3. 诊断 禽流感由于其症状和病变比较复杂、变化较大，而且与其他多种传染病有相似之处，因此临床诊断有一定困难，主要依靠实验室进行病毒的分离鉴定、血清学诊断、分子生物学诊断。

4. 防控 目前用于预防禽流感的疫苗主要有灭活全病毒疫苗、亚单位疫苗、重组活载体疫苗和核酸疫苗。对于禽流感病的治疗，目前还没有行之有效的方法。一旦发现可疑病例，要立即封锁、隔离、消毒，并上报有关部门，一旦确诊为该病，该鸡群应就地全部扑杀焚烧。

（七）鸭病毒性肝炎

又名雏鸭肝炎，是由小核糖核酸病毒科的鸭肝炎病毒（Ⅰ型）引起的雏鸭的一种急性、接触性传染病。临床表现为角弓反张，主要病变为肝肿大、有出血斑点。该病具有发病急、传播迅速、病程短，以及高度致死的特点，常给养鸭场造成重大的经济损失，也是当前一种重要的鸭传染病。

1. 流行特点 该病主要发生于 3 周龄以下的雏鸭、蛋鸭、肉鸭包括家养的绿头野鸭，但临床上以肉用雏鸭发病较为常见，4～5 周龄的雏鸭很少发生，仅有散发性的死亡病例，5 周龄以上的雏鸭不易感染，鸡和鹅不能自然发病，有人用该病毒人工感染 1 日龄和 1 周龄的雏火鸡，能产生该病的临床症状和病理变化以及中和抗体，并能从雏火鸡肝中分离到病毒。

该病一年四季均可发生，一般冬春季节较为多见。鸭舍环境卫生差、湿度过大，饲养密度过高，饲养管理不当，维生素、矿物质缺乏等不良因素，均能促进该病的发生。发病率可达 100%，但死亡率差异很大，1 周龄以下的雏鸭死亡率高达 95%，1～3 周龄的雏鸭死亡率不到 50%。

该病在雏鸭群中传播很快，传染源多由于病鸭场引入雏鸭和发病的野生水禽带入，主要通过消化道和呼吸道感染。病愈的康复鸭的粪便中能够继续排毒 1～2 个月。因此病鸭的分泌物、排泄物也是该病的主要传染源。

2. 临床症状 该病的潜伏期较短，一般 1～2 d，人工感染大约 24 h，雏鸭大多突然发病。病初，雏鸭精神委顿、缩颈垂翅，随群行动迟缓或离群，呆滞，眼睛半闭常蹲下，打瞌睡，食欲废绝。部分病鸭出现眼结膜炎，发病几小时后，即出现神经症状，发生全身性抽搐，运动失调，身体倒向一侧，头向后仰，角弓反张，两脚呈痉挛性运动，通常在出现神经症状后的几小时内死亡，少数病鸭死前排黄白色或绿色稀粪，人工感染的病鸭一般在接种后第4天死亡。

3. 病理剖检 特征性病变在肝。肝肿大，质地柔嫩，表面有出血斑点。肝的颜色视日龄而异，一般1周龄以下肝呈褐黄色或淡黄色，10日龄以上呈淡红色。少数病例，肝实质伴有坏死灶。胆囊扩张、充满胆汁，脾有时轻度肿大，外观呈斑驳状，多数病鸭肾发生充血和肿胀。脑血管呈树枝状充血，脑实质轻度水肿。肠黏膜充血，有时胰腺见小的坏死点，日龄偏大的雏鸭常伴有心包炎和气囊炎。其他器官未见明显肉眼病变。

4. 诊断 根据流行特点、临床症状和病理剖检，即可初步确诊。若发现疑点确诊不定，可采用实验室检查。

5. 防控 目前该病尚无特殊的治疗措施。一旦雏鸭群发生病毒性肝炎，则采用紧急预防注射高免血清，或高免鸭卵黄抗体或康复鸭血清，每只肌肉注射0.5～1 mL，能够有效地控制该病在鸭群中的传播流行和降低死亡率。

在流行鸭病毒性肝炎的地区，可以用弱毒疫苗免疫产蛋母鸭。方法是在母鸭开产之前2～4周肌肉注射0.5 mL未经稀释的胚液，这样母鸭所产的蛋中就含有多量母源抗体，所孵出的雏鸭因此而获得被动免疫，免疫力能维持3～4周，是当前预防该病的一种既操作方便又安全有效的方法。此外，严格检疫和消毒制度，也是预防该病的积极措施。

（八）小鹅瘟

小鹅瘟是由鹅细小病毒引起的雏鹅的一种急性或急性败血性传染病。临床特征表现为精神委顿、食欲废绝、严重泻痢和有时呈现神经症状。主要病变为渗出性肠炎，小肠黏膜表层大片坏死脱落，与渗出物形成凝固性栓子，堵塞肠腔。该病主要侵害20日龄以下的雏鹅，具有高度的传染性和死亡率，是危害养鹅业最大的疫病。

1. 流行特点 该病主要发生于出壳后3～4日龄至20日龄以下的雏鹅，不同品种的雏鹅均可发生感染，1月龄以上的雏鹅较少发病。发病日龄越小，死亡率越高，最高的发病率和死亡率常出现在10日龄以内的雏鹅群，可达95％～100％，随着日龄的增加，其易感性和死亡率逐渐下降。除此以外，死亡率的高低，在很大程度上还取决于母鹅群的免疫状态。通常经过一次大流行之后，当年留种鹅群患病痊愈后或是经无症状感染而获得免疫力后，这种免疫鹅产的种蛋所孵出的雏鹅也因此获得了坚强的被动免疫，能抵抗天然或人工感染的小鹅瘟病毒。除鹅和番鸭外，其他家禽对小鹅瘟病毒均无易感性。

病雏鹅和带毒成年鹅是该病的传染源，在自然情况下主要通过消化道传染。与病鹅、带毒鹅的直接接触或采食被病鹅、带毒鹅排泄物污染的饲料、饮水以及接触被污染的用具和环境（如鹅舍、炕坊等）都可引起该病的传播。

2. 临床症状 该病的潜伏期为3～5 d，根据临床症状和病程长短可分为最急性、急性和亚急性3种病型。

（1）最急性型：常发生于1周龄以内的雏鹅，一般无前驱症状而突然死亡，或是发现精神呆滞后几小时内即呈现衰弱或倒地乱划，不久即死亡。在鹅群中传播迅速，几天内即蔓延全群，致死率达95％～100％。

（2）急性型：发生于1周龄以上至15日龄以内的雏鹅，病雏鹅常出现明显的症状，如精神不振，食欲减少或废绝，病初虽随群作采食动作，但采得的草料含在口中并不吞咽或偶尔咽下几根，逐渐落群独居，打瞌睡、拒食，开始饮欲增强，继而拒饮、甩头、呼吸用力、鼻腔内流出浆液性分泌物、排出灰白色或淡黄绿色混有气泡或纤维碎片的稀粪、喙端和蹼的色泽变深发绀，病程1～2 d，濒死前发生两肢麻痹或抽搐。

（3）亚急性型：主要发生于15日龄以上的雏鹅，一部分是由急性转为亚急性的，多出现于流行末期。以精神委顿、缩头垂翅、行动迟缓、食欲不振、消瘦、泻痢为主要症状。病程为

3～7 d或更长，少数病鹅可以自行康复，但生长不良。

3. 病理剖检 该病的病变主要在消化道。

（1）最急性型：病变不明显，只有小肠前段黏膜肿胀充血，覆有大量浓厚的淡黄色黏膜。有时可见黏膜出血。胆囊扩张，充满稀薄胆汁。

（2）急性型：日龄在7～15日龄，病程达2 d以上的可出现肠道病变，整个小肠黏膜全部发炎、坏死，肠黏膜严重脱落。尤其在小肠的中下段，靠近卵黄柄和回盲部的肠段，外观上变得极度膨大，体积较正常的肠段增大2～3倍，质地紧实，似香肠状，将膨大的肠管剪开，可见肠壁变薄，肠腔中形成的一种淡灰白色或淡黄色的凝固栓子，充塞肠腔，由坏死肠黏膜组织和纤维素性渗出物凝固所形成的肠栓是小鹅瘟的特征性病变。出现肠栓的雏鹅日龄最早为6日龄。

（3）亚急性型：肠管的病化更为明显，严重者肠栓从小肠中下段堵塞至直肠内。此外病鹅肝肿大，呈深紫红色或黄红色，胆囊充盈，脾和胰充血，偶有灰白色坏死点。部分病例脑有非化脓性脑炎的变化。

4. 诊断 根据流行特点、临床症状和病理剖检，可初步确诊。若发现疑点确诊不定，可采用实验室检查。

5. 防治 采用成年鹅制备的抗小鹅瘟高免血清，可以用于治疗或预防该病，效果较好。对于刚孵出的雏鹅，紧急预防注射抗小鹅瘟血清每只0.5 mL，能够抵抗该病毒的感染；对于已经发病的雏鹅群，根据发病日龄每只注射1～2 mL，可以及时控制该病的流行。

对缺乏母源抗体的雏鹅，也可以接种鹅胚化或鸭胚化的小鹅瘟雏鹅弱毒疫苗进行免疫，但疫苗必须在雏鹅出壳后48 h内注射。

应用小鹅瘟弱毒疫苗接种成年母鹅是目前生产实践中预防雏鹅感染小鹅瘟的最好方法。每只成年母鹅在产蛋前1个月注射，接种疫苗的母鹅产出的种蛋就含有母源抗体，孵出的雏鹅就能获得被动免疫。

此外小鹅瘟传播主要来自孵化场，必须清洗消毒孵化用的一切用具设备，收购的种蛋也必须用福尔马林等熏蒸消毒，以杜绝小鹅瘟传染途径。

视频：废弃
物处理
（王志跃
杨海明 提供）

第五节 家禽场废弃物的处理

人类社会对防止环境污染越来越重视，而大规模集约化的家禽生产又产生大量易于形成公害的各种废弃物，因此，家禽场的废弃物管理就变得越来越重要。如何使这些废弃物既不对场内形成危害，也不对场外环境造成污染，同时能够适当利用，这是家禽场必须妥善解决的一项重要任务。

一、家禽场废弃物的种类

家禽场除了一些带有臭味、含有灰尘和粉尘的污浊空气，噪声，场内滋生的昆虫等会形成公害，需要预加防范或治理外，还有一些废弃物需要很好地管理，如孵化废弃物、死禽、禽粪与污水等。

二、孵化废弃物的管理

孵化废弃物有无精蛋、死胚、毛蛋、蛋壳等。孵化废弃物易腐败变质而污染环境，应尽快处理。无精蛋、死胚、毛蛋、死雏等可加工制成干粉，其蛋白质含量达 22%～32%，用于替代饲料中肉骨粉或豆饼，蛋壳也可制成钙质饲料。利用这些废弃物必须进行高温灭菌。没有条件作高温灭菌或加工成副产品的小型孵化场，孵化废弃物必须尽快做深埋处理。

三、禽粪的收集和利用

（一）禽粪的收集

1. 干粪收集系统 干粪收集是最常用、最经济的方法。笼养和高床禽舍多采用干粪收集系统。

叠层式笼养禽舍多采用带式清粪机清粪的方式。清粪装置由主动辊、被动辊、托辊和传送带组成。每层鸡笼下面安装一条传送带，上下各层传送带的主动辊可用同一动力带动。鸡粪直接落到传送带上，定期启动传送带，将鸡粪送到鸡笼的一端，由刮板将鸡粪刮下，落入横向螺旋清粪机，再排出舍外。该法是家禽集约化生产技术中最重要的创新之一。

阶梯式笼养多采用地沟刮粪板清粪的方式。刮粪板清粪设备简单，造价较低，适合小型养鸡场和养鸡专业户使用。但刮粪板清粪会有粪便残留，容易交叉感染。刮板清粪机有牵引式刮板清粪机、牵引步进（往复）式刮板清粪机和牵引可调式刮板清粪机：牵引式刮板清粪机适用于短粪沟；步进式刮板清粪机适用于长距离刮粪。为保证刮粪机正常运行，要求粪沟平直，沟底表面越平滑越好，因此对土建要求严格。

高床禽舍（即网上平养加网下垫料）平时不清粪，禽群淘汰或转群后一次全部清除积粪。由于强制通风，有的装设来回移动的齿耙状的松粪机，下部的积粪水分蒸发多，比较干燥，能防止潜在水污染，减轻或消除臭味。但地面处理要好，能防止水分的渗漏；管理要好，供水系统不能漏水或溢水；由于难以装设自动清粪系统，粪尘有可能飞扬，因此必须设置良好的通风系统，气流能够均匀地通过积粪的表层。

2. 稀粪收集系统 如鸡舍设有地沟和刮粪板，或者设有粪沟、用水冲洗等都属稀粪收集系统。稀粪可以通过管道或抽送设备运送，需用人力较少。如有足够的农田施肥，这一系统比较经济。但有臭味，禽舍内易产生氨与硫化氢等有害气体，可能污染地下水，含水量高的稀粪处理时耗能量多。该法应逐步淘汰。

比较起来，干粪收集系统对禽舍内环境造成的不良影响小，这种收集系统只要进行有效管理，有害气体与臭味很少发生，苍蝇的繁殖也能控制，对家禽场的卫生有利，也很少导致公害的发生。

（二）禽粪的利用

1. 禽粪的肥效 各种新鲜禽粪氮、磷、钾的含量详见表 12-3。

表 12-3 新鲜禽粪养分含量（%）

种类	水分	有机质	氮（N）	磷（P₂O₃）	钾（K₂O）
鸡粪	50.5	25.5	1.63	1.54	0.85
鸭粪	56.6	26.2	1.10	1.40	0.62
鹅粪	77.1	23.4	0.55	0.50	0.95
鸽粪	51.0	30.8	1.76	1.78	1.0
平均	55.8	26.48	1.26	1.31	0.86

禽粪中氮素以尿酸为主，尿酸盐不能被作物直接吸收利用，且对植物根系生长有害，因此有条件的话以腐熟后施用为宜。

2. 禽粪的产量 家禽鲜粪的产量相当于其每天采食日粮量的 110%～120%，其中含有固体物 25% 左右。每千只蛋鸡每年约产鲜粪 45.6 t，约 34.7 m³。

3. 禽粪的利用

（1）直接施撒农田：如无地方堆放，新鲜禽粪也可直接施用，但用量不可太多。堆肥发酵后利用更为合适。禽粪中有 20％的氮、50％的磷能直接被作物利用，其他部分为复杂的有机分子，需经长时期在土壤中由微生物分解后，才能逐渐被作物利用。因此，禽粪既是一种速效肥，也是一种长效有机肥。如家禽场附近有足够的农田，而且有适用的机具，如撒粪机具开沟、撒粪、掩土等多种功能，能将禽粪均匀施撒在农田中，又能防止粪臭大量散发，这是一种简便经济的方法。10 万只蛋鸡粪可施肥农田 46 万 m²。

（2）好氧堆肥：利用好氧微生物，控制好其活动的各种环境条件，设法使其进行充分的好氧性发酵。禽粪在堆腐过程中能产生高温，4～5 d 后温度可升至 60～70 ℃，两周即可达到均匀分解、充分腐熟的目的，其施用量可比新鲜禽粪多 4～5 倍，如堆肥高 1.5 m，则 10 万只蛋鸡需用 1 万 m² 作堆肥场。

（3）干燥：禽粪可采用自然干燥或高温快速干燥制成干粪。自然干燥是将禽粪铺摊、利用阳光照晒进行干燥处理，辅以翻耙或搅拌可缩短干燥时间；高温快速干燥则是通过专用干燥机进行高温干燥，能使鸡粪的含水量由 70％～75％在短时间内下降至 8％以下，但存在烘干过程中排出的臭气二次污染和处理温度过高导致肥效变差等缺点。

禽粪还可以采用沼气发酵、生产蝇蛆和黑水虻等方法处理。也可将不同处理方法有机结合，提高处理效果，增加经济效益。

四、污水处理

家禽场由于清洗器具、冲刷禽舍等会产生较多的污水，这些污水中含有固形物 1/5 到 1/10 不等。如果任其流淌，特别是通过阴沟，会臭味四散，污染环境或地下水，必须进行适当的处理。

为经济高效处理家禽场的污水，家禽场应建好雨污分离设施，保证雨水和粪污水完全分离。

1. 沉淀　试验证明，含 10％～33％鸡粪的粪液放置 24 h，80％～90％的固形物会沉淀下来。北京有些大型鸡场将污水通过地沟流淌到鸡场后的污水处理场，经过两级沉淀后，水质变得清澈，可用于浇灌果树或养鱼。

2. 用生物滤塔过滤　生物滤塔依靠滤过物质附着在多孔性滤料表面所形成的生物膜来分解污水中的有机物。通过这一过程，污水中的有机物既过滤又分解，浓度大大降低，可得到比沉淀更好的净化程度。

复习思考题 ◆

1. 什么是兽医生物安全？它包括哪些内容？
2. 家禽场疫病综合防控措施如何制订？
3. 家禽场场址如何选择？场内如何布局？
4. 如何制订科学的免疫程序？
5. 带禽消毒的方法和注意事项有哪些？
6. 种鸡场应对哪几种传染病进行净化？如何净化？
7. 如何提高家禽场废弃物处理的生态效益和经济效益？

（王志跃）

专业词汇索引

参 考 文 献

马克·诺斯，1989. 养鸡生产指导手册［M］. 上海：上海交通大学出版社.

美国家禽营养分会，1994. 家禽营养需要 NRC［M］. 9 版. 蔡辉益，等，译. 北京：中国农业科学技术出版社.

皮特·西蒙斯，2020. 鸡蛋的信号［M］. 郑江霞，等，译. 北京：科学技术文献出版社.

邱祥聘，等，1994. 养禽学［M］. 3 版. 成都：四川科学技术出版社.

全国畜牧业标准化技术委员会，2012. 肉鸭饲养标准：NY/T 2122—2012［S］. 北京：中国农业出版社.

全国畜牧业标准化技术委员会，2018. 鹅肥肝生产技术规范：NY/T 3182—2018［S］. 北京：中国农业出版社.

全国畜牧业标准化技术委员会，2020. 黄羽肉鸡营养需要量：NY/T 3645—2020［S］. 北京：中国农业出版社.

全国皮革工业标准化技术委员会，2016. 羽绒羽毛：GB/T 17685—2016［S］. 北京：中国标准出版社.

王宝维，1998. 海兰蛋鸡饲养［M］. 济南：山东科学技术出版社.

王庆民，1990. 雏鸡孵化与雌雄鉴别［M］. 北京：金盾出版社.

杨宁，1994. 现代养鸡生产［M］. 北京：北京农业大学出版社.

杨山，李辉，2002. 现代养鸡［M］. 北京：中国农业出版社.

杨月欣，等，2014. 中国食物成分表［M］. 2 版. 北京：北京大学医学出版社.

张宏福，1998. 动物营养参数与饲养标准［M］. 北京：中国农业出版社.

赵万里，等，1993. 特种经济禽生产［M］. 北京：中国农业出版社.

中国绿色食品发展中心，2021. 绿色食品 蛋及蛋制品：NY/T 754—2021［S］. 北京：中国农业出版社.

中国绿色食品发展中心，2021. 绿色食品 禽肉：NY/T 753—2021［S］. 北京：中国农业出版社.

图书在版编目（CIP）数据

家禽生产学／杨宁主编 . —3 版 . —北京：中国
农业出版社，2022.7（2023.6 重印）
　　"十二五"普通高等教育本科国家级规划教材　普通
高等教育农业农村部"十三五"规划教材
　　ISBN 978 - 7 - 109 - 29674 - 9

　　Ⅰ . ①家…　Ⅱ . ①杨…　Ⅲ . ①养禽学－高等学校－教
材　Ⅳ . ①S83

　　中国版本图书馆 CIP 数据核字（2022）第 117852 号

家禽生产学　第三版
JIAQIN SHENGCHANXUE　DI - SAN BAN

中国农业出版社出版
地址：北京市朝阳区麦子店街 18 号楼
邮编：100125
责任编辑：何　微
版式设计：杨　婧　责任校对：刘丽香
印刷：中农印务有限公司
版次：2002 年 7 月第 1 版　　2022 年 7 月第 3 版
印次：2023 年 6 月第 3 版北京第 2 次印刷
发行：新华书店北京发行所
开本：889mm×1194mm　1/16
印张：14.75
字数：395 千字
定价：45.00 元